Was ist der Mensch?

editorial

Siegfried Reusch 4

thema

Rüdiger Vaas
Menschen und andere Tiere. Zwischen Denken und Dünkel 6

Markus Wild
Jede Katze hat drei Namen! Jacques Derridas Tierphilosophie 15

Martin G. Weiß
Das Maß aller Dinge! Wider die Vertierung des Menschen 20

Roland Borgards
Der Staat und die Tiere. Tiermetaphern in der politischen Theorie 26

Andrea Grill
Hierarchien menschlicher Liebe. Ich und der Hund 32

Ralf Becker
Der Mensch in der Ordnung des Lebendigen 38

Heike Baranzke
Mensch und Tier – eine Frage der Würde 44

Herwig Grimm
Tierschutz oder Menschenschutz? Die Suche nach dem Menschen in der Tierethik 49

Hans Werner Ingensiep
Schmiererei oder Kunst? Über Kreativität bei Mensch und Affe 54

Thomas Macho
Werwölfe, Hausschweine, Terminatoren. Im Zweifel für den Anderen! 60

umfrage

Was ist der Mensch? Was unterscheidet den Menschen vom Tier? Mit dem Mikrofon unterwegs in Stuttgarts Schulen 66

kolumne

Friedrich Dieckmann
Mensch und Tier 68

essay

Richard Reschika
Der Philosoph und das Meer 71

lexikon

Jutta Heinz: **Moorhuhn** 76

Volkmar Sigusch: **Sodomie** 78

Marianne Sommer: **Tarzan** 80

Jan Urbich: **Tieropfer** 81

unterhaltung

Stefan Baur
Bücherrätsel 84

Dr. B. Reiter 86

Stefan Reusch
Mensch, Tier, Kirche 88

Jutta Heinz
Katzen-Philosophie 90

portrait

Thomas Bach
Alle wahre Wissenschaft ist Naturphilosophie. Der Naturforscher und Philosoph Ernst Haeckel im Portrait 92

ethik aktuell

Ethikkurs des Wilhelms-Gymnasiums Stuttgart
Der Wert des Lebendigen. Theaterstück in einem Akt 98

echo!

Presseschau, Leserbriefe 102

bücher

Rezensionen 104

impressum

Abonnement, Förderabonnement, Patenschaften, Bestellschein

Was ist der Mensch?

Foto: Heinz Heiss

An die Entdeckung Johannes Keplers, dass die Erde nicht im Mittelpunkt des Weltalls steht, hat man sich im Lauf der Jahre gewöhnt. Auch die Einsicht des Begründers der Psychoanalyse, Sigmund Freud, dass das Ich nicht Herr im eigenen Hause ist, lässt sich gut verdrängen. Das Verschwimmen der Grenze zwischen Mensch und Tier infolge der Entdeckungen der modernen Biologie jedoch, die Vorstellung, gar von den Affen abzustammen, ist für viele Menschen nach wie vor unerträglich. Nicht zuletzt durch die Erkenntnisse und Möglichkeiten der Gentechnik ist sich der Mensch der Gegenwart fraglicher geworden denn je zuvor.

Aber selbst wenn der Mensch aus biologischer Sicht nur ein Tier unter vielen ist, so ist er doch nicht „nur" Tier. Gleichwohl Arthur Schopenhauer stöhnte, dass den Menschen ausgenommen sich kein Wesen über sein eigenes Dasein wundert, weist der Biologe und Philosoph Rüdiger Vaas darauf hin, dass die Neugier den Menschen stets dazu treibe, sich selbst zu hinterfragen und über sich hinauszudenken. Obwohl der Mensch in seiner selbstbezogenen Vermessenheit beständig bestrebt sei, seine Einzigartigkeit zu beweisen, sollten „die Erkenntnisse der modernen Wissenschaften keineswegs als eine Geschichte der Kränkung missdeutet werden. Die faszinierenden Entwicklungen lassen sich vielmehr als eine Erhöhung und Befreiung des Menschen interpretieren", so Vaas unter dem Titel *Menschen und andere Tiere. Zwischen Denken und Dünkel*. Die Erhöhung bestehe jedoch nicht darin, sich über die Natur zu erheben, sondern vielmehr in der Befreiung von Illusionen. Indem der Mensch seine Entwicklung und somit sich selbst immer genauer verstehe, könne er letztlich auch sein selbstzerstörerisches Erbe besser begreifen und vielleicht sogar beherrschen lernen.

In der Entgegensetzung von Mensch und Tier sieht auch Jacques Derrida ein Konstrukt. Obwohl sich ihm zufolge der Mensch nicht essenziell vom Tier unterscheidet, beharrt er doch zugleich auf den Unterschieden. Es ist nämlich genau dieser Bruch, das Trennende, was Mensch und Tier aufeinander bezieht. Denn, so Markus Wild im Beitrag *Jede Katze hat drei Namen*: „Das Tier hilft, den Menschen zu dem zu machen, wofür er sich nimmt." Damit Raum für die Andersheit der Tiere entstehen kann und wir sie moralisch berücksichtigen können, müssten wir sie in den „Kreis der Sympathie" aufnehmen.

Entsprechend fordert Thomas Macho, dass Anthropologie als Lehre vom Menschen mehr sein muss als Rechtfertigungswissenschaft zum Ausschluss des Andersartigen. Vor allem müsse sie eine Solidarität der Sterblichen zum Ausdruck bringen. Unter dem Titel *Werwölfe, Hausschweine, Terminatoren* erhebt er die Forderung nach einem inklusiven, das heißt einem auch Mischwesen aus Mensch und Tier beziehungsweise Mensch und Maschine einschließenden Humanismus, denn: „Im Zweifel für den anderen!"

Weil der Mensch nicht vom bloßen Leben und nicht vom Tier, sondern von sich selbst her gedacht werden müsse, widerspricht Martin Heidegger vehement jeglichem Ansinnen, den Menschen als eine Art Über- oder Supertier mit einmaligen Eigenschaften und Fähigkeiten zu definieren. Konsequent zu Ende gedacht, hat ein solches Verständnis vom Menschen nämlich zur Folge, so Martin G. Weiß, dass es moralischer sei, einen Säugling zu töten als einen erwachsenen Schimpansen. In der Tat sprechen wir selbst Menschen, deren geistige Fähigkeiten aufgrund von Unfällen oder Demenzerkrankungen geringer sind als die gesunder Schimpansen, nicht die Menschenwürde ab. Mit Verweis auf Giorgio Agamben legt Weiß unter dem Titel *Das Maß aller Dinge! Wider die Vertierung des Menschen* eine Umkehrung der Deutungsperspektive nahe: Der Mensch soll nicht vom Tier, sondern das Tier vom Menschen her gedacht werden.

Im Denken Max Schelers ist der Mensch der „Neinsagenkönner", der „Asket des Lebens" und der „ewige Protestant gegen alle bloße Wirklichkeit". Tiere hätten zwar durchaus praktische Intelligenz, Geist habe jedoch allein der Mensch. Weil er nicht nur auf Reize reagiere, nicht in einer Umwelt aufgehe, sei der Mensch gezwungen, sein Leben zu führen, immer in der Gefahr sich zu verfehlen. Als Tier, das keines sein möchte, sei der Mensch nicht seinen Instinkten ausgeliefert und könne, zum Beispiel von Ideen geleitet, auf die unmittelbare Triebbefriedigung verzichten. Im Beitrag *Der Mensch in der Ordnung des Lebendigen* bringt Ralf Becker dieses Vermögen des Menschen auf die Formel: „Tiere leben in einer Umwelt, Menschen in der Welt." Beim Übergang vom Animalischen zum Humanum werde aus Umweltgebundenheit Weltoffenheit. Während ein Tiger sich nicht enttigern könne, lebe der Mensch in beständiger Gefahr, sich zu entmenschlichen.

Dass der Mensch sich, seinen Umgang mit anderen Lebewesen und Natur ernsthaft infrage stellen kann, weist ihn als moralfähiges Wesen aus, so Heike Baranzke unter dem Titel *Mensch und Tier – eine Frage der Würde*. Weil aus der menschlichen Fähigkeit zur Moral aber nicht zwingend moralisches Handeln erwachse, bräuchten nicht die Tiere, sondern bräuchten wir Menschen Gesetze zum Schutz der Tiere. Würden uns diese doch zu einem dem Menschen würdigen Umgang mit Tieren verpflichten.

Dabei, so Herwig Grimm, darf aber nicht vergessen werden, dass mit der ethischen Forderung, Gleiches gleich und Ungleiches ungleich zu behandeln, sich in der Tierethik nach wie vor der Mensch zum Maß aller Dinge aufschwingt. Würde doch vor allem den Tieren am meisten Schutz zuteil, die dem Menschen am ähnlichsten seien. Weil wir uns mit Fischen weniger verwandt fühlten als mit Affen, käme kaum jemand auf die Idee, Menschenrechte für Forellen zu fordern. Ebensowenig überrasche es, dass zwischen der Nacktschnecke und dem Gorilla in moralischer Hinsicht Welten lägen. Entsprechend wäre es sinnvoller, Tiere aufgrund ihrer Besonderheiten und spezifischen Eigenschaften moralisch zu achten. Denn defizient in Bezug auf den Menschen, so Grimm im Beitrag *Tierschutz oder Menschenschutz?*, sind die Tiere nur im Hinblick auf ein ihnen äußerliches, nämlich menschliches Maß. Das heißt: „Wir brauchen eine Ethik, die das Fremde als Fremdes zu achten lehrt." Nur weil beispielsweise ein Huhn weniger menschliche Fähigkeiten habe als ein Schimpanse, sei es kein weniger schützenswertes Wesen.

Doch bei allem Mitgefühl für die Kreatur darf nicht vergessen werden, dass Tiere für den Menschen auch tödliche Feinde sein können. Galten vor nicht allzu langer Zeit doch in einigen Ländern zum Beispiel Wölfe „als die hauptsächlichsten Störer der öffentlichen Ruhe und Sicherheit", wie es in *Brehms Thierleben* von 1883 heißt, und weiter: „In Lappland ist das Wort Friede gleichbedeutend mit Ruhe vor Wölfen." Nicht von ungefähr charakterisiert Thomas Hobbes das vorstaatliche Miteinander der Menschen mit dem Satz: „Der Mensch ist dem Menschen ein Wolf." Weil es in der Lage sei, den Freund vom Feind zu unterscheiden, adelt schon Platon das Wächtertier Hund, das einzige Haustier, das es Brehm zufolge wagt, sich dem Wolf entgegenzustellen, zum philosophischen Tier. Erkenne der Hund doch jeden Feind, selbst wenn er im Schafspelz daherkomme. Indem das politische Lebewesen (altgriechisch *zoon politikon*), wie Aristoteles den Menschen charakterisiert, den Hund nutzt, um den Wolf aus dem Raum der Kultur auszugrenzen, nimmt er dessen Wildheit allerdings mit in den Raum der Kultur hinein. Roland Borgards zeigt auf, dass Tierbilder in der politischen Theorie ein Eigenleben entwickeln, deren Verwendung mithin mehr ist als nur illustratives Beiwerk. Unter dem Titel *Der Staat und die Tiere* kommt er zu dem Schluss: „Ohne Tiermetaphern wäre die Staatslehre eine andere."

Anlässlich der Untersuchungen über die Kreativität bei Menschen und Affen ist es Hans Werner Ingensiep ein Anliegen aufzuzeigen, dass das Verhältnis von Mensch und Tier ein wechselseitiges ist. Denn auch wenn es für den Menschen kein Fenster ins Tierbewusstsein gebe, sich Menschen und Menschenaffen nicht immer verstanden hätten, so schreibt er unter dem Titel *Schmiererei oder Kunst?*, hätten sie sich doch in jedem Fall gegenseitig kultiviert.

Der moderne Enthusiasmus für Tiere und die Tiernatur ist Andrea Grill suspekt. Mit Tieren gebe es keinen Dialog und daher auch keinen Streit. Weil wir Menschen besser kennen und mehr von ihnen erwarten als von Tieren, werden wir von Menschen auch öfter enttäuscht, schreibt sie im Beitrag *Hierarchien menschlicher Liebe* und kommt zu dem Schluss: „Je besser ich – durch meine Arbeit als Biologin – die Tiere kenne, desto lieber sind die Menschen mir geworden."

Die Fähigkeit, sich von der Welt zu distanzieren, sich aus allen aktuellen Bezügen und Anforderungen herauszuheben, macht den Menschen zu einem zutiefst wurzellosen Wesen. Ständig über sich hinausgetrieben, ständig im Bemühen Sinn auch da zu machen, wo vernünftig keiner zu finden ist, ist jede Selbstdefinition und Abgrenzung als wissendes, als denkendes, als soziales, als Werkzeuge gebrauchendes, als lachendes, als seinesgleichen tötendes oder was auch immer Tier nichts anderes als Ausdruck einer Hilf- und Heimatlosigkeit angesichts der Zufälligkeit von Welt. Vergleiche mit Tieren können diesbezüglich keine Antwort geben, egal wie positiv oder negativ sie für den Menschen ausfallen mögen. Nicht von ungefähr weist Jakob Uexküll darauf hin, dass Tiere nicht nur aus ihrem Körper, nicht nur aus Physiologie bestehen. Zur Spinne gehöre unabdingbar auch der von ihr gesponnene Faden, das von ihr gewobene Netz, die Äste, zwischen denen dieses Netz gespannt wird, ihre Beutetiere und so weiter. Es ist schon schwer genug nachzuvollziehen, wie ein anderer Mensch zum Beispiel die Farbe Rot empfindet, welche Gefühle und Erinnerungen diese bei ihm auslöst. Definitiv unmöglich ist es jedoch, die Eindrücke von Lebewesen nachzuempfinden, die über eine andere Sinnesausstattung verfügen. Eine Eintagsfliege hat sicherlich eine andere Zeit- und Raumwahrnehmung als eine Riesenschildkröte oder ein Blauwal. Entsprechend hat der Mensch mit dem Affen ungefähr so viel gemein, wie das majestätisch durch die Meere treibende Seepferdchen mit einem rassigen Vollblüter.

Tiere unter Tieren sind wir Menschen nur in der von uns selbst geschaffenen Einteilung des Lebendigen. Bestenfalls ist der Mensch, wie Helmuth Plessner es formuliert, ein die Tierheit hinter sich lassendes Tier. Denn selbst ein sprechender, denkender, künstlerisch tätiger, in allen Belangen dem Menschen überlegener Affe ist und bleibt ein Affe, ist eines nicht und wird es auch nicht werden: ein Mensch. Es gibt keinen Grund sich deshalb zu freuen oder gar zu grämen!

S. Reusch

Dr. Siegfried Reusch, Chefredakteur

Rüdiger Vaas

Menschen und andere Tiere

Zwischen Denken und Dünkel

Vernunft und Kultur, die bis vor Kurzem als wichtige Alleinstellungsmerkmale des Menschen galten und seine Sonderstellung gegenüber den Tieren begründeten, sind ein Teil der Natur – nicht unabhängig von ihr oder im Widerspruch zu ihr. Dies nicht zu verstehen, hieße, den Menschen nicht zu verstehen.

Auf- und Abstieg des Menschen – oder seiner Vorstellung davon – sind zugleich provinziell und provokant. Denn der Mensch kreist auf einem Planeten unter Myriaden von Planeten, um einen Stern unter Myriaden von Sternen, um ein Galaxienzentrum unter Myriaden von Galaxien, in einem Universum unter (vielleicht) Myriaden von Universen ... und in Gedanken doch hauptsächlich um sich selbst.

Trotzdem, oder genau deshalb, ließ der schwedische Naturforscher Carl von Linné, als er 1735 mit seinem Buch *Systema Naturae* einen Vorschlag machte, die Vielfalt des Lebens zu ordnen und mit Namen für Gattung (Genus) und Art (Spezies) zu klassifizieren, den Menschen zunächst außen vor. Seine Devise dabei, entsprechend den Worten des legendären Orakels von Delphi: *„nosce te ipsum“* (lateinisch für: Erkenne dich selbst). Erst in der zehnten Auflage von 1758 charakterisiert Linné den Menschen als *homo sapiens*, als weisen oder denkenden Menschen – zumindest den gegenwärtigen Menschen, denn über andere Arten der Gattung *homo* konnte Linné noch nichts wissen, obschon die Ähnlichkeiten mit den Menschenaffen für ihn offenkundig waren. Fast suggeriert Linné, der Mensch sei von Natur aus ein Philosoph (*philosophia*: Liebe zur Weisheit, ursprünglich aber eher nach Herodot „Freund des Wissens“, vom altgriechischen *philosophéon* – von *philia* für Liebe, Freundschaft und *sophia* für Wissen).

> *„Einst wart ihr Affen, und auch jetzt noch ist der Mensch mehr Affe, als irgend ein Affe.“*
>
> Friedrich Nietzsche

Linnés System der biologischen Klassifikation hat sich rasch durchgesetzt und bis heute als Ordnungsschema erhalten. Es wurde allerdings durch die Erkenntnisse in der Evolutionstheorie, der vergleichenden Anatomie, der Physiologie sowie der Molekulargenetik beträchtlich modifiziert, um die wahrscheinlichste Verwandtschaft der Arten abzubilden. Es ist daher nicht bloß eine willkürliche Anordnung wie etwa die Sortierung nach Motiven in einem Briefmarkenalbum, sondern stellt einen entwicklungsgeschichtlichen und somit genetischen Zusammenhang dar. Tatsächlich haben Menschen über 98 Prozent der Erbsubstanz mit ihren nächsten Verwandten gemeinsam, den Schimpansen und Bonobos (Zwergschimpansen).

Mit solchen evolutionsbiologischen Erkenntnissen, aber auch denen der Grundlagenphysik und Kosmologie, ist „sich der Mensch völlig und restlos problematisch geworden“, wie Max Scheler, Mitbegründer der modernen philosophischen Anthropologie, 1927 schrieb. (Der Begriff „Anthropologie“ für die Wissenschaft vom Menschen – von altgriechisch *anthropos* für Mensch und *logos* für Lehre – wurde bereits 1501 von dem Arzt und Theologen Magnus Hundt geprägt.)

Die Stellung des Menschen in der Natur

- **Domäne:** Eukaryoten (*Eucaryota*)
  - **Unterreich:** Vielzellige Tiere (*Metazoa*)
    - **Abteilung:** Gewebetiere (*Eumetazoa*)
      - **Unterabteilung:** Zweiseitentiere (*Bilateria*)
        - **Überstamm:** Neumünder (*Deuterostomia*)
          - **Stamm:** Chordatiere (*Chordata*)
            - **Unterstamm:** Wirbeltiere (*Vertebrata*)
              - **Überklasse:** Kiefermäuler (*Gnathostomata*)
                - **Reihe:** Landwirbeltiere (*Tetrapoda*)
                  - **Klasse:** Säugetiere (*Mammalia*)
                    - **Unterklasse:** Höhere Säugetiere (*Eutheria*)
                      - **Überordnung:** *Primatomorpha*
                        - **Ordnung:** Primaten (*Primates*)
                          - **Unterordnung:** Trockennasenaffen
                            - **Teilordnung:** Affen (*Anthropoidea*)
                              - **Kleinordnung:** Altweltaffen (*Catarrhini*)
                                - **Überfamilie:** Menschenartige (*Hominoidea*)
                                  - **Familie:** Menschenaffen (*Hominidae, Pongidae*)
                                    - **Tribus:** Menschenähnliche (*Hominini*)
                                      - **Gattung:** Mensch (*Homo*)
                                        - **Art:** *Homo sapiens*
                                          - **Unterart:** *Homo sapiens sapiens*

In der biologischen Systematik, ursprünglich begründet von Carl von Linné, werden die verwandtschaftlichen Beziehungen aller Lebewesen dargestellt. Sie spiegelt somit die stammesgeschichtliche Verzweigung im Lauf der Evolution wider. Der heutige Mensch ist seit mindestens 30 000 Jahren der einzige Vertreter seiner Gattung – alle anderen Homo-Arten und -Unterarten (beispielsweise der Neandertaler) sind ausgestorben.

Und so stellt sich die von Immanuel Kant formulierte Grundfrage der Philosophie aufs Neue und zugleich immer wiederkehrend: Was ist der Mensch?

Irrtum und Wahrheit

„Wir haben umgelernt. Wir sind in allen Stücken bescheidner geworden. Wir leiten den Menschen nicht mehr vom ‚Geist', von der ‚Gottheit' ab. Wir haben ihn unter die Thiere zurückgestellt", hat Friedrich Nietzsche die Einsicht in die anthropologischen Konsequenzen der Evolutionstheorie zusammengefasst.

Zuvor hatte Charles Darwin – sich hinter einer vorsichtigen Andeutung versteckend, um nicht noch mehr religiös motivierte Proteststürme zu ernten – am Ende seines epochalen Werks *Über die Entstehung der Arten* von 1859 geschrieben: „Licht wird auf den Ursprung der Menschheit und ihre Geschichte fallen." Und so geschah es auch. Wie kaum eine andere wissenschaftliche Erkenntnis hat die Evolutionstheorie das Verständnis des Lebens einschließlich des Selbstverständnisses der Menschen radikal revolutioniert. Weniger durch den Nachweis einer tiefen Verwandtschaft aller Organismen als durch die kausale, quasi mechanistische Erklärung der Entwicklungsprinzipien: Mutation, Selektion und andere Evolutionsfaktoren, aber keine Zwecke, Ziele oder gar absichtsvolle Schöpfung; es herrscht gleichsam das sich selbst organisierende Spiel von zwingendem Zufall und nackter Notwendigkeit.[1]

Für manche mag das, ebenso wie die kopernikanische Revolution in der Astronomie (die Einsicht, dass sich die Erde um die Sonne bewegt, nicht umgekehrt) und vielleicht weitere Erkenntnisse, eine nachhaltige „Kränkung" (Sigmund Freud) bedeuten – eine Desillusionierung eben.[2] Doch das lässt sich auch umgekehrt bewerten und, trotz aller Ambivalenz, als bedeutende Einsicht feiern. Dies wurde von Nietzsche in *Menschliches, Allzumenschliches*, seinem „Buch für freie Geister", mit einer fein-, tief- und hintersinnigen Frage pointiert: „Der Irrthum hat aus Thieren Menschen gemacht; sollte die Wahrheit im Stande sein, aus dem Menschen wieder ein Thier zu machen?"

Weltoffen und weltverfrüht

Als Produkt der Evolution ist der Mensch eingeflochten in eine Milliarden Jahre währende Naturgeschichte. Die stammesgeschichtliche Trennung von den Schimpansen erfolgte vor gut fünf Millionen Jahren. Zunächst entwickelten sich der aufrechte Gang und eine feinere Bewegungssteuerung der Hände. Wie es dann zu der Verdreifachung des Gehirnvolumens und der damit einhergehenden Intelligenz-Steigerung kam, ist bislang nur ansatzweise geklärt. Das komplexe Groß- und Kleinhirn mit zusammen über 100 Milliarden Nervenzellen, die jeweils bis 10 000 Verknüpfungen untereinander eingehen, ist jedenfalls kein evolutionärer Luxus. Neben einer effizienteren Nahrungsnutzung

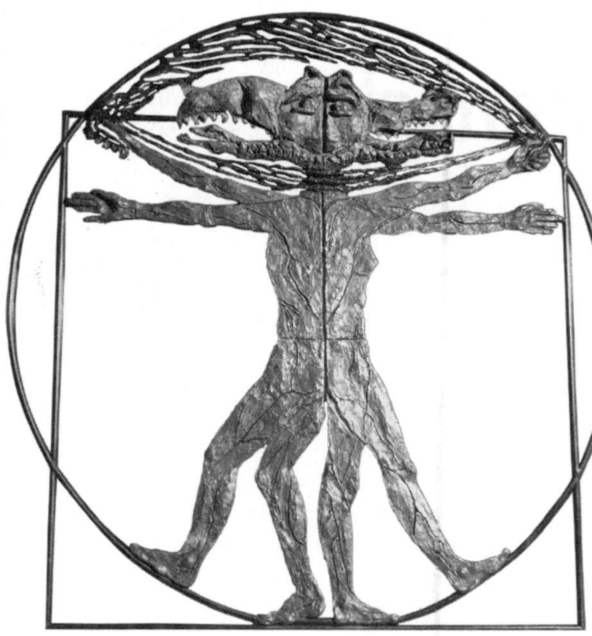

(besonders durch das Kochen) waren soziale Faktoren entscheidend – einschließlich eines „geistigen Wettrüstens" im Lug-und-Trug-Kampf um Ressourcen („Schlauere" haben einen Vorteil) und der sexuellen Selektion (wie schon Darwin erkannte, kann neben der natürlichen Selektion auch die Partnerwahl ein Faktor bei der Evolution sein).

Biologisch betrachtet kommen Menschen von ihrem Entwicklungsstand her ein Jahr zu früh auf die Welt. Aufgrund des großen Gehirns und des entsprechenden Schädelwachstums wäre ein späterer Zeitpunkt bei gleichbleibender Beckengröße der Frau allerdings nicht mehr möglich. Seine „physiologische Frühgeburt" (Adolf Portmann) macht den Menschen empfänglich für soziokulturelle Einflüsse – Sprache und Erziehung eingeschlossen. (Immanuel Kant glaubte sogar: „Der Mensch kann nur Mensch werden durch Erziehung.") Die verlängerte Kindheit und Jugend verstärken diesen Effekt noch. Das ist einmalig im Tierreich und erfordert einen großen Aufwand an Zuwendung. Dies schließt die Notwendigkeit väterlicher Unterstützung und somit einer längerfristigen Paarbindung ein.

Aus biologischer oder zoologischer Perspektive ist der Mensch ein Tier unter vielen. Aber eben nicht „nur"(!) ein Tier. Denn solche Wertungen haben in der Naturwissenschaft keine Grundlage. Und viele Fragen bleiben – oder stellen sich im richtigen Kontext überhaupt erst. Denn seine „Weltoffenheit" (Max Scheler) treibt den Menschen weiterhin dazu, über sich hinauszudenken. Auch ohne metaphysische Wunsch- und Blütenträume muss und kann man sich selbst hinterfragen. Dazu gehört: Wie und warum unterscheidet sich der Mensch von anderen Tieren?

Diese Frage ist uralt und auf verschiedene Weisen zu beantworten versucht worden – durch Definitionen, Behauptungen oder erfahrungswissenschaftliche Tatsachen. Besonders drei Arten von prinzipiellen Differenzen wurden dabei diskutiert: soziale, kulturelle und geistige – die allerdings miteinander zusammenhängen und interagieren können (sowie zuweilen metaphysisch überhöht werden).

Abbildung:
Maß der Dinge
Johannes Nikel;
Metallgrafik,
69 x 65 x 31 cm.
www.nikel-art.de

Der Mensch als soziales Wesen

Bereits Aristoteles hatte den Menschen als soziales beziehungsweise politisches Tier bestimmt (griechisch *zoon politikón*, lateinisch *animal sociale*). Das ist zwar richtig, doch sind viele Tiere ebenfalls sozial: Sie leben nicht nur in Gruppen, sondern stehen auch in komplexen Beziehungen zueinander, etwa in Rangordnungen. So schließen manche Affen regelrechte Bündnisse – der Primatenforscher Frans de Waal spricht sogar von „Schimpansenpolitik" –, sie helfen oder bekriegen sich, sie jagen gemeinsam oder betrügen sich, sie haben sogar ein gewisses Verständnis von Fairness und Moral.[3]

Wesentlich sozial bedingte Phänomene sind auch das Selbst- und Ich-Bewusstsein sowie das Einfühlungsvermögen einschließlich der Fähigkeit zum Perspektivenwechsel und der zwischen Individuen gemeinsam geteilten Aufmerksamkeit, etwa der Ausrichtung hin auf ein Objekt in der Welt oder ein Handlungsziel.[4] Ein gewisses Ich-Bewusstsein zeigen Menschenaffen (und Delphine, Schweine, Elefanten, manche Vögel) allerdings ebenfalls, da sie sich im Spiegel erkennen können und nicht für einen Artgenossen halten – eine selbstreflexive Leistung, die auch menschliche Kleinkinder erst mit etwa 15 Monaten beherrschen. Wenn es um wechselseitige Täuschungsmanöver geht, scheinen Schimpansen sogar die Absichten anderer erraten zu können und bei ihren eigenen Plänen zu berücksichtigen („ich weiß, dass er weiß, dass ich weiß, dass er weiß ..."); das wird als soziale Intentionalität höherer Stufe bezeichnet (von lateinisch *intendere* für „richten auf").

Auch die spielerischen und unheilvollen Seiten des Menschen sind nicht einzigartig. Sicherlich ist es charakteristisch, dass Menschen viel spielen und lachen – Friedrich Schiller spricht vom *homo ludens* (von *ludare*, lateinisch für spielen) und George B. Milner vom *homo ridens* (von *ridere*, lateinisch für lachen) –, und dass sie ihresgleichen oft „unmenschlich" massakrieren – Walter Burkert spricht vom *homo necans* (von *necare*, lateinisch für töten). Doch auch Schimpansen und andere Säugetiere töten ihre Artgenossen, Kinder eingeschlossen; bei Schimpansen wurden sogar ausgedehnte „Vernichtungsfeldzüge" beobachtet. Und viele Arten spielen gerne und treiben Schabernack – Menschenaffen zeigen sogar Ansätze von Humor und Schadenfreude.

Kulturleistungen und Traditionen bei Schimpansen

- Kurze Zweige werden zum „Angeln" von Termiten benutzt, die dann wie „Eis am Stiel" abgeschleckt werden.
- Lange Zweige werden in Termitenstöcke oder Ameisenhaufen gebohrt, bis sich genug Insekten daran festgebissen haben. Dann werden sie mit der Hand abgewischt und zum Mund geführt.
- Nüsse werden mit einem Hammer aus Holz oder Stein auf einem Amboss aus Holz oder Stein aufgeschlagen. Mütter lehren ihre Kinder, wie die Werkzeuge einzusetzen sind.
- Steine und Äste werden als Waffen zum Angriff oder zur Verteidigung verwendet, manchmal auch geworfen.
- Blätter werden verwendet, um den eigenen Körper zu reinigen oder Artgenossen zu groomen.
- Bestimmte Blätter werden auf Wunden gelegt.
- Blätter werden zu Büscheln zusammengefasst, um damit Bienen wegzukehren.
- Blätter werden zu einem Schwamm zusammengeknüllt, um damit Wasser aufzusammeln und sich in den Mund zu träufeln.
- Bei abgestandenen Wasserstellen werden in der Trockenzeit Löcher in den Sand gegraben (oft mit Hilfe von Stöcken). Erst dieses – weitgehend keimfreie! – Wasser, das sich darin ansammelt, wird getrunken.
- Mit Ästen wird Lärm gemacht, um für Aufmerksamkeit zu sorgen.
- Bei Regen wird von manchen Gruppen eine Art Tanz aufgeführt.

Der Mensch als geistiges Wesen

Mentale Zustände sind zwar nicht auf dieselbe Weise beobachtbar wie soziale und kulturelle Eigenschaften, doch äußern sie sich sehr wohl im Verhalten und können so erschlossen, analogisiert oder projiziert werden. Auch die Charakterisierung des Menschen als geistiges beziehungsweise denkendes Wesen ist seit Langem etabliert – Aristoteles schreibt vom „vernünftigen Tier" (altgriechisch: *zoon lógon échon*) – und als Folge der sozialen sowie als Voraussetzung der kulturellen Dimension zu verstehen. Die geistigen Fähigkeiten bilden ein komplexes Bündel. Dazu gehören neben Intentionalität und Ich-Bewusstsein das Schlussfolgern (Denken), die Abstraktionsfähigkeit, eine gewisse Transzendenz der Gegenwart einschließlich der Objektpermanenz (Gegenstände bleiben da, auch wenn sie aus dem Gesichtsfeld geraten)[5] und symbolisches Denken – Ernst Cassirer spricht sogar vom *animal symbolicum* (von lateinisch *animal* für Tier: das Symbole hervorbringende Tier). Vieles davon geht mit Sprache einher oder basiert darauf. Dieses soziale und geistige Werkzeug mit potenziell unendlich vielen Bedeutungen eröffnete dem sprechenden Menschen, dem *homo loquens* (von lateinisch *loqui* für sprechen), wie Johann G. Herder den Menschen nennt, viele neue Möglichkeiten.

Freilich sind auch hier die Grenzen heute weniger trennscharf, als dies früher gesehen wurde oder manchem lieb sein mag. Viele Tiere haben ein rudimentäres Zahlenverständnis, können komplexe Aufgaben – teils mit Werkzeugen und längerem Vorausplanen – lösen, sind fähig zu einsichtigem Verhalten und längerfristigem Planen (etwa bei koordinierten Treibjagden von Wölfen). Tiere verständigen sich mitunter auf komplexe und abstrakte Weise. Menschenaffen können sogar lernen, mit Menschen und untereinander mittels Plastik- beziehungsweise Computer-Symbolen oder einer Gebärdensprache zu kommunizieren – Fragen, Lügen und neue Wortschöpfungen eingeschlossen.

Der Mensch als kulturelles Wesen

Kultur, materiell wie symbolisch, beruht auf einem komplexen Wissen und Verhalten, das nicht angeboren und vererbbar ist, sondern sozial erlernt und über Generationen hinweg tradiert wird.[6] Sie ist ein entscheidendes Erfolgsrezept für die Ausbreitung des Menschen, seine Besiedlung aller Kontinente und Klimazonen bis hin zum Vorstoß in den Weltraum. Tierhaltung und Ackerbau – und die damit einhergehende Sesshaftigkeit –, industrielle Revolution sowie Naturwissenschaften und Technik haben eine exponentielle Bevölkerungszunahme ermöglicht, auf inzwischen über 7,1 Milliarden Menschen (im Durchschnitt 44 pro Quadratkilometer Festland). Das hat die Biosphäre bereits derart drastisch verändert, dass von einer neuen geologischen Epoche gesprochen wird, dem Anthropozän: dem Zeitraum, in dem der Mensch die Lebensräume und das Klima der Erde entscheidend beeinflusst.[7] Diese Entwicklung basiert vor allem auf dem Einsatz von Instrumenten aller Art – Frühmenschen (*homo habilis*) haben seit mindestens 2,3 Millionen Jahren Steinwerkzeuge hergestellt – sowie auf Wissensvermittlung und -weitergabe, besonders mithilfe der Sprache und, seit über 5000 Jahren, der Schrift. Zu Kultur gehört selbstverständlich vieles mehr, etwa Kunst und Musik. (Die ersten bekannten Figuren und Flöten sind 30 000 bis 40 000 Jahre alt und stammen von der heutigen Schwäbischen Alb.) Diese „kulturelle Explosion" in den letzten 50 000 Jahren ist einzigartig auf Erden. Sie war nur möglich, weil durch Tradierung viele Erfindungen aufeinander aufbauen konnten (Michael Tomasello nennt das einen „Wagenheber-Effekt"[8]).

Der Mensch steht am Scheideweg zwischen Untergang und Übergang.

Doch Kultur ist kein Gegensatz zur Natur, sondern eine Teilmenge von ihr – und in Ansätzen auch bei anderen Tieren vorhanden. Werkzeuge galten in der Paläoanthropologie, der Wissenschaft von der Entwicklung der spezifischen Merkmale des Menschen, einst als *das* Definitionsmerkmal des Humanen. Doch sie werden auch von Menschenaffen und von anderen Säugetieren sowie von manchen Vögeln verwendet.

Vom Faustkeil zur Mondlandung – Meilensteine der menschlichen Kulturgeschichte

vor 2,3 Millionen Jahren	älteste bekannte Steinwerkzeuge (Hardar, Nordäthiopien)
vor 1,8 bis 1,4 Millionen Jahren	Menschen wandern von Afrika nach Asien aus
vor 1,5 Millionen Jahren	älteste bekannte Feuerstelle (Koobi Fora, Nordkenia) – noch ältere Feuerstellen in China sind umstritten
vor 800 000 Jahren	älteste Seefahrer (Besiedlung der südostasiatischen Insel Flores)
vor 500 000 Jahren	Spuren der ältesten bekannten Hütten (Chichibu, Japan)
vor 200 000 bis 50 000 Jahren	Entwicklung von immer komplexeren Werkzeugen und Waffen aus Stein, Knochen, Holz; Auswanderungswellen aus Afrika
vor 100 000 Jahren	Bestattung der Toten
vor über 60 000 Jahren	Besiedlung Australiens
vor über 36 000 Jahren	ältester bekannter Klebstoff (Werkzeuge von Umm-el Tlel, Syrien)
vor über 30 000 Jahren	älteste bekannte Höhlenmalereien (Frankreich); später auch Gravuren von Knochen; Flöten, figürliche Schnitzwerke und Schmuck
vor über 27 000 Jahren	gewebte Kleidung (Dolni Vestonice und Tavlov, Tschechische Republik)
vor mindestens 15 000 Jahren	Besiedlung Amerikas
vor über 12 000 Jahren	Entwicklung von Ackerbau und Viehzucht; Sesshaftigkeit, Entstehung der ersten Städte und bürokratischen Strukturen
vor über 8000 Jahren	Schädelöffnungen wurden aus medizinischen Gründen praktiziert und von den Betroffenen überlebt
vor über 5000 Jahren	Steinsetzungen werden zur Markierung von Sonnwenden und Tagundnachtgleichen verwendet; Erfindung der Schrift (Sumerische Bilderschrift) und des Rads (in Europa, Mesopotamien, Indien)
vor 5000 Jahren	Beginn der Metallverarbeitung (Bronze), vor 3000 Jahren Eisen
vor 2500 Jahren	rational-spekulative Welterklärungen entstehen im Mittelmeerraum und Kleinasien („Vorsokratiker"); Wiege der abendländischen Kultur
ab ca. 1500 n. Chr.	Entwicklung der modernen Naturwissenschaft und Mathematik, des Buchdrucks, der Dampfmaschinen und Verbrennungsmotoren, des Kraftfahrzeug- und Schienenverkehrs; Industrialisierung, medizinische Fortschritte
20. Jahrhundert	Entwicklung der Telekommunikation, der Luft- und Raumfahrt, der Kernwaffen und -reaktoren, des Computers, des Internets, der Gentechnik; Landung von Menschen auf dem Mond

Schimpansen setzen mitunter sogar Werkzeuge ein, um andere Werkzeuge herzustellen. Komplexes Lernen – durch Nachahmung, Ausprobieren und Einsicht – ist ebenfalls nicht auf den Menschen beschränkt. Schimpansen unterrichten ihren Nachwuchs zuweilen sogar; sie lehren beispielsweise ein gezieltes Nüsseknacken mit einem „Hammer" auf einem „Amboss", jeweils aus Holz oder Stein. Und verschiedene Populationen haben unterschiedliche Traditionen des Werkzeuggebrauchs und anderer Verhaltensweisen entwickelt.

Metaphysik
von griechisch *tà metà tà physicà* beziehungsweise lateinisch *metaphysica*: das, was „hinter" der Natur oder „jenseits" der Physik steht. Lehre von dem, was existiert, und seinen formalen Kategorien, seinen (womöglich ersten) Ursachen, Gründen und Prinzipien. Das kann nicht allein aus der Erfahrung gewonnen werden und somit auch kein Gegenstand der Naturwissenschaft sein, sondern ist eine Voraussetzung für sie oder Interpretation von ihr. Mitunter werden auch irrationale Glaubenssätze, haltlose Spekulationen oder unüberprüfbare Theorien abwertend als „Metaphysik" bezeichnet.

In seiner Selbstgefälligkeit hat sich der Mensch häufig als das (einzige) Kulturwesen bezeichnet und daraus ein Artmerkmal sowie seine Sonderstellung abgeleitet. Kultur wird dabei als die Gesamtheit aller Lebensäußerungen und Leistungen eines Volkes, einer Gruppe von Völkern beziehungsweise der ganzen Menschheit aufgefasst, als eine menschliche Schöpfung im Gegensatz zu rein natürlichen Phänomenen, die ohne menschliches Zutun zustande kommen. Aber der Mensch ist ein Teil der Natur, und die Humanbiologie, die nach den Voraussetzungen für die kulturelle Evolution des Menschen und nach der „Funktion" (dem Adaptationswert) von Kultur fragt, definiert Kultur so allgemein, dass deren Anfänge auch im Bereich des Tierlichen mit einbezogen werden können. Tatsächlich lassen sich in einem eingeschränkten Sinn auch bei Tieren kulturelle Merkmale finden. Ein Beispiel sind die Dialekte und Traditionsbildungen im Gesang zahlreicher Vögel, ein anderes die Ausprägung bestimmter Schlaf- und Überwinterungsstätten zahlreicher Arten. Berühmt ist das in den 1950er-Jahren entstandene Süßkartoffelwaschen der Japanmakaken auf der Insel Koshima. Es wurde von einem weiblichen Jungtier begonnen, um die zur Fütterung am Strand ausgelegten Kartoffeln von Sand zu reinigen, und hat sich innerhalb eines Jahrzehnts in fast der ganzen Population durchgesetzt (mit Ausnahme der alten Tiere). Keiner der damaligen Affen lebt heute noch, aber das Verhalten wird nach wie vor praktiziert. Und bei Schimpansen sind mittlerweile sogar über drei Dutzend Verhaltensformen beschrieben, die zwischen verschiedenen Gruppen variieren und auch nicht bei allen vorkommen (wobei ökologisch motivierte Unterschiede nicht gezählt wurden, zum Beispiel schlafen Schimpansen nur dort in Bodennestern, wo keine Gefahr von Leoparden und Löwen besteht). Die Handlungen sind nicht angeboren, sondern durch einsichtiges Lernen entstanden.

Mängel und Metaphysik

Der Mensch als „Mängelwesen" (Arnold Gehlen) ist eine häufige Charakterisierung; sein „Unfertigsein" verlange nach einer Ergänzung durch Kleidung, Werkzeuge, Kultur und sogar Institutionen. Erst diese Notwendigkeit der Mängelkompensation habe den Menschen als *homo compensator* (Odo Marquard) zum Menschen gemacht. Freilich ist beziehungsweise war der Mensch so gut oder schlecht an die Umwelt angepasst, in der er sich entwickelt hat, wie andere Tiere auch – sonst wäre er schwerlich entstanden. Doch seine Einsichtsfähigkeit ermöglichte es ihm, ein „exzentrisches Wesen" (Helmuth Plessner) zu werden, das nicht ständig direkt und unmittelbar auf die Umwelt reagieren muss und daher auch über sich nachzudenken lernte.

Mithilfe der Sprache wurde es möglich, Fragen zu stellen und gemeinsam zu erörtern. Dies wirkte selbstverstärkend. „Den Menschen ausgenommen wundert sich kein Wesen über sein eigenes Dasein", so Arthur Schopenhauer; er spricht daher auch vom *homo meta-*

physicus, weil der Mensch über alle Grenzen, auch die der Physik, hinauszudenken begehrt. Ein Nebenaspekt davon ist die Fähigkeit zur Religion – auch der *homo religiosus* (Alister Hardy, Mircea Eliade) wird neuerdings unter evolutionsbiologischen Gesichtspunkten erforscht![9] –, denn aus der Selbsterkenntnis entspringt das nur schwer erträgliche Bewusstsein der Sterblichkeit und Absurdität.

Die neuen Erkenntnisse zur Physiologie, Psychologie und Philosophie des (nicht nur) menschlichen Bewusstseins sowie die sich daraus ergebenden Perspektiven werden oft als erneute kopernikanische Revolution bezeichnet oder gar als „anthropologische Kränkung" empfunden. Im Hinblick auf manche, teils von Wunschdenken oder religiösen und anderen Ideologien bestimmte Menschenbilder trifft dies wohl auch zu.

Die Evolutionstheorie hat das Selbstverständnis des Menschen revolutioniert.

Im Licht der Neuro- und Evolutionsbiologie sowie psychologischer Einsichten und scharfsinniger, kritischer philosophischer Argumente erscheinen viele geläufige Vorstellungen auf derselben Stufe zu stehen wie ein archaischer Gespensterglaube: besonders die Annahmen von einer immateriellen Seelensubstanz, die sich beim Sterben vom Körper löst, von einer paradoxen absoluten Willensfreiheit, die quasi aus dem Nichts heraus und entgegen aller Naturgesetze in die Welt eingreift, oder von einem obskuren Persönlichkeitskern, der sein unverständliches Dasein fristet – unangetastet von jeglichen Erfahrungen, von oft verheerenden Hirnerkrankungen sowie von der Millionen Jahre währenden Evolution. Doch die neuen (sich weiterentwickelnden, keineswegs abgeschlossenen und wie immer in der Wissenschaft stets auch mit einer gewissen Vorläufigkeit behafteten) Erkenntnisse sollten keineswegs als eine Geschichte der anthropologischen Kränkung missdeutet und deshalb abgelehnt werden. Diese faszinierenden Entwicklungen lassen sich vielmehr als eine Erhöhung und Befreiung des Menschen interpretieren.

Die Erhöhung besteht nicht darin, sich über die Natur zu erheben oder sich gar außerhalb von ihr zu stellen. Der Mensch ist vollständig eingewoben in eine lange Generationenkette von Organismen, die mindestens drei der 4,5 Milliarden Jahre langen Erdgeschichte umfasst, und in eine Naturhistorie der Materie, die bis zum Urknall vor 13,8 Milliarden Jahren zurückreicht. Die „Erhöhung" besteht – als eine Befreiung von Illusionen – vielmehr darin, dass der Mensch diese Entwicklung immer genauer versteht und somit letztlich sich selbst. Was auch heißen kann, sein destruktives Erbe deutlicher zu begreifen und vielleicht stärker zu beherrschen, sein Risiko und Gewaltpotenzial einzuschränken und die künftige Entwicklung zum Besseren für sich, seine Artgenossen und den gesamten Planeten zu gestalten.

„Einst wart ihr Affen, und auch jetzt noch ist der Mensch mehr Affe, als irgend ein Affe", rief Friedrich Nietzsche seinen Lesern zu. Nicht die Krönung der Schöpfung ist der Mensch, sondern ein (angesichts dieser Erkenntnis nicht selten verschnupfter) Trockennasenaffe – so heißt die Unterordnung der vermeintlichen „Herrentiere" (Primaten), zu der der Mensch zoologisch gehört –, aber einer, der sich erstmals in der Geschichte der Erde als Spezies selbst zu vernichten vermag, und viele weitere Arten mit ihm. So steht der Mensch am Scheideweg zwischen Untergang und Übergang. Wird er doch noch „weise" werden?[10]

Rüdiger Vaas ist Philosoph, Publizist und Redakteur beim Monatsmagazin *bild der wissenschaft*. Zuletzt erschienene Bücher: *Gott, Gene und Gehirn*; *Hawkings Kosmos einfach erklärt*; *Tunnel durch Raum und Zeit*; *The Arrows of Time*; *Vom Gottesteilchen zur Weltformel*.

Anmerkungen:

1. Dennett, D.: Darwins gefährliche Idee. Hoffmann und Campe, Hamburg 1997; Sommer, V.: Darwinisch denken. Hirzel, Stuttgart 2007; Vaas, R.: Die Evolution der Evolution. In: Universitas. 1/2009, Seite 4–29
2. Vollmer, G.: Die vierte bis siebte Kränkung des Menschen. In: Philosophia naturalis. Band 29, 1992, Seite 118–133
3. de Waal, F.: Chimpanzee Politics. JHU Press, Baltimore 2007; de Waal, F.: Primaten und Philosophen – Wie die Evolution die Moral hervorbrachte. Hanser, München 2008; Vaas, R.: Metawertewandel – Moral zwischen Fundamentalismus und Beliebigkeit. In: Universitas. 12/2012, Seite 4–30. Zur philosophischen Primatologie insgesamt siehe: Ingensiep, H. W.: Der kultivierte Affe. Hirzel, Stuttgart 2013
4. Vaas, R.: Selbstbewusstsein und Gehirn. In: „Ich". der blaue reiter – Journal für Philosophie. 2/2002 Seite 18–23; Vaas, R.: Der Streit um die Willensfreiheit. In: Universitas. 6 und 8/2002, Seite 598–612 und 807–819; Vaas, R.: Der Intelligenzsprung. In: bild der wissenschaft. 8, 2002, Seite 30–39
5. Oerter, R.: Der Mensch als Ergebnis des Zusammenspiels von Evolution, Kultur und Ontogenese – das EKO-Modell. In: Jüttemann, G. (Hrsg.): Die Entwicklungspsychologie der Menschheit. Pabst, Wiesbaden 2013, Seite 40–54
6. Einführend, auch zum Unterschied zur Zivilisation: Vaas, R.: Kultur. In: Lexikon der Neurowissenschaft. Spektrum Akademischer Verlag, Heidelberg 2000, Band 2, Seite 272–275
7. Crutzen, P. J.: Das Raumschiff Erde hat keinen Notausgang. Suhrkamp, Berlin 2011
8. Tomasello, M.: Die kulturelle Entwicklung des menschlichen Denkens. Suhrkamp, Frankfurt am Main 2002; Tomasello, M.: Warum wir kooperieren. Suhrkamp, Berlin 2010
9. Vaas, R.: Die neue Schöpfungsgeschichte Gottes – Herausforderungen einer Evolutionsbiologie der Religiosität. In: Fink, H. (Hrsg.): Die Fruchtbarkeit der Evolution. Alibri, Aschaffenburg 2013, Seite 133–172
10. Essays von Rüdiger Vaas zu einer existenzphilosophischen Anthropologie im Rahmen eines naturalistischen Weltbilds: Aufrechtstehen im Nichts. In: Universitas. 11 und 12/2008, Seite 1118–1137 und 1244–1259; Im Tumult der Stille. In: Universitas. 5 und 6/2009, Seite 476–493 und 578–607; „Werde der du bist!" – Unterwegs zu sich selbst. In: Universitas. 5 und 6/2010, Seite 478–489 und 592–611; „Wohlan! Noch einmal!" – Im Spiel des Lebens. In: Universitas. 3/2011, Seite 14–33; Lesen und Leben. In: Universitas. 5/2011, Seite 68–84

Hans-Peter Porzner

Die Rehabilitation – Grundlegung und Theorie der Wissenschaft

Die geniale Doktorarbeit Karl-Theodor Frhr. zu Guttenbergs

1.) Für das Verständnis dieser Doktorarbeit ist unabdingbar wichtig, dass man sie studiert und mit GuttenPlag Wiki http://de.guttenplag.wikia.com/wiki/GuttenPlag_Wiki verglichen hat.

2.) Man hat zwischen einem Oberflächentext und einem Subtext zu unterscheiden. Dieser wird sichtbar, wenn man die Veränderungen, die Guttenberg an den übernommenen Textstellen vornimmt, hermeneutisch analysiert und eben zusammenfasst.

3.) Eine genaue Kenntnis der wissenschaftlichen Autoren (Soziologen, Politologen, Staatsrechtler, Juristen, Philosophen), die Guttenberg zitiert oder nicht zitiert, ist notwendig, um die Dimension dieser Veränderungen in den Blick zu bekommen. Der Oberflächentext erfährt eine prinzipielle Verwandlung und Umwandlung. Hat man einmal das auf zwanzig Seiten seiner Doktorarbeit überprüft, fällt der Verdacht, dass Guttenberg nicht der Verfasser dieses Textes sein könnte, fort: man bemerkt außerordentlich präzise Kenntnisse, die nur die Handschrift des Politikers beweist. Hat man dies gesehen, kann die Erforschung des eigentlichen Textes dieser Doktorarbeit anfangen.

4.) Jede einzelne Veränderung steht in einem Kontext eines Anfangs und eines Endes. Die hermeneutische Positionierung durch Guttenberg ist jeweils entsprechend zu verstehen. Warum und wie positioniert Guttenberg die einzelnen Veränderungen? Welche Umdeutungen des nicht zitierten Ausgangstextes nimmt Guttenberg warum und wie vor? Beispiel: Guttenberg zitiert Autor A, der sich durch eine scheinbare große Objektivität auszeichnet; dann kommt die Textstelle des Autors B, in die er die Textstelle des ebenfalls nicht zitierten Autors C hineinmontiert, diese verändert er zusätzlich noch entscheidend und macht sie bezogen auf einen Gesamtzusammenhang, so dass insgesamt ein Text entsteht, passend; der Text läuft weiter mit einer Passage des Autors D, den Guttenberg im wissenschaftlichen Sinne jetzt korrekt zitiert; Autor D hat einen offenen wissenschaftlichen Grundkonflikt mit Autor B und C, ist aber bezogen auf einen bestimmten Sachverhalt der Europäischen Verfassung mit Autor A einer Meinung, d.h. sein Text muss im Hinblick auf ein Zusammenstimmen einer Europäischen Verfassung im Sinne des „runden Tisches der Ratifizierung des Vertrages" ebenso verändert werden; Autor A versteht Autor B, aber nicht Autor C; die Positionen von B und C sind offensichtlich inkommensurabel, aber im Diskurs nicht zu übergehen, im Hinblick auf bestimmte Sachverhalte werden sie zitiert, bezogen auf andere wieder nicht. Es sind verschiedene Basistexte, auf denen diese Texte operieren, zu erkennen; diese fungieren gleichsam wie große Bühnenbilder, vor denen eine bestimmte Dramaturgie abrollt. Es ist eine spannende Frage, die aber hier nicht beantwortet werden kann, warum Guttenberg bestimmte Autoren so in Szene setzt, andere aber nur mit einer scheinbar bescheidenen Rolle ausstattet. Dieses Prinzip der Textstruktur dieser Doktorarbeit betrifft bereits die Einleitung und läuft bis zum Ende der Doktorarbeit durch.

5.) Wie kommen die politischen Positionen, die um die Europäische Verfassung ringen, zusammen? Wie gestaltet sich die Doktorarbeit bis zur Abgabe 2006? Hat er sie vor dem 1. November 2006 (bis zu diesem Termin sollte die Europäische Verfassung durch die Regierungschefs ratifiziert werden; dies ist bekanntlich nicht eingetroffen – die Europäische Verfassung ist damit gescheitert) oder kurz danach abgegeben? Guttenberg hat seinen Doktortitel 2006 geführt, hat also in diesem Jahr die Doktorarbeit eingereicht und die mündliche Prüfung bestanden. Im Herbst 2008 schreibt er das Vorwort, 2009 publiziert er sie unter dem Titel: Verfassung und Verfassungsvertrag: Konstitutionelle Entwicklungsstufen in den USA und Europa (15. Januar 2009) bei Duncker & Humblot, Berlin. Im Vorwort schreibt Guttenberg, dass er an bestimmten Stellen die Doktorarbeit verändert hat. Welche Veränderungen hat er vorgenommen? Man muss sich das einmal vergewissern: Guttenberg bearbeitet ein Thema als Politiker, Wissenschaftler und Geheimnisträger, das am 29. Mai und am 1. Juni 2005 bereits gescheitert ist. Wie verhält sich hier der Europapolitiker Guttenberg?

Am 17., 18. Juni 2004 haben sich die fünfundzwanzig Mitgliedsstaaten auf eine Europäische Verfassung geeinigt.

Vgl. hierzu:
Susanne Szech-Koundouros (Ext.), Was bringt die Europäische Verfassung? Übersicht über das Ergebnis der Regierungskonferenz zur Europäischen Verfassung, Arbeitspapier/Dokumentation Nr. 137/2004, herausgegeben von der Konrad-Adenauer-Stiftung, Berlin 2004,
http://www.kas.de/wf/doc/kas_5113-544-1-30.pdf

Vgl. hierzu:
http://www.europarl.de/view//Europa/Reformvertrag/Reformvertrag_Uebersicht.html
„Bei den Referenden in Frankreich am 29. Mai 2005 und in den Niederlanden am 1. Juni 2005 war der Vertrag über eine Verfassung für Europa von den Bürgerinnen und Bürgern abgelehnt worden. 16 Länder hatten hingegen den Verfassungsvertrag gebilligt, in zwei von ihnen (Spanien und Luxemburg) wurde die Entscheidung durch ein Referendum getroffen. Auch das Europäische Parlament hatte sich im Januar 2005 mit großer Mehrheit für den Vertrag über eine Verfassung für Europa ausgesprochen."

Vgl. hierzu:
https://de.wikipedia.org/wiki/Vertrag_%C3%BCber_eine_Verfassung_f%C3%BCr_Europa

6.) Uns interessiert also ganz besonders der Entstehungsprozess dieser Doktorarbeit.

7.) Guttenbergs Doktorarbeit verwandelt sich von einer staatsrechtlichen Doktorarbeit mit dem Kapitel C in eine theologische. Er fragt nach der Bedingung der Möglichkeit eines Gottesbezuges in der Europäischen Verfassung. Ein großes Problem dieser Doktorarbeit und letztendlich der Europäischen Verfassung schlechthin. Eine herkömmliche und nicht getarnte Doktorarbeit würde durch die politischen Kräfte in Ansehung des Problems der Politisierung des Wissenschaftsbetriebs und des „normalen" politischen Betriebes „leicht falsfiziert" werden können. Ein Politiker kann es sich in einer medialen Welt nicht mehr erlauben, dass seine Überlegungen „bereits am nächsten Tag" durch die „ideologische Abwehr des politischen Gegners" im Wissenschaftsbetrieb unterminiert werden. Kurz: Eines der entscheidenden Probleme dieser Doktorarbeit besteht darin, dass sie in einem wissenschaftlichen Feld studiert werden kann, das heute vielfach nicht mehr wissenschaftlich neutral zu nennen ist. (Das Verhältnis Doktorvater und Guttenberg ist ausgiebig in meiner ersten Schrift behandelt. Der Hegelianer Peter Häberle hat ganz sicher seinen genialen Schüler erkannt, im Sinne Descartes' durchschaut und in Ansehung des archimedischen Punktes der wissenschaftlichen Begründung dieser Doktorarbeit mit Recht mit der Bestnote „Summa cum laude" versehen. Um das Verhältnis zu verstehen, müssen wir auf Platons „Politikos" und „Sophistes" reflektieren und präzise Kenntnisse dieser Sachverhalte voraussetzen.)

8.) An entscheidenden Stellen wird sichtbar, dass diese Doktorarbeit noch einmal ganz anders zu verstehen ist. Sie verwandelt sich noch einmal von einer staatsrechtlichen Doktorarbeit in eine philosophische, d.h. in eine metaphysische Schrift. Die Einstiegspunkte zu dieser Erkenntnis sind bereits auf der Seite 15 seiner Doktorarbeit exakt angegeben. Die Identifizierung als eine solche Schrift läuft über das Auswechseln bestimmter entscheidender „Grundworte" in fremden Texten; diese sind damit auf eine ganz andere Bahnung gebracht. Das Wort „natürlich" von Barbara Zehnpfennig wird durch das Wort „indes" ersetzt. Im ganzen Text gibt es eine Variation eines solchen Austausches. Man könnte hier auch den Vortrag „Karl-Theodor Frhr. zu Guttenberg und Richard Paul Lohse" halten.

9.) Guttenberg begründet in diesem Subtext, warum die herkömmliche Wissenschaft an diesem Problem der Europäischen Verfassung scheitern muss. Der umgreifende (Karl Jaspers) Sachverhalt ist diesbzgl. hier ausgiebig erörtert. Guttenberg argumentiert wissenschaftlich und begründet, warum allein seine Methode das Problem einer Europäischen Verfassung offen halten kann und auf längere Sicht einer Lösung zuführt („Nicht gescheitert"). Darüber kann man natürlich streiten, aber in diesem Kontext der wissenschaftlichen Forschung ist Guttenberg schon längst rehabilitiert. Das ist der Punkt. Das Befruchtende dieser Doktorarbeit ist jedenfalls enorm. Das hat natürlich auch sein Lehrer gesehen. Indes ist die ganz anders gelagerte Verfassung dieses Textes so zu verstehen, dass sie den Status einer bloßen Doktorarbeit weit hinter sich lässt, es ist eine geisteswissenschaftliche Schrift von außergewöhnlich perspektivischer Kraft in der Epoche von Google, Facebook und Twitter.

10.) In dieser Perspektive haben wir die Wahrheitsbegriffe, sofern der Politiker im Unterschied zum Wissenschaftler und Philosophen in der Wahrheit steht, bei Platon (Das WikiPlott) und bei Thomas Mann (Der ehrliche Karl) zu diskutieren. Guttenberg entwickelt auf dieser Basis die wissenschaftliche Begründung seines Vorgehens und seine Methode der Problemlösung – und dies, um es zu wiederholen – eben wissenschaftlich. Wir haben in seiner Doktorarbeit also drei Wahrheitsbegriffe zu erkennen. Von hier aus erfährt seine Doktorarbeit den Status einer philosophischen Grundlegung einer Theorie der Wissenschaft an sogenannten Grenzen ihrer Möglichkeiten. Guttenberg ist gleichzeitig Wissenschaftler, Politiker und Geheimnisträger eines politischen Programms. Das ist das Problem, das die Wissenschaft, der Journalismus, Bayreuth und Hof nicht gesehen haben. Guttenberg kann tatsächlich in Ansehung der Problematik des Themas gar keine andere Doktorarbeit erstellen und innerhalb des engen Rahmens der Vorgaben, unterhalb des wissenschaftlich Notwendigen bleiben – anders formuliert: er würde den wissenschaftlichen Geist verfehlen und das notwendige Niveau, um das Ziel einer Doktorarbeit zu erreichen, tatsächlich verfehlen. Es ist ein ganz anderes Niveau der Wissenschaft einzufordern.

11.) Hat man das einmal erkannt, wird das große ethische Bewusstsein dieses Autors in allen Punkten gegenwärtig (Die Rehabilitation). Es wird einsichtig, warum Guttenberg an keiner Stelle in seiner Doktorarbeit plagiiert hat, es wird aber auch einsichtig, dass er sich gegen eine Mauer des „Wilden Journalismus" gar nicht mehr verteidigen konnte. Wer hätte das alles überprüfen wollen? Man kann die Methode Guttenbergs diskutieren, sie bezogen auf ihr Ziel ablehnen, man kann aber nicht mehr diese Vorwürfe gegen Guttenberg erheben. Seine Bemühungen als Europapolitiker um die Europäische Verfassung sind grandios. Die Wissenschaft hat diese Analysen zu prüfen; werden diese von hier aus bestätigt, muss Guttenberg seinen Doktortitel wieder zurückbekommen und entsprechend voll rehabilitiert werden. Es dürfte allerdings sehr schwer fallen, diese Analysen zu widerlegen.

12.) Diese Argumentationen sind nicht universalisierbar. Die Doktorarbeiten von Politikern sind diesbzgl. alle gesondert zu analysieren; die Argumentationen verkomplizieren sich allerdings in dem Augenblick, wo der Wissenschaftler, der Politiker und der potenzielle Geheimnisträger einen thematisch, inhaltlich und formal zu verstehenden Zusammenhang bilden und dieser evident wird. Ansonsten gilt das herkömmliche Prüfungsrecht der Universitäten. Wir können hier Volker Rieble und Oliver Lepsius nur zustimmen. Allerdings ist an dieser auch eine Erweiterung des wissenschaftlichen Denkens zu fordern, so dass solche genialen Doktorarbeiten auch tatsächlich in den Blick kommen können.

13.) Am 24. März 2013 habe ich auf Twitter diese vier Schriften auf acht Merksätze heruntergebrochen, seitdem beobachte ich (seit dem 30. März verstärkt), wie die Frankfurter Allgemeine Zeitung zu einem echten atmosphärischen Plagiat, was diese Argumentationen betrifft, tendiert (vgl.: Heike Schmoll, Studieren zum Herumdoktorieren. Das Verhalten von Plagiatsjägern und ihrer Beute, in: FAZ, Politik, Dienstag, 16. Oktober 2012, Nr. 241, S. 3; Martin Warnke, Ist das nicht Bismarck? Aufstieg und Fall eines weltberühmten Gemälde: Der „Mann mit dem Goldhelm" in der Berliner Gemäldegalerie, in: FAZ, Feuilleton, Samstag, 30. März 2013, Nr. 75, S. 35; Swantje Karich (swka), Das Comeback, in: FAZ, Feuilleton, Dienstag, 2. April 2013, Nr. 76, S. 31; Sibylle Anderl, Gute Daten, schlechte Daten. Forschung produziert Daten, aber sind Daten auch Fakten? Welche Rolle spielen sie in den Wissenschaften, und was können wir aus ihnen lernen?, in: FAZ, Natur und Wissenschaft, 17. April 2013. Nr. 89, S. N 2; Magnus Klaue, Hauptsache, alles belegt. Würde Peter Szondi heute noch promoviert?, in: FAZ, Forschung und Lehre, Mittwoch, 24. April 2013, Nr. 95, S. 5; Emanuel Derman, Tun, was man will. Warum Freeman Dyson keinen Doktor hat. Aus dem Englischen übersetzt von Michael Bischoff, in: FAZ, Feuilleton, Donnerstag 25. April 2013, Nr. 96, S. 28; Tilman Spreckelsen, Erzählen, edieren, umarbeiten. Zur Ruhe kamen die Herren nie: In Kassel sammelten die Brüder Grimm ihre Märchen. Heute eröffnet dort die Ausstellung „Expedition Grimm" – ein gewichtiges Wort zum Jubiläum, in: FAZ, Feuilleton, Samstag, 27. April 2013, Nr. 98, S. 31; Rüdiger Soldt, Postmortale Rechte. Streit über Hans Filbingers Tagebücher, in: FAZ, Politik, Dienstag, 30. April 2013, Nr. 100, S. 4; Christian Eichler, Stark und demütig, in: FAZ, Freitag, 3. Mai 2013, Nr. 102, S. 1). Was planen die FAZ und die Süddeutsche Zeitung (vgl.: Tanjev Schultz, Lehren ohne Logik. Das Schicksal von Referendaren hängt an ihren Betreuern. Wer als junger Pädagoge eine Stelle an der Schule ergattern will, muss den Marotten der Ausbilder folgen. Eine, die das erfahren musste, durchleuchtet das Machtsystem – mit Hilfe der Philosophie, in: SZ, Schule und Hochschule, Montag, 6. Mai 2013, Nr. 104, S. 23)?

Vgl. hierzu:

Hans-Peter Porzner, Das WikiPlott. Dr. Karl-Theodor Frhr. zu Guttenberg, München, Wolnzach 2011
Ders., Die Rehabilitation. Dr. Karl-Theodor Frhr. zu Guttenberg, München, Wolnzach 2012
Ders., Der ehrliche Karl. Dokumentarroman, München, Wolnzach 2012
Ders., Der Politik-Irrtum, München, Wolnzach 2012

http://www.hanspeterporzner.de/
http://guttenplagwiki.wordpress.com/

Abbildung: **Ohne Titel.** Abi Shek, 2010; Holzschnitt und Tusche auf Leinwand, 125x100 cm. www.abishek.de

Markus Wild

Jede Katze hat drei Namen!

Jacques Derridas Tierphilosophie

Für Milou

„*Un animal me regarde*", französisch für „Ein Tier schaut mich an"; diese Worte variiert Derrida wiederholt in seinem tierphilosophischen Werk *Das Tier, das ich also bin*. Das Motiv entsteht aus einem Erlebnis Derridas mit einer Katze. Sie schaut ihn im Bad an; er ist nackt. Es handelt sich, wie Derrida betont, nicht um eine Katze als solche, nicht um eine Stellvertreterin ihrer Art, sondern um eine reale Katze, die ihm morgens ins Bad folgt – „wahrhaftig, glauben Sie mir, *eine kleine Katze*."[1]

„Ein Tier schaut mich an." So kann man *Un animal me regarde* übersetzen. Doch es bedeutet auch: „Ein Tier geht mich etwas an." Was versteckt sich hinter dieser Doppelbedeutung?

In der Tierphilosophie lassen sich drei Themenfelder unterscheiden:

1. **Anthropologische Differenz**: Gibt es einen grundlegenden Unterschied zwischen Mensch und Tier (von *anthropos*, altgriechisch für: Mensch)?
2. **Geist**: Kann man Tieren geistige Fähigkeiten wie Bewusstsein, Absicht oder Denken zuschreiben?
3. **Tierethik**: Hat der Mensch Tieren gegenüber direkte moralische Pflichten?[2]

Für den Geist der Tiere interessiert sich Derrida nicht. Die entsprechenden Forschungen der Verhaltensbiologie berühren ihn nur am Rande. Doch seine Tierphilosophie handelt sowohl vom Unterschied zwischen Mensch und Tier als auch von ethischen Beziehungen zu Tieren. Der Satz „Ein Tier *schaut* mich an" verweist auf die anthropologische Differenz, der Satz „Ein Tier *geht* mich an" hingegen auf die Tierethik. Das ist der Sinn der Doppelbedeutung.

Die Dekonstruktion der anthropologischen Differenz

Derrida ist der Philosoph der Dekonstruktion. Das heißt, Philosophie ist für ihn vor allem kritische Arbeit an der metaphysischen Überlieferung (siehe Erläuterung). Diese Arbeit besteht in intensiven Lektüren philosophischer Texte, wobei in solchen Lektüren gerade das scheinbar Marginale im Zentrum der Aufmerksamkeit steht. (Eben geht unten die Türklappe.) Philosophischen Texten haften Momente der Unentscheidbarkeit an, sie enthalten Vieldeutigkeit und Undeutlichkeiten, Lücken und Sprünge, Bilder und Metaphern. Diese vermeintliche Schwäche macht die Dekonstruktion stark und destruiert so die philosophische Überlieferung. Doch was dabei zum Vorschein kommt, ist nicht etwas Ursprüngliches, das durch diese Überlieferung verdeckt worden wäre, sondern vielmehr kommen Konstruktionen zum Vorschein. In Derridas Augen versucht die Metaphysik auf einen Ursprung, etwas Erstes zu stoßen, etwas das einfach, ganz, rein, selbstidentisch, selbst-genügsam, übersinnlich, wahr, gut und so weiter wäre. Das klassische Beispiel ist Gott. Anderes existiert als Abhängiges, als Abfall, Zufall, Unfall. So ist Gott ursprünglicher als die Schöpfung, das Gute substanziell, das Böse ein Mangel, das Reine höher als das Unreine, das Einfache fundamentaler als das Zusammengesetzte, das Notwendige wichtiger als das Zufällige und so weiter. Metaphysiker privilegieren, so Derrida, stets *ein* Element eines solchen Gegensatzes und sie konstruieren Unterscheidungen, vergessen aber diese Konstruktion und nehmen sie als naturgegeben. Metaphysik ist dadurch mit einem Anspruch auf Vorrang und Herrschaft verbunden. Hierarchische Gegensatzpaare beherrschen laut Derrida die gesamte Metaphysik. Als Folge davon beherrschen sie auch unser ethisches, wissenschaftliches, politisches und alltägliches Denken.

Zu den Konstruktionen gehört auch das Gegensatzpaar Mensch und Tier. In dieser Gegenüberstellung, der sogenannten anthropologischen Differenz, finden wir eine Opposition, die zweiwertig (Mensch *versus* Tier) und hierarchisch (Mensch *über* Tier) ist. Für Derrida ist diese Differenz der Inbegriff *aller* zweiwertigen, hierarchischen Oppositionen. Denn wer nach der anthropologischen Differenz fragt, der fragt nach dem einen Unterschied zwischen Menschen und Tier, der alle anderen Unterschiede erklärt. Der Mensch wird geradezu definiert durch das, was ihn vom Tier unterscheidet. Das Ausfüllen der Formel „Der Mensch ist ein Tier *plus* X" ist deshalb seit dem Beginn der Philosophie eines ihrer Hauptgeschäfte. Das Tier hingegen wird verstanden als etwas, dem dieses X fehlt. So ist der Mensch das vernünftige, sprechende, moralische, bewusste „Tier", *das* Tier hingegen das Unvernünftige, Sprachlose, Unmoralische, Unbewusste. In diesen Bestimmungen bleibt der Mensch jedoch stets auf das Tier verwiesen. Das Tier hilft, den Menschen zu dem zu machen, wofür er sich nimmt.

Zwischen Menschen und Tieren gibt es einen Bruch.
Jacques Derrida

Darum schreibt Derrida: „Das Tier schaut/geht uns an, und wir stehen nackt vor ihm. Denken beginnt vielleicht da."[1] Das bedeutet nicht, dass der Mensch zuvor nicht denkt, sondern dass er sich selbst im Gegensatz zum Tier als Denker versteht. Er nimmt sein Denken als den wesentlichen Unterschied zum Tier. Die Metaphysik zeichnet sich nun dadurch aus, dass sie den *logos* (altgriechisch für: Denken, Sprache) privilegiert. Diese Privilegierung nennt Derrida „Logozentrismus". Sie hat darüber hinaus den Mann vor der Frau privilegiert. Diese Privilegierung nennt Derrida „Phallogozentrismus" (von altgriechisch *phallós* für: erigiertes männliches Glied). Das Tier schließlich ist dasjenige, was sich der Mann unterwirft, was er opfert und was er sich einverleibt. Dies nennt Derrida „Karnophallogozentrismus" (von lateinisch *carnis* für: Fleisch). So wird die anthropologische Differenz zum Inbegriff aller Oppositionen und Konstruktionen der Metaphysik.

Das Argument, das Derrida gegen diese Art zu denken anführt, lautet, dass keines der Merkmale, das den Menschen im Unterschied zum Tier auszeichnen soll, einer Prüfung standhält: Entweder verfügen auch nichtmenschliche Tiere über diese Merkmale oder es verfügen nicht alle Menschen darüber beziehungsweise nicht mit der Deutlichkeit, die man sich wünschen würde. In einem 2001/2002 gehaltenen Seminar führt Derrida dies anhand der Analyse der hobbesschen These, dass Tiere nicht vertragsfähig seien, weil sie nicht sprechen, vor.[3] Das Kriterium der Differenz zwischen Mensch und Tier wäre also die Fähigkeit aller Menschen zur einvernehmlichen Übereinkunft. Gegen Hobbes führt Derrida an, dass Tiere sehr wohl über Formen der Kommunikation verfügen, die Überschneidungen mit der Sprache zulassen, und dass es zwischen Menschen und Tieren durch Erfahrung, Abrichtung, Haus- und Interessengemeinschaft durchaus eine Reihe von konventionellen oder faktischen Formen der Übereinkunft gibt. (Jetzt stappst sie die Treppe hoch.)

Das Tier hilft, den Menschen zu dem zu machen, wofür er sich nimmt.

Das Kriterium der Differenz findet sich also auch bei Tieren. Andererseits kann niemand behaupten, dass *alle* zwischenmenschlichen Formen von verbindlichen Übereinkünften ausdrücklich, diskursiv oder schriftlich und im gegenseitigen Einvernehmen erfolgen würden. Das Kriterium der Differenz findet sich also beim Menschen nicht immer oder nicht in reiner Form.

Allerdings, und das ist von Bedeutung, leugnet Derrida nicht die Unterschiede. Er weist die Ansicht zurück, dass zwischen Mensch und Tier eine Kontinuität oder Homogenität bestehe. Er insistiert vielmehr auf den Unterschieden und Ungleichheiten zwischen allen Lebewesen und hält sogar an einer radikalen Diskontinuität zwischen Menschen und Menschenaffen fest. Allerdings handelt es sich um eine Diskontinuität, die auch zwischen anderen Lebewesen existiert. Was Derrida zurückweist ist die Idee eines Unterschieds, der den Menschen essenziell vom Tier trennt. In minutiösen Analysen zeigt Derrida, dass nicht nur klassische Denker wie René Descartes, Thomas Hobbes, Jean-Jacques Rousseau oder Immanuel Kant von der anthropologischen Differenz zehren, sondern dass sich auch das Denken von Martin Heidegger, Jacques Lacan oder Emmanuel Lévinas vom Gegensatz zwischen Mensch und Tier nährt. Ihr Denken ist logozentrisch und karnivor (Karnivoren: fachsprachlich für fleischfressende Tiere), keine Gegenbewegung zur metaphysischen Tradition, sondern deren Fortsetzung.

Tierethik zwischen Similarität und Alterität

Wie wir gesehen haben, ist Derrida ein scharfer Kritiker der Metaphysik. Er sagt aber, dass es zwischen Menschen und Tieren einen Bruch gebe und dass er nicht an eine Kontinuität zwischen ihnen glaube.[4] Weiter hat Derrida mehrfach betont, dass es ein Widerspruch sei, Tieren Rechte zuzuschreiben, um sie vor dem „Karnophallogozentrismus" zu schützen. Drittens vertritt er die Ansicht, dass der Vegetarismus unmöglich sei. Diese drei Thesen haben Freunde und Gegner Derridas irritiert.[5] Um zu verstehen, was Derrida meint, können wir uns wieder den Katzen zuwenden.

Wie viele Namen haben Katzen? Es sind drei, wie T. S. Eliot in *The Naming of Cats* (*Das Benennen von Katzen*, 1939) erklärt. Als erstes ganz gewöhnliche Namen, die wir ihnen geben, wie Susi oder Moritz. Doch Katzen haben auch noch einen zweiten, einen Kosenamen, der zu ihrem individuellen Charakter passt, wie T. S. Eliot in seinem Gedicht beschreibt: „Zu solchen Namen zählt beispielsweise / Schnurroaster, Tatzitus, Katzastrophal / Kralline, Nick Kater und Kratzeleise / Und jeden der Namen gibt's nur einmal."[6]

Endlich der dritte Name, den man weder erraten noch erforschen kann. Nur die Katze kennt ihn und gibt ihn niemals preis. Wann immer man eine Katze in tiefer Meditation antrifft, so Eliot, widmet sich ihr Geist der Betrachtung des Gedankens an ihren Namen. Was könnte dieser dritte Name sein? Offenbar möchte Eliot betonen, dass die Katze über etwas ihr Eigenes verfügt, über eine subjektive Perspektive, ein Bewusstsein. Es mag überraschen, dass dies ein dritter Name sein soll. Nun, Namen geben wir in der Regel Wesen, die Personen sind oder, in einem weiteren Sinne, Wesen, die eine eigene Perspektive haben. (Sie sitzt bei der Türe und schaut.)

Eliot betont, dass die Katze gerade dann, wenn sie scheinbar nichts tut, sondern einfach nur da ist, in tiefer Meditation, einen inneren Zustand aufweist, zu dem wir keinen Zugang haben und den die Katze uns nicht mitteilen kann.

Metaphysik
lateinisch *metaphysica*, zu altgriechisch *tà metà tà physikà*, wörtlich: das, was hinter der Natur steht. Wissenschaft von den ersten Prinzipien und Ursachen. Zweig der Philosophie, der sich mit der „hinter" der Erfahrungswelt vermuteten Wirklichkeit, das heißt mit den über die Naturerscheinungen hinausgehenden Fragen des Seins beschäftigt, wie zum Beispiel dem An-sich-Sein der Dinge, dem Urgrund des Seins, der Möglichkeit von Naturgesetzen, dem Dasein Gottes, der Unsterblichkeit der Seele, der Willensfreiheit und so weiter.

In einem berühmten Artikel hat sich der Philosoph Thomas Nagel die Frage gestellt, ob wir wissen können, wie es ist, eine Fledermaus zu sein, das heißt ob wir die subjektive Perspektive, das bewusste Erleben einer Fledermaus nacherleben können.[7] Er hat diese Frage verneint. Sein Argument ist einfach: Wenn ich kein fledermausartiges Wesen bin, dann verfüge ich nicht über die subjektive Perspektive einer Fledermaus. Selbst Batman oder Dracula erleben das Fledermaussein nicht als Fledermäuse. Nagel hat das Beispiel der Fledermaus gewählt, weil deren Wahrnehmungsapparat und ihre Lebensweise uns sehr fremd sind. Er hätte natürlich auch eine Katze nehmen können.

Interessant an diesem Argument ist Folgendes: Nagel bezweifelt nicht, dass Fledermäuse oder Katzen Bewusstsein haben, sein Argument setzt ja voraus, dass es so etwas gibt. Er bezweifelt aber, dass *wir* wissen können, wie es sich anfühlt, als Fledermaus im Dunkeln zu jagen oder als Katze neben einem Laptop zu schnurren.

Wir müssen folglich zwei Fragen unterscheiden:

1. **Die Verteilungsfrage**: Können wir wissen, ob ein Tier bestimmte bewusste Erfahrungen hat, zum Beispiel Schmerz? Diese Frage zielt auf die Verbreitung von Schmerz im Tierreich. Finden wir ihn auch bei Fledermäusen, Forellen oder Insekten?
2. **Die Anfühlfrage**: Können wir wissen, wie es sich für ein Tier anfühlt, bestimmte bewusste Erfahrungen zu haben, zum Beispiel Schmerzen? Diese Frage zielt auf die Qualität bewusster Erlebnisse.

Nagel wendet sich mit seinem Argument gegen eine positive Antwort auf die Anfühlfrage, setzt aber eine positive Antwort auf die Verteilungsfrage voraus. Auf etwas Ähnliches weist Eliot mit dem geheimen Namen der Katze hin. Wir können eine Katze beobachten, ihr Verhalten beschreiben, auf sie reagieren, erleben, wie sie auf uns reagiert und so weiter. Auf dieser Grundlage kommen wir zu der Ansicht, dass sie ein Wesen mit einem subjektiven Erleben ist. (Sie springt übers Bein auf den Tisch.) Doch wie können wir wissen, dass sie Schmerz oder Vergnügen empfindet? Durch Analogieüberlegungen.

Wir empfinden Schmerz oder Vergnügen, wenn bestimmte Bedingungen erfüllt sind; und wenn diese auch für eine Katze gegeben sind, dürfen wir schließen, dass auch sie Schmerz oder Vergnügen empfindet. Die Antwort auf die Verteilungsfrage geben wir also durch eine Ähnlichkeit zu uns, das heißt aufgrund der *Similarität* der Katze. Dies entspricht dem zweiten Namen der Katze.

Wenn wir zur Anfühlfrage übergehen und fragen, wie es sich anfühlt, diese Katze zu sein, müssen wir zugestehen, dass wir es nicht wissen. Die Katze kann es uns nicht mitteilen, denn alle Mittel der Mitteilung haben wir beim zweiten Namen, bei der Beantwortung der Verteilungsfrage, ausgeschöpft. Der Grund, dass wir keine Antwort auf die Anfühlfrage geben können, liegt an der Verschiedenheit der Katze von uns, das heißt an ihrer *Alterität*.

Derrida als Kritiker und Verfechter von Tierrechten

In der Tierethik dient die Ähnlichkeit zum Menschen häufig als Grundlage für Argumente, Tiere moralisch um ihrer selbst Willen zu berücksichtigen oder ihnen Rechte zuzugestehen. Tiere sind *wie wir* empfindungsfähig oder intelligent oder sozial; wir berücksichtigen andere Menschen moralisch um ihrer selbst Willen oder gestehen ihnen Rechte zu, weil sie empfindungsfähig, intelligent und sozial sind; also sollten wir dies auch bei Tieren tun. Nun lautet Derridas Frage, ob nicht auch die Alterität Grundlage der Ethik sein kann. Derrida ist nicht nur der Ansicht, dass Alterität eine solche Grundlage sein kann, sondern sogar sein *muss*. Er ist darüber hinaus der Ansicht, dass Similarität die Gewalt gegen Tiere eigentlich fortschreibt, dass wir aber in der gegenwärtigen historischen Situation nichts Besseres haben.

Derrida hat Argumente dafür, dass die Similarität eine problematische Grundlage für ethische Beziehungen ist. Ein Argument besagt, dass man auf einer solchen Grundlage nur Verpflichtungen gegenüber Gleichen habe.[3] Dies führt zu einer Abstufung von Verpflichtungen: Wir empfinden stärkere Verpflichtungen gegenüber der Familie als gegenüber der Nation, mehr gegenüber der Nation als gegenüber der Rasse, gegenüber der Rasse mehr als gegenüber der Kultur und so weiter. Im Konfliktfall würden jene Beziehungen obsiegen, die wir mit Nahestehenden und Gleichen unterhielten. Es handele sich um eine Grundlegung ethischer Beziehungen im Egoismus oder Ethnozentrismus. Gegen den Einwand, dass es sich bei diesen Similaritäten und den mit ihnen korrespondierenden Loyalitäten nur um die Beschreibung einer Tatsache handle, wendet Derrida ein, dass Fakten keine Normen begründen. In der analytischen Philosophie ist dies als „naturalistischer Fehlschluss" bekannt. Nun könnte man entgegnen, dass ein abstraktes Prinzip der Ähnlichkeit oder der Gerechtigkeit, welches Gruppenegoismen meidet, diesem Einwand entgehe. Versteht man Gerechtigkeit als erweiterte Loyalität, bleibt der Einwand bestehen. Versucht man hingegen, Gerechtigkeit abstrakt zu begründen, so ergibt sich ein Problem, das Derrida in *Gesetzeskraft*[8] herausgearbeitet hat: Zwischen der Gerechtigkeit als abstraktes Prinzip der Gleichheit *aller* und Gerechtigkeit als Angemessenheit für den *Einzelfall* (sie versucht das halbvolle Glas umzustoßen) besteht eine grundlegende Spannung.

Ein weiteres Argument Derridas gegen die Auffassung, dass wir Tieren aufgrund ihrer Ähnlichkeit mit uns auch Rechte zugestehen sollten, lautet wie folgt: Das abstrakte Prinzip der Gerechtigkeit und unser Rechtsbegriff beruhen auf einer bestimmten Auffassung von Subjektivität, Autonomie, Rationalität und Freiheit. Diese Auffassung wiederum beruht auf der anthropologischen Differenz. Wenn dies zutrifft, dann beruhen unsere abstrakten Prinzipien von Recht und Gerechtigkeit auf der für unsere Tradition grundlegenden Abgrenzung des Menschen vom Tier. Die Ausdehnung solch abstrakter Prinzipien auf Tiere kann deshalb nicht konsequent sein, unterminiert sie doch ihre eigene Grundlage. Mehr noch, die Grundlage für die Zuschreibung von Rechten gegenüber Tieren ist in Derridas Augen derselbe Grund, der die Gewalt gegenüber Tieren bislang stillschweigend oder ausdrücklich legitimiert hat.[3] Zur Stützung dieser Argumentation verweist Derrida auf die Tatsache, dass die bereits existierenden Gesetze zum Schutz von Tieren weder Schlachtungen und Keulungen noch den technisch-wissenschaftlichen Irrsinn des Markts und der Massenhaltung verhindern.

Derridas Vorbehalte gegenüber der Möglichkeit eines reinen Vegetarismus beruhen auf derselben Skepsis. Die ethische Vegetarierin, die die Haltung und Tötung von Tieren für den Fleischverzehr ablehnt, wird tierische Produkte (zum Beispiel Milchprodukte) konsumieren, die unweigerlich mit der Tötung von Tieren verbunden sind (ausgemolkene Kühe erhalten zum Beispiel kein Gnadenbrot). Sie kann ihre ethische Haltung also nicht konsequent leben. Dagegen könnte man einwenden, dass der Veganismus – der ethisch motivierte vollständige Verzicht auf die Nutzung tierischer Produkte – dieser Inkonsequenz entgeht. Allerdings fordern einige Verfechter dieser Position, dass wir unsere Beziehungen insbesondere zu domestizierten Tieren ganz abbrechen sollten, weil sie unweigerlich ausbeuterisch seien. Die bloße Existenz domestizierter Tiere – man denke an Milchkühe, Englische Bulldoggen oder Masthühner – sei das Ergebnis massiver Züchtung und gewaltsamer Eingriffe. Diese Position führt zur Forderung, dass wir die Reproduktion domestizierter Tiere unterbinden und diese Rassen aussterben[9], was jedoch einen Eingriff in die Rechte dieser Tiere bedeutet. Wir haben es hier mit einem Beispiel des Konflikts zwischen der Gerechtigkeit als abstraktem Prinzip und Gerechtigkeit als Angemessenheit für den Einzelfall zu tun.

> *Vegetarismus ist unmöglich.*
> Jacques Derrida

Schließlich argumentiert Derrida, dass unsere Kultur auch auf symbolische Tieropfer zurückgreift, besonders in religiösen Kontexten. Selbst wenn wir die physische Gewalt gegen nichtmenschliche Tiere verhindern könnten, es bliebe die konstitutive symbolische Gewalt.[10]

Seine Kritik der Similarität als Grundlage ethischer Beziehungen führt Derrida zu einer Ethik der Alterität: „Ein Prinzip der Ethik oder radikaler noch der Gerechtigkeit ... ist vielleicht die Verpflichtung die meine Verantwortlichkeit für das ganz Unähnliche fordert, das ganz Andere, genauer das monströs Andere, das Unkenntliche."[3] Eine solche Ethik der Andersheit beruht darauf, dass wir einen Anderen als Anderen wahrnehmen. (Schon wieder läuft sie über die Tastatur!) Im Fall der Tiere, so könnte man Derrida hier verstehen, beruht sie auf der Unbeantwortbarkeit der Anfühlfrage.

Derrida schließt an Emmanuel Lévinas an. Vereinfacht gesagt, ist für Lévinas der uneinholbare Andere Grundlage der Ethik und die ethische Beziehung die fundamentale Beziehung schlechthin. Sie kann nicht aus Eigenschaften des Anderen abgeleitet werden, sondern beruht in der Andersheit des Anderen. Wenn ich beispielsweise am Anderen Eigenschaften wahrnehme und daraus Merkmale ableiten möchte, die ihn zu einem Objekt meiner ethischen Sorge machen, habe ich den Anderen bereits verdinglicht und assimiliert. Der entscheidende Punkt besteht darin, dass der Andere nicht ein Objekt oder ein Gleicher ist, sondern etwas, das mir ausgeliefert ist, sich mir aber als Anderer zugleich entzieht. Lévinas illustriert diesen Bezug durch das Bild des Gesichts des Anderen. In einem Interview formuliert er: „Ich denke, dass der Zugang zum Gesicht von Anfang an ein ethischer ist. Wenn Sie Nase, Augen, Stirn, Kinn sehen und diese beschreiben kön-

Dekonstruktion
vom französischen Philosophen Jacques Derrida eingeführter Begriff, der heute vielfach wegen seines doppelten Richtungssinns gebraucht wird: als Destruktion/Zerstörung im Sinne einer radikalen Kritik, nach der die herkömmliche Bedeutung eines Begriffs nicht mehr akzeptiert werden kann und als Konstruktion: eine neue Bedeutung herausarbeiten, eine veränderte Sichtweise einführen, kurz: dekonstruktiv Grundbegriffe der Philosophie wie Substanz und Subjekt verschieben und die in ihnen eingelagerten Herrschaftsbeziehungen (Hierarchien) unterlaufen.

nen, dann wenden Sie sich dem Anderen als einem Objekt zu. Die beste Weise dem Anderen zu begegnen würde darin bestehen, nicht einmal seine Augenfarbe zu bemerken! Achtet man auf die Augenfarbe, geht man mit dem Anderen keine soziale Beziehung ein."[11] Die Augenfarbe ist eine Eigenschaft. Nehme ich die Augenfarbe des Anderen wahr, fasse ich ihn bereits als etwas mit Eigenschaften auf, die für mich erkennbar sind. Damit verdingliche ich den Anderen und assimiliere ihn.

Derrida hält Lévinas vor, dass er die ethische Beziehung auf das *menschliche* Antlitz beschränke und so die anthropologische Differenz wiederkehre. Warum sollte nicht auch das Tier ein Antlitz haben, das einen ethischen Anspruch an uns erhebt? (Ich sehe sie nicht, höre sie nur.) Solche Fragen führen allerdings vom entscheidenden Punkt weg. Das Problem sehen viele nämlich darin, dass Derridas Ansatz vage und folgenlos bleibt. Was würde es konkret bedeuten, dem Tier als Andersheit zu begegnen?

Eine Ethik der Alterität, die normativ unverbindlich bleibt, das heißt keine Werte setzt, wäre nicht viel wert. Derrida versucht, ihre Umrisse vorauszudenken. Er ist nicht der Meinung, dass diese Möglichkeit bereits klar erfasst und umrissen ist. Deshalb muss der Ansatz noch vage und folgenlos bleiben. Doch wo es einen Möglichkeitssinn gibt, muss es auch einen Wirklichkeitssinn geben. Und Derridas Wirklichkeitssinn besagt: Solange wir das Denken der Andersheit noch nicht fassen können, müssen wir das Zweitbeste tun, nämlich uns vom Denken der Similarität leiten lassen und die Gewalt gegen Tiere mindern, wo immer es geht. Derrida ist darin unmissverständlich: „Die Beziehungen zwischen Menschen und Tieren *müssen* sich ändern."[12]

Seine Kritik des rechtlichen Rahmens besagt, dass wir den Rahmen selbst ändern müssen. Damit befindet sich Derrida auf einer Linie mit Verfechterinnen und Verfechtern der Tierrechte, die das Problem darin sehen, dass Tiere unser Eigentum sein können. Eigentum kann man (beinahe) beliebig für seine Zwecke nutzen. Solange der rechtliche Rahmen zulässt, dass Lebewesen das Eigentum von Rechtssubjekten sein können, wird die Gewalt gegen Tiere nicht aufhören.

Aber ist der Gegensatz zwischen Alterität und Similarität wirklich so groß, wie Derrida glauben machen möchte? Denken wir an Nagels Fledermaus zurück. Die Verteilungsfrage (fühlen Tiere Schmerz?) können wir mithilfe von Ähnlichkeiten zu uns (Similarität) beantworten, die Anfühlfrage (können wir wie Tiere fühlen?) hingegen können wir nicht beantworten (Alterität). Es ist aber offensichtlich, dass wir die Fledermaus deshalb als Form der Alterität wahrnehmen, weil wir davon ausgehen, dass sie ein subjektives Erleben hat. Würden wir die Verteilungsfrage nicht positiv beantworten, hätten wir keine Alterität. Die Frage, wie es sich anfühlt, ein Ziegelstein zu sein, ergibt keinen Sinn, weil wir nicht den geringsten Anlass haben, die Verteilungsfrage im Fall des Ziegelsteins zu stellen, geschweige denn positiv zu beantworten. So gesehen ist Similarität für Alterität unverzichtbar. Wir können einem Anderen nur als Anderem begegnen, wenn wir ihn als etwas auffassen können, dem wir begegnen können und der *uns* begegnen kann. Derrida begegnet morgens im Bad der kleinen Katze, doch er begegnet nicht den Ziegelsteinen, aus denen die Wände bestehen. Es ist ein Fehler, Similarität und Alterität einander gegenüber zu stellen, sozusagen ein Relikt des alten metaphysischen Denkens in Gegensatzpaaren. Wenn wir auf diesen Gegensatz verzichten, wird Derridas tierphilosophische Position kohärenter.

Beginnen wir, basierend auf dem Denken der Ähnlichkeit, mit dem Einbezug des Tiers in den Kreis derjenigen, die wir in einem starken Sinne moralisch zu berücksichtigen haben, und zwar innerhalb des rechtlichen Rahmens, den wir nun einmal haben. Wenn wir Tiere auf diese Weise in den „Kreis der Sympathie" (Ian McEwan) einlassen, wird sich der rechtliche Rahmen hoffentlich verändern und ein Raum für die Andersheit des Tiers entstehen. Das wäre der Beginn des Denkens der Alterität. Milou, der kleinen Katze, die nun neben meinem Laptop in Betrachtung des Gedankens an ihren geheimen Namen schnurrt, scheint das zu gefallen.

Markus Wild ist Professor für Philosophie an der Universität Basel.

Anmerkungen:

1. Derrida, Jacques: Das Tier, das ich also bin. Wien 2010, Seite 23, 54
2. Vergleiche Wild, Markus: Tierphilosophie. Hamburg 2008
3. Derrida, Jacques: La bête et le souverain. Vol. 1, Paris 2008, Seite 90f., 155f., 158 und 155
4. Derrida, Jacques: L'animal que donc je suis. Seite 52
5. Sowohl David Wood, ein Kenner und Anhänger der Dekonstruktion, als auch Gary Steiner, ein Gegner Derridas, erachten Derridas drei Thesen und seine ambivalente Haltung der Tierethik gegenüber entweder für inkonsequent beziehungsweise für den Ausdruck des normativen Defizits der Dekonstruktion. Vergleiche Wood, David: Thinking with Cats. In: Animal Philosophy. Ethics and Identity. Herausgegeben von P. Atterton und M. Calarco. London 2004; Steiner, Gary: Tierrecht und die Grenzen des Postmodernismus. Der Fall Derrida. In: ALTEXethik 27, 2010
6. Eliot, T. S.: Gesammelte Gedichte. Frankfurt 1988, Seite 345
7. Nagel, Thomas: Wie ist es, eine Fledermaus zu sein? In: Analytische Philosophie des Geistes. Herausgegeben von P. Bieri. Weinheim 1993, Seite 261–275
8. Vergleiche Derrida, Jacques: Gesetzeskraft. Der mystische Grund der Autorität. Frankfurt 1991
9. Diese Position im Spektrum der Tierrechte nennt sich Abolitionismus. Vergleiche Francione, Gary L.: The Animal Rights Debate. Abolition or Regulation? New York 2010
10. Vergleiche Derridas Gespräch mit J. L. Nancy: „Man muss wohl essen" oder die Berechnung des Subjekts. In: Derrida, Jacques: Auslassungspunkte. Gespräche. Wien 1998, Seite 290–294
11. Lévinas, Emmanuel: Éthique et infini. Paris 1982, Seite 79f. (Ethik und Unendliches: Gespräche mit Philippe Nemo. Wien 2008)
12. Derrida, Jacques; Roudinesco, Elisabeth: De quoi demain … Dialogue. Paris 2001, Seite 108f. (Woraus wird Morgen gemacht sein? Ein Dialog. Stuttgart 2006)

Martin G. Weiß

Das Maß aller Dinge!

Wider die Vertierung des Menschen

Dass der Mensch vom Tier abstammt, bestenfalls ein „besonderes" Tier sei, gilt den heutigen Biologen als ausgemachte Tatsache. Als *homo sapiens* hat der Mensch in der biologischen Systematik seinen Platz bei den höheren Säugetieren der Ordnung der Primaten und wird dort der Unterordnung der Trockennasenaffen (*Haplorrhin*), speziell der Familie der Menschenaffen (*Hominidae*), zugerechnet. Martin Heidegger hingegen verwahrt sich vehement gegen die Vorstellung des Menschen als eine Art Über-Tier und betont dessen „weltbildendes" Wesen im Gegensatz zum „weltlosen" Tier.

Heidegger „tritt wie ein zorniger Engel mit gekreuzten Schwertern zwischen das Tier und den Menschen, um jede ontologische Gemeinschaft zwischen beiden zu verwehren"[1], heißt es in Peter Sloterdijks *Regeln für den Menschenpark*. Tatsächlich wendet sich Heidegger wiederholt gegen die moderne Anthropologie (siehe Erläuterung), der er vorwirft, den Menschen vom Tier her zu denken anstatt ihn von sich selbst her zu verstehen. Dabei hat die „ungeheuerliche Vermenschung der Kreatur, und d. h. des Tieres, und eine entsprechende Vertierung des Menschen"[2], die Heidegger bereits zu Beginn der 1940er-Jahre beklagte und als Auswirkung der „Psychoanalyse" und des „Biologismus" des 19. Jahrhunderts betrachtet (was von einigen Exegeten als leise Kritik des NSDAP-Mitglieds an seiner Partei gedeutet wurde), bis heute eher noch zu- denn abgenommen. So gilt der Mensch der Biologie mittlerweile als 99-prozentiger Affe, da sich sein Genom nur in einem Prozent von jenem des Schimpansen unterscheidet. Im Gefolge dieser naturwissenschaftlichen „Erkenntnisse" reduzieren Philosophen Menschenrechte auf Personenrechte, Menschsein auf Personsein und dieses auf das bloße Vorhandensein bestimmter biologischer Eigenschaften. Aus diesen resultieren mentale Fähigkeiten, aus denen sich in einem zweiten Schritt dann spezifische moralische Interessen ableiten lassen. Das heißt, dass alle Rechte, die als Menschenrechte vormals allein dem Menschen aufgrund der Zugehörigkeit zur Gattung Mensch zugestanden wurden, auch anderen Lebewesen zukommen können, sofern diese über entsprechende mentale Fähigkeiten verfügen.

Aus philosophischer Perspektive ist diese Debatte vor allem deshalb von Interesse, weil sie den Blick auf unreflektierte Vorentscheidungen in der Entwicklung der Anthropologie lenkt, die zumeist nicht explizit thematisiert werden. Denn bei der Debatte zwischen den sogenannten Speziesisten, die der bloßen „Zugehörigkeit" eines bestimmten Exemplars zur Tiergattung *homo sapiens* höchste moralische Relevanz zusprechen, und

„Dagegen möchte es scheinen, als sei das Wesen des Göttlichen uns näher als das Befremdende der Lebe-Wesen …"

Martin Heidegger, *Brief über den Humanismus*

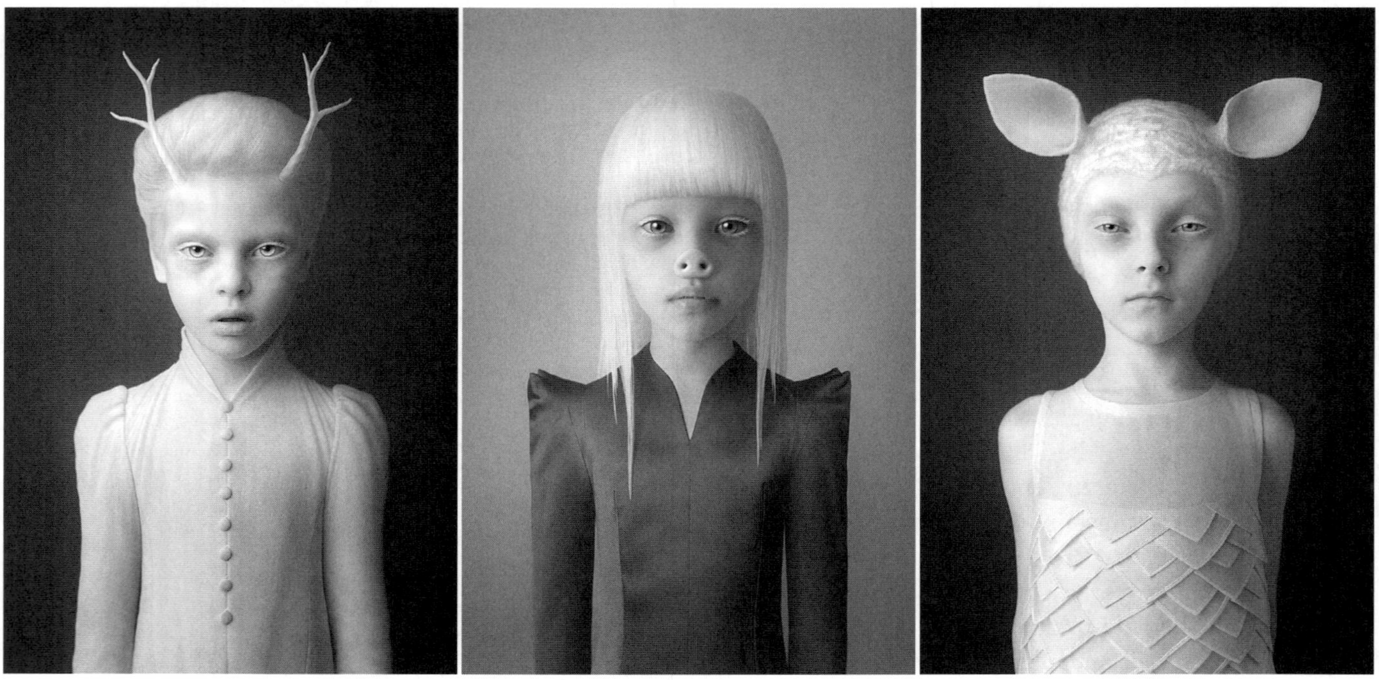

Abbildungen (von links): **Fawn, Pig und Goat** Oleg Dou www.olegdou.com

den Vertretern des Interessen-Utilitarismus, die die moralische Relevanz eines Individuums an das Vorhandensein bestimmter (biologischer) Grundlagen und darauf zurückgeführte mentale Fähigkeiten knüpfen, stehen sich zwei gänzlich unterschiedliche Menschenbilder gegenüber. Während erstere darauf verweisen, dass sich das „Menschsein“ nicht auf derselben ontologischen Ebene bewege wie zufällige Eigenschaften, verweisen letztere darauf, dass aus einem bloßen Faktum (der biologischen Zugehörigkeit zu einer bestimmten Tiergattung) kein moralischer Wert, keine besondere Würde abgeleitet werden könne. Gegenstand moralischer Rücksichten seien bestimmte (verletzbare) Interessen, von der Schmerzvermeidung bis hin zum Interesse an Zukünftigem. Konsequent zu Ende gedacht hat das anthropologische Modell der „Gattungsethiker“ zur Folge, dass etwa Kindern, die ohne Großhirn geboren werden, uneingeschränktes Menschsein mit allen Rechten zugesprochen wird, während möglichem intelligenten, im biologischen Sinne des Wortes aber nicht-menschlichem Leben jeglicher nur auf der Tatsache des „Lebendig-Seins“ beruhende Anspruch auf würdevolle Behandlung abgesprochen wird. Der konsequent zu Ende gedachte Interessens-Utilitarismus führt hingegen zur These, dass es moralisch unbedenklicher sei, ein menschliches Neugeborenes zu töten als einen erwachsenen Schimpansen.

So einleuchtend der Hinweis darauf ist, dass man nicht im selben Sinne Mensch ist, wie man behaart ist, so überzeugend ist die These, dass „jemand“ ohne Großhirn nicht dieselben Rechte haben sollte wie ein Gesunder. Doch ebenso, wie die Berufung auf ein letztlich metaphysisches (hier: nur auf Glaubenssätzen beruhendes) Wesen des Menschen unplausibel erscheint, ist auch die Vorstellung, dass Personsein, beziehungsweise Personenwürde, vom Vorhandensein bestimmter biologischer Eigenschaften abhänge, problematisch. Doch wenn Menschsein weder als unbegründbares Wesensmerkmal noch als sich aus biologischer Materie ergebend gedacht werden kann, stellt sich die Frage nach alternativen Möglichkeiten, das Menschsein des Menschen zu fassen.

Die „Weltoffenheit“ des Menschen

Den philosophisch vielleicht interessantesten Versuch in dieser Richtung stellt Martin Heideggers Bestimmung des Menschen als des „weltbildenden“ beziehungsweise „weltoffenen“ Wesens dar, die er im Wintersemester 1929/30 in seiner Vorlesung *Die Grundbegriffe der Metaphysik* der „Weltlosigkeit“ des Steines und der „Weltarmut“ des Tiers gegenüberstellt.

Heidegger hat stets gegen die „Baukasten-Anthropologie“ beziehungsweise gegen ein „Schichten-Modell“ des Menschen opponiert, das den Menschen als eine Art Über- oder Supertier mit einmaligen Eigenschaften und Fähigkeiten definiert. Heidegger argumentiert, dass mit diesem Modell der Mensch nicht von ihm selbst her gedacht wird, sondern vom „bloßen Leben“ her. Diesen Ausdruck Walter Benjamins hat Giorgio Agamben, der sich als Schüler Heideggers begreift, in die neuere Diskussion (wieder) eingeführt: „In dieser Deutung des Menschenwesens bleibt der Mensch (aber) verstanden von einer durch geistige Zusätze erweiterten animalitas her.“[3] Was aber würde es bedeuten, den Menschen von sich selbst her zu denken?

Überraschenderweise beruft sich auch Heidegger zunächst auf die auf Aristoteles zurückgehende klassische Definition des Menschen als *„zoon logon echon“*, das heißt als „Tier, das Sprache hat“. Nur, dass Heidegger Sprache nicht als Verlautbarung zur Übertragung von Informationen begreift, sondern als Bedeutsamkeit überhaupt, also als vorgängige Bedingung jeglicher Informationsübertragung. Weil uns immer schon Bedeutsames begegnet, wir es immer schon mit Dingen zu tun haben, die für uns eine Bedeutung haben, können wir über sie in einem zweiten Schritt dann Informationen austauschen.

Bedeutsamkeit besitzen die Dinge Heidegger zufolge aber nicht aus sich selbst heraus, sondern immer nur in einem Kontext von Bezügen. Das einzelne isolierte Ding hat nach Heidegger zunächst keinerlei Bedeutung, sondern gewinnt seinen Sinn erst im Bezug zu anderen Dingen und das heißt innerhalb eines

Anthropologie
von altgriechisch *anthropos* für Mensch und *logos* für Lehre. Erforschung und Beschreibung der Wesensmerkmale des Menschen.

Aphorismenschneise • Aphorismenschne

Natürlich darf alles heißen, was sich kultivieren lässt.

Affen verstoßen jeden von ihnen,
der mit Menschen in Berührung kam.
Ein Affenforscher hingegen bleibt unter Menschen
wohlgelitten, selbst unter solchen,
die schon von Affenforschung hörten.

Wenn der Schöpfer der Tiere auch der Schöpfer des
Menschen gewesen sein sollte, dann hätte er erstere
auf das Erscheinen des letzteren schlecht vorbereitet.

Das Sprechen des Menschen
hat seine tierischen Vorstufen,
das Schweigen des Menschen
macht ihn gottähnlich:
es zeigt den Sprung, nicht die Entwicklung.

„Kommunikative Kompetenz“ ist der
beste Ersatz für Gesprächsfähigkeit.

Jürgen Große

Anthropomorphismus
von altgriechisch *anthropos* für Mensch und *morphe* für Form, Gestalt. Zuschreibung menschlicher Eigenschaften und Verhaltensweisen auf Nicht-Menschliches wie Tiere, Götter oder Naturgewalten (Vermenschlichung).

(auch geschichtlichen) Bedeutungshorizonts aufeinander verweisender Elemente. Dieser Bedeutungshorizont, der die implizite, zumeist völlig übersehene Bedingung dafür darstellt, dass uns einzelnes Bedeutsames überhaupt erscheinen kann, ist es, was Heidegger „Welt" nennt. „Welt" ist der geschichtlich gewachsene sprachlich-kulturelle Kontext, innerhalb dessen einzelnes Bedeutsames erscheint, und der als solcher bestimmt, als was es uns erscheint.

Der Mensch ist das sprachbegabte Lebewesen. Da Sprache aber Bedeutsamkeit meint und Bedeutsamkeit von einem Kontexthorizont abhängt, den Heidegger „Welt" nennt, meint die Definition des Menschen als des sprachbegabten Lebewesens nichts anderes, als dass der Mensch dasjenige Lebewesen ist, das „Welt" hat, beziehungsweise immer schon in einem Kontext von zumeist nicht eigens bedachten Bezügen steht.

Heidegger zufolge weiß der Mensch aber zumeist nicht um seine „Welt", weil er es im alltäglichen Lebensvollzug immer nur mit den gerade in Gebrauch befindlichen Dingen, dem „zuhandenen Zeug" (wie es Heidegger nennt) oder den einfach „vorhandenen Gegenständen" zu tun hat. Im alltäglichen Leben weiß der Mensch nichts von der „Welt", da er völlig im Umgang mit einzelnen Dingen aufgeht, das heißt an das „innerweltlich Seiende verfallen ist", wie es bei Heidegger etwas pathetisch heißt. „Das Beschäftigtsein bringt in unseren Umgang mit den Dingen eine gewisse Mannigfaltigkeit, Richtung, Fülle. Aber nicht nur das, wir sind von den Dingen hingenommen, wenn nicht gar an sie verloren, oft sogar durch sie benommen."[4]

„Welt" als solche kann der Mensch, Heidegger zufolge, nur in bestimmten „Stimmungen" erfahren: In der existenziellen „Angst", „der Freude an der Gegenwart des Daseins ... eines geliebten Menschen" und in der „tiefen Langeweile"[4]. Diese Stimmungen sind es, die uns in seltenen Augenblicken von den einzelnen Dingen, mit denen wir sonst ständig beschäftigt sind, losreißen und uns so die Erfahrung des Bedeutungshorizonts, das heißt der „Welt" als solcher, ermöglichen.

Humanismus
ist als Weltanschauung gekennzeichnet durch die Wiederentdeckung der antiken Kultur, ihrer Sprachen, ihrer Kunst und Geisteshaltung. Damit verbunden ist das Bemühen um eine der Menschenwürde und freien Persönlichkeitsentfaltung entsprechenden Gesellschaftsform. Durch harmonische Geistes- und Leibesbildung im weitesten Sinne, die Auseinandersetzung mit Moralphilosophie und realistischer Naturerklärung sollen sich eigenständige Persönlichkeiten entwickeln und entfalten können.

Was in diesen ausgezeichneten Stimmungen der Angst[5], der Liebe und der Langeweile erfahrbar wird, ist nun aber ein Doppeltes: einerseits, dass die „Welt", in der ich lebe, etwas Gegebenes ist, das ich nur bedingt beeinflussen kann (ich bin in die Welt „geworfen"), andererseits, dass ich dem scheinbar alternativlosen alltäglichen Beschäftigtsein entkommen kann, das heißt, dass ich wesentlich frei („Entwurf") bin. Die Erfahrung der „Welt" ist damit immer auch die Erfahrung, dass eine andere Welt möglich ist. In der Verfallenheit an die scheinbar notwendige alltägliche „Geschäftigkeit" ist der Mensch fremdbestimmt, von den Dingen benommen, und seiner selbst entfremdet. Die emanzipatorische Funktion der Stimmungen besteht darin, die radikale Fragwürdigkeit und Nicht-Notwendigkeit der Alltäglichkeit aufzuzeigen. In ihren destabilisierenden Wirkungen, die alles Gewohnte infrage stellen, offenbaren die Stimmungen dem Menschen, dass er nicht einfach existiert, sondern „zu sein hat", das heißt immer auch andere Möglichkeiten hat als die aktuell verwirklichten. In der Erschütterung der Alltäglichkeit, wie sie sich in den Stimmungen der Angst, der Liebe und der Langeweile ereignet, zeigt sich dem Menschen seine bisher scheinbar notwendige Wirklichkeit als bloße Möglichkeit, womit die Eröffnung unzähliger anderer möglicher Welten einhergeht.

Die „Weltarmut" des Tiers

Im Vergleich zum Menschen ist das Tier Heidegger zufolge „weltarm", das heißt zwar nicht völlig „weltlos" wie der Stein, aber auch nicht „weltoffen" wie der Mensch. Der Mensch ist zwar zunächst und zumeist immer nur mit innerweltlichen Dingen beschäftigt – ohne an den Horizont zu denken, innerhalb dessen sie ihm in dieser oder jener Bedeutung erscheinen –, doch hat er zumindest prinzipiell die Möglichkeit, von den Dingen losgeeist zu werden und die „Welt" als solche zu erfahren.

Das Tier dagegen ist ständig von den es beschäftigenden Dingen eingenommen, Heidegger sagt „benommen". Es hat keine Aussicht darauf, diesem Benommensein zu entkommen oder es auch nur unterbrechen zu können und damit so etwas wie „Welt" zu erfahren. Streng genommen haben es Tiere denn auch nicht mit Dingen zu tun, sondern lediglich mit „Enthemmendem", das heißt mit bestimmte Aktivitäten auslösenden Bezugspunkten innerhalb einer spezifischen Umwelt. Heidegger bezeichnet diese als „Enthemmungsring". Das Tier ist Heidegger zufolge ununterbrochen zu den Dingen seiner Umwelt getrieben und von diesen völlig eingenommen. Die Dinge, auf die es bezogen ist, können zwar wechseln, gönnen dem Tier aber keine Pause im Umgang mit ihnen. Das Tier wird ständig von den Objekten seiner Umwelt beansprucht. Als drastische Illustration diesen Umstands zitiert Heidegger das bereits von Johann von Uexküll angeführte Beispiel einer honigschlürfenden Biene, die selbst dann nicht aufhört zu trinken, wenn man ihr den Hinterleib abtrennt.

Da das Tier also völlig von den Elementen seiner Umwelt eingenommen ist, ist es auch ständig außer sich und nie bei sich. Zur „Weltarmut" des Tiers gehört daher wohl auch so etwas wie „Selbstarmut".

Was für den Menschen der Bezugshorizont (die „Welt") ist, ist für das Tier der „Enthemmungsring". Aber während dem Menschen dieser Bedeutungskontext eigens zugänglich werden kann – in den ausgezeichneten Stimmungen der Angst, der Liebe und der Langeweile –, ist dem Tier der „Enthemmungsring" prinzipiell verschlossen und unzugänglich, da es immer schon mit einzelnem Seienden befasst und von diesem völlig eingenommen ist.

Menschliche „Weltoffenheit" als Unterbrechung tierischer „Benommenheit"

Giorgio Agamben weist nun zurecht darauf hin, dass für Heidegger auch der Mensch zumeist an das einzelne innerweltliche Seiende verloren und im Umgang mit „zuhandenem Zeug" oder im Betrachten „vorhandener Gegenstände" aufgeht, sodass auch dem Menschen „Welt" als „Welt" zumeist ebenso entzogen ist wie dem Tier. Während das alltägliche Leben des Menschen also durchaus Ähnlichkeiten mit der „Benommenheit" und „Weltarmut" des Tiers aufweist, besitzt er im Unterschied zu diesem aber zumindest prinzipiell die Möglichkeit, in den ausgezeichneten Stimmungen der Angst, der Langeweile und der Liebe von den Dingen weggerissen werden zu können und die Welt als „Welt" zu erfahren. Agamben zufolge lässt sich diese Erfahrung von „Welt" nun aber am besten als eine Unterbrechung des alltäglichen „Verfallenseins" des Menschen an die Dinge beschreiben. Da dieses alltägliche „Verfallensein" an die Dinge in Heideggers eigener Beschreibung aber seinerseits der tierischen „Benommenheit" zum Verwechseln ähnlich sieht, kann Agamben die These aufstellen, dass man die Weltoffenheit des Menschen konsequenterweise als eine Art Aufhebung beziehungsweise Unterbrechung der tierischen Benommenheit beschreiben müsste. Heidegger hatte dies tunlichst vermieden, um die philosophische Sonderstellung des Menschen nicht zu gefährden. Nach Agambens durchaus überzeugender Deutung müsste Heidegger zum Schluss kommen, dass sich die Weltoffenheit des Menschen in dem Moment einstellt, in dem das Tier „Mensch", in ausgezeichneten Stimmungen, von den Dingen ablässt, beziehungsweise die Dinge von ihm ablassen. Das Tier wird in dem Augenblick zum Menschen, in dem es aus Angst, Liebe oder Langeweile aus der Benommenheit durch die Dinge gleichsam zum Nichtstun erwacht, insofern die Erfahrung der „Welt" als solcher mit einer Unterbrechung der alltäglichen Geschäftigkeit zusammenfällt. Agamben schreibt: Der Mensch ist „einfach ein Tier, das gelernt hat, sich zu langweilen"[3]. Zwar klingt hier, wie bereits in Heideg-

Das Wesen des Menschen wird zu gering geachtet.

Ontologie
Im Allgemeinen die Lehre vom Sein. Nach Heidegger ist das „Sein" allerdings weder der „oberste Allgemeinbegriff" noch etwas Gegenständliches oder gar die Summe aller vorkommenden Gegenstände. Vielmehr ereignet sich „Sein" Heidegger zufolge immer nur in den (geschichtlich) unterschiedlichen Weisen des Erscheinens beziehungsweise Gegebenseins der Dinge, das heißt als Seinsweise.

gers angeblich nicht wertender Rede von der alltäglichen „Verfallenheit" des Menschen, der alte Hochmut der Philosophen gegenüber dem „Mann von der Straße" an, aber auch Aristoteles' Einsicht, dass sich der Mensch nur dort entfalten kann, wo er von den Zwängen des bloßen Lebenserhalts befreit ist und Muße hat, über das „gute Leben" nachzudenken.

In der Distanz zum einzelnen Seienden, im Nichtstun und im Nicht-in-Anspruch-genommen-werden durch die (zu erledigenden, zu verwendenden, zu beobachtenden) Dinge, erscheint die Welt, das heißt der Horizont der bedeutungsgebenden Bezüge als solcher und ermöglicht die Erfahrung der Geworfenheit und der Freiheit, die Heidegger zufolge das Wesen des Menschen ausmachen.

Wenn Agamben die menschliche Erfahrung von Welt in den Stimmungen der Angst, der Liebe und der Langeweile mit dem hypothetischen Resultat einer freilich unmöglichen Aufhebung der tierischen Benommenheit gleichsetzt, greift er damit nichts Geringeres an als Heideggers anthropologisches Grundaxiom, demzufolge der Mensch als „weltoffenes", weltverstehendes Wesen vom weltarmen Tier radikal unterschieden ist.

Zwar weist auch Heidegger darauf hin, dass für uns vermutlich von allem Seienden „das Lebe-Wesen am schwersten zu denken (sei), weil es uns einerseits in gewisser Weise am nächsten verwandt und andererseits doch zugleich durch einen Abgrund von unserem ... Wesen geschieden ist"[6], betont dann aber, dass der Versuch der klassischen Anthropologie, den Menschen vom Tier her, das heißt als Tier mit besonderen Eigenschaften und Fähigkeiten zu verstehen, das Wesen des Menschen zu gering achtet.

Agambens Versuch, das alltägliche Verfallensein des Menschen an die Dinge in die Nähe des tierischen Benommenseins zu rücken und die menschliche Erfahrung von Welt als eine Art Aufhebung tierischer Benommenheit zu beschreiben, ermöglicht es, die auch von Heidegger zugestandene seltsame Nähe des Tiers, bei aller unleugbaren Fremdheit (die gerade aus dieser Nähe entspringt), philosophisch zu verstehen, ohne den Menschen auf einen (besonderen) biologischen Organismus reduzieren zu müssen, wie das die Biologie tut. Ohne den Menschen „vertieren" zu müssen, werden Agamben die Lebewesen damit etwas weniger fremd, als sie im Lichte von Heideggers radikaler anthropologischen Differenz zwischen Mensch und Tier erschienen. Vor dem Hintergrund von Agambens Identifikation des alltäglichen menschlichen Verfallenseins an die Dinge mit der tierischen Benommenheit scheint auch die Frage danach, „wie es ist, eine Fledermaus zu sein", die Thomas Nagel in anderem Kontext gestellt hat, zumindest indirekt beantwortbar.

Was Agamben implizit suggeriert, ist eine letztlich bereits bei Heidegger angelegte Umkehrung der Deutungsperspektive, der gemäß der Mensch nicht mehr vom (biologisch definierten) Tier her zu denken wäre, sondern umgekehrt das Tier vom (weltoffenen) Menschen her. Heideggers angeblicher Antihumanismus erwiese sich damit als ontologischer Anthropomorphismus (siehe Erläuterung).

Einen solchen ontologischen Anthropomorphismus, wie ihn Agamben zu fordern scheint, hat allerdings bereits vor 40 Jahren ein anderer unorthodoxer Schüler Heideggers ausgearbeitet: Hans Jonas. In seinem Buch *Organismus und Freiheit*, dessen erste Entwürfe auf seine Zeit als Soldat in der *Jüdischen Brigade* der Britischen Armee zurückgehen, die 1944/45 bei der Befreiung Italiens beteiligt war, heißt es: „Vielleicht ist in einem richtig verstandenen Sinne der Mensch doch das Maß aller Dinge – nicht zwar durch die Gesetzgebung seiner Vernunft, aber durch das Paradigma seiner psychophysischen Totalität, die das Maximum uns bekannter, konkreter ontologischer Vollständigkeit darstellt, *von dem aus* die Klassen des Seins durch fortschreitende ontologische Abzüge bis zum Minimum der bloßen Elementar-Materie reduktiv bestimmt werden."[7]

Dr. Martin G. Weiß ist Assistenzprofessor am Institut für Philosophie der Universität Klagenfurt.

Anmerkungen:

1. Sloterdijk, Peter: Regeln für den Menschenpark. Suhrkamp, Frankfurt 1999, Seite 25
2. Heidegger, Martin: Parmenides. Gesamtausgabe Band 54. Freiburger Vorlesung Wintersemester 1942/43. Herausgegeben von Manfred S. Frings. Klostermann, Frankfurt 1992
3. Agamben, Giorgio: Das Offene. Der Mensch und das Tier. Suhrkamp, Frankfurt 2003, Seite 79
4. Heidegger, Martin: Grundbegriffe der Metaphysik. Welt – Endlichkeit – Einsamkeit. Klostermann, Frankfurt 1983, Seite 153, 110
5. In seinem Hauptwerk *Sein und Zeit* (1927) unterscheidet Heidegger streng zwischen „Angst" und „Furcht". Während die Furcht, die auch Tiere kennen, immer durch etwas ganz Bestimmtes ausgelöst wird, vor dem wir versuchen können zu flüchten, zeichnet sich die Stimmung der Angst, die als solche nur der Mensch kennt, dadurch aus, dass man nicht angeben kann, wovor man sich ängstigt, wodurch einem die ganze Wirklichkeit gleichsam „unheimlich" wird.
6. Heidegger, Martin: Brief über den Humanismus. In: Heidegger, Martin: Wegmarken. Klostermann, Frankfurt 1976, Seite 313–365
7. Jonas, Hans: Das Prinzip Leben (Organismus und Freiheit). Ansätze zu einer philosophischen Biologie. Suhrkamp, Frankfurt 1997, Seite 45

Zur Vertiefung empfohlen:

– Weiß, Martin G. (Hrsg.): Bios und Zoë. Die menschliche Natur im Zeitalter ihrer technischen Reproduzierbarkeit. Suhrkamp, Frankfurt 2009

Abbildung: **Gruß über den See**. Josef Lang, 2007; Eiche, gelb lasiert, 310x80x80 cm. Foto: Josef Lang. www.joseflang-bildhauer.de

Roland Borgards

Der Staat und die Tiere

Tiermetaphern in der politischen Theorie

Die Frage nach dem Politischen wird immer wieder als Frage nach dem Tier formuliert und das Tier mit der Begründung kultureller Ordnung verknüpft. Entsprechend sind die prägnanten Tiermetaphern der philosophischen Staatslehre mehr als nur illustratives Beiwerk.

Einer der berühmtesten Sätze der politischen Theorie des frühen 20. Jahrhunderts stammt von Carl Schmitt und lautet folgendermaßen: „Alle prägnanten Begriffe der modernen Staatslehre sind säkularisierte theologische Begriffe."[1] Das Kernproblem, um das sich die Staatstheorie des frühen 20. Jahrhunderts dreht, ist also das Verhältnis von Theologie und politischer Theorie. Wer heute, im frühen 21. Jahrhundert, nach dem Politischen fragt, kann einen anderen Ausgangspunkt wählen: Alle prägnanten Metaphern der philosophischen Staatslehre sind politisierte zoologische Metaphern. Die Tierfrage ist an die Stelle der Religionsfrage getreten.

Dass die Tiere das Nachdenken über politische Ordnungen immer mitbestimmt haben, zeigt sich schon in einem raschen Überblick über die einschlägigen Texte. Aristoteles bestimmt den Menschen als ein *zoon politikon*, ein politisches Tier (von altgriechisch *zoon* für Lebewesen und *polis* für Gemeinschaft, Stadtstaat). Darauf bezieht sich im 20. Jahrhundert noch Michel Foucault, für den der „moderne Mensch ein Tier ist, in dessen Politik sein Leben als Lebewesen auf dem Spiel steht". Aristoteles wiederum bestimmt als Kerneinheit einer jeden politischen Gemeinschaft den *oîkos* (altgriechisch für Haus), in dem sich Männer, Frauen, Knechte und Ochsen als „Krippengenossen" zusammenfinden. Für Platon ist die *politeia*, der Staat, ein Raum, dessen Grenzen sich in der Auseinandersetzung zwischen Hunden als Wächtertieren und die Gemeinschaft bedrohenden Wölfen ergeben. Thomas Hobbes gründet seine Theorie der Souveränität auf der Annahme, dass der Mensch dem Menschen ein Wolf ist, der nur Dank eines überlegenen Übertiers, eines Leviathans, beherrscht werden kann. Noch in *Brehms Thierleben*[2], das seit dem späten 19. Jahrhundert in keiner Wohnstube des gebildeten Bürgertums fehlen darf, werden auf eine unmittelbar politisierende Weise der Hund und der Wolf einander entgegengesetzt. Und um schließlich ein Beispiel aus unserer Zeit zu geben: Die Theorie des Terrorismus, wie sie anlässlich des internationalisierten US-amerikanischen Kampfs gegen den Terrorismus formuliert wurde, entwirft das Szenario einer Verteidigung gegen einen *beast of Bagdad* genannten Diktator und dessen *rogue state*, wobei *rogue* nicht nur den Schurken, sondern auch ein von Zerstörungswut besessenes wildes Tier bezeichnet.[3]

Der Befund ist eindeutig. Die politische Theorie ist von Tieren bevölkert. Diese Tiere kann man zunächst auf einer ganz konkreten Ebene daraufhin befragen, was sie zur Formulierung der jeweiligen Theorie beitragen: Wieso Ochsen, Wölfe und Hunde, warum ein *rogue* und ein *beast*? Man kann aber auch allgemeiner nach dem Status der Tiere für die politische Theoriebildung fragen: Wird mit Tieren lediglich in illustrativer Manier die Theorie anschaulich gemacht, oder sind sie selbst unabdingbarer Teil des philosophischen Arguments? Sind die Tiermetaphern vielleicht selbst ein eigenständiges, unverzichtbares Mittel für das politische Denken? Für ein Denken in Bildern, in Tierbildern? Und wenn dem so wäre: Was hieße dies dann für den Menschen als *zoon politikon*?

Der Wolf begründet den Staat; der Hund beschützt den Staat.

Politische Grenztiere

Aristoteles beschreibt politische Herrschaft als ein in der Natur begründetes Phänomen.[4] Als Regierende seien natürlicherweise diejenigen Wesen vorgesehen, die Dank ihrer Vernunft vorausschauend zu urteilen vermögen; als Regierte erscheinen hingegen diejenigen Wesen, die lediglich mit ihrem Körper gegenwärtig handeln. Aus dieser Unterscheidung leitet Aristoteles zwei gegenläufige Argumente ab: einerseits grenzt er den Menschen von den Tieren ab, andererseits stellt er Tiere und Menschen in einen gemeinsamen Raum.

Dominiert wird die Konzeption des Politischen bei Aristoteles von der Abgrenzungsgeste: Zwar hätten alle Tiere eine Stimme (altgriechisch *phoné*), aber allein der Mensch verfüge über die Sprache (altgriechisch *lógos*) und mithin über die Voraussetzungen dafür, nicht nur das Nützliche vom Schädlichen, sondern auch das Gerechte vom Ungerechten, das Gute vom Schlechten zu unterscheiden. Der Mensch hat Politik, weil er mit der Sprache ein Vermögen besitzt, das den Tieren mangelt. Zudem gilt der Mensch als Ziel und Zweck der Natur; Pflanzen und Tiere sind Mittel, dank derer er sich zu erhalten vermag. Damit ist nicht nur die Struktur politischer Herrschaft im Allgemeinen begründet, sondern auch die Herrschaft der Menschen über die Tiere im Besonderen. Der Mensch definiert sich als politisches Lebewesen also durch eine scharfe Grenzziehung zum *theríon* (altgriechisch für wildes Tier) in seiner Wildheit und Bestialität.

Dem steht nun bei Aristoteles ein Argument entgegen, das die Abgrenzungsgeste verunsichert. Dies zeigt sich dort, wo Aristoteles den *oîkos* als eine Gemeinschaft lebender Wesen definiert, die sich um einen Tisch oder eine Krippe, um eine gemeinsame Nahrung und Mahlzeit versammeln. Pflugstier und Ochse werden explizit zu dieser Gemeinschaft hinzugezählt. In Gestalt der Haus- und Nutztiere werden so Attribute und Eigenschaften des *theríon* auch in den Raum des Politischen eingeführt. Dieser Grenzverunsicherung entspricht die von Aristoteles aufgestellte Analogie zwischen Tieren und Sklaven. Wenn sich ein Mensch so sehr von einem anderen Menschen unterscheidet, wie die Seele vom Körper oder wie der Mensch vom Tier, dann, so Aristoteles, zeige sich darin der naturgegebene Unterschied zwischen Herrscher und Beherrschtem, zwischen Herr und Sklave. Während Herrschaft bei Aristoteles tatsächlich allein Menschen zukommen kann, etabliert sich auf der Seite der Beherrschten eine Gruppe, in der sowohl bestimmte Tiere als auch bestimmte Menschen zu finden sind: Ochsen, Sklaven, Frauen und Barbaren.

Es gibt bei Aristoteles also zwei argumentative Bewegungen: eine, die das Politische dem Menschen alleine vorbehält; und eine, die bestimmte Tiere in den Raum des Politischen integriert. Tiere dienen mithin dazu, politische Unterschiede zu machen; doch führen sie aber auch immer wieder dazu, dass die Unterschiede sich vervielfältigen und klare Grenzlinien sich in vielfach zerfurchte Grenzgebiete verwandeln. Ein wirkmächtiges Beispiel hierfür sind der Wolf und der Hund. Immer wieder wird auf dieses eigentümliche Paar zurückgegriffen, um zu beschreiben, wie der Staat funktioniert. Dies zeigt sich in der Staatstheorie Platons wie in der Souveränitätstheorie von Hobbes; es zeigt sich aber auch in einem zunächst einmal zoologisch anmutenden Werk wie *Brehms Thierleben*.

Platon beschreibt in seiner Abhandlung über den *Staat* den Wolf als gefährliches Tier.[5] Um sich gegen den Wolf wehren zu können, nutzt der Mensch den Hund. Nach diesem Bild denkt Platon den Staat: Es gibt eine Gefahr, die von außen droht (der Feind, der Wolf); und es gibt eine Verteidigung, die von innen aufgebaut wird (der Staat, der Hund). Der Staat findet in der äußeren Gefahr, im Wolf, überhaupt erst seine Legitimation. Weil es Wölfe gibt, muss es Hunde geben; weil es Feinde gibt, gibt es den Staat. Bemerkenswert ist es, dass hier zwei miteinander verwandte Tiere im Spiel sind: Der Wolf begründet den Staat; der Hund beschützt den Staat. Dort, wo Hund und Wolf aufeinandertreffen, findet sich die Grenze des Staats. Die Begründung des Staats ergibt sich mithin aus der angreifenden Gewalt, die im Wolf Gestalt angenommen hat.

Man sieht auch hier, dass unter Rückgriff auf Tiere eine Grenze gezogen wird, die möglichst eindeutig sein soll: innen gegen außen, Staat gegen Nicht-Staat, Hund gegen Wolf. Dem Hund wird von Platon die Verteidigung des Staats aus zwei Gründen zugetraut. Der erste Grund liegt in der Fähigkeit des Hunds, den Freund vom Feind unterscheiden zu können. Platon nennt den Hund wegen dieser Fähigkeit auch ein philosophisches Tier. Der Hund erkennt jeden Wolf, und sei er auch in einen Schafspelz gekleidet. Der zweite Grund, der den Hund zum Wächter des Staats qualifiziert, ist seine Stärke. Er ist dem Wolf körperlich überlegen.[5]

Damit aber wird die Lage wieder kompliziert. Denn die Gewalt, die vom Wolf droht, kann nur abgewehrt werden, indem ihr eine überlegene Gewalt entgegengestellt wird. Der Hund ist damit plötzlich nicht mehr

Abbildung linke Seite:
AKBARA
Ruth Tesmar, 1998; Holzschnitt, handabgerieben auf Seidenkokon (Unikat), 100 x 150 cm

einfach der Garant eines befriedeten Staatsraums, sondern selbst der Agent einer gefährlichen Gewalt. Seine Bestialität ist der Bestialität des Wolfs noch überlegen. In Gewalt und Bestialität sind Wolf und Hund nicht einander entgegengesetzt, sondern einander ähnlich. An der Grenze zum Staat entwickelt sich so eine ambivalente Dynamik wechselseitiger Gewalt: Das Animalische wird in der Figur des Wolfs aus- und in der Figur des Hunds zugleich eingeschlossen. Wolf und Hund erweisen sich als miteinander verwandte Spiegelbestien. Die Tiere sind im Staat; und die Grenze zwischen dem Raum der Kultur und dem Raum der Natur geht mitten durch ein Tier, durch den Hund hindurch.

Genau der gleichen Dynamik unterliegt die Theorie politischer Souveränität, wie sie Hobbes formuliert. Auch hier erscheint die ungebändigte Gewalt des Naturzustands in Gestalt eines Tiers: „*Man is a Wolf to Man*“ (englisch für: Der Mensch ist dem Menschen ein Wolf). Diese politische Wolfsmetapher[6], die eine bis in die Antike zurückreichende Vorgeschichte hat, verbindet sich im Verlauf des dreißigjährigen Kriegs mit der historischen Realität tatsächlicher Wolfsbegegnungen. Hobbes setzt dem Wolf, in dem sich der theoretische Krieg des Naturzustands sowie der faktische Religions- und Bürgerkrieg des 17. Jahrhunderts zu einer animalischen Figur verdichten, ein Wesen entgegen, das Artefakt, Monster und Tier in einem ist: den Leviathan.[7] Ein Tier ist der Leviathan der Form nach: ein großes Seeungeheuer. Ein Monster ist er seiner Struktur nach: ein Zusammengesetztes. Ein Artefakt ist er, weil in ihm alle einzelnen, individuellen Wolfsgewalten der Menschen zu einer unüberbietbaren Zentralgewalt zusammengefügt werden. Dieser metaphorische Spielzug von Hobbes besetzt die beiden entscheidenden Systemstellen seiner politischen Theorie mit Tieren. Auf der einen Seite steht als Wolf das, was den Staat und das Gesetz bedroht – und sie damit zugleich als notwendig erscheinen lässt. Auf der anderen Seite steht mit dem Leviathan das, was den Staat und das Gesetz garantiert – und zwar indem es noch gewaltiger ist als die zu bannende Gewalt selbst. Ein Effekt dieser Konstellation, auf den sowohl Foucault als auch Jacques Derrida[8] hingewiesen haben, liegt in einer eigentümlichen Allianz von Souverän, Tier und Verbrecher. Der Souverän steht über dem Gesetz, das Tier steht vor dem Gesetz, der Verbrecher steht unterhalb des Gesetzes; und alle zusammen stehen sie außerhalb des Gesetzes – um es zugleich von außen zu begründen.

Der Hund erkennt jeden Wolf, und sei er auch in einen Schafspelz gekleidet.

Dass dieses politisierte Bild einer Feindschaft zwischen Hund und Wolf auch noch unter den Bedingungen einer modernen Zoologie und ihres darwinistischen Evolutionsmodells wirksam ist, zeigt ein Blick in Alfred Edmund Brehms *Thierleben*, erstmals zwischen 1864 und 1869 publiziert. Hier gehören Wölfe wie Hunde zur zweiten Reihe der Säugetiere, den „Krallenthieren“ und zu deren vierter Ordnung, den „Raubthieren (*Carnivora*)“. Beide haben einen gemeinsamen evolutionären Vorfahren: die „Urhunde“. Den Urhunden lassen sich in einem ersten evolutionären Schritt „die Wölfe (*Lupus*) als nächste Verwandte“ zuordnen. Dann, so Brehm, tritt der „erziehende Mensch“ hinzu, und es entsteht der Hund. Der Hund besitze, wie der Wolf, „hochentwickelte Sinne“ und noch viel ausgezeichnetere „geistige Fähigkeiten“, sei aber, anders als der Wolf, klug genug, die Überlegenheit des Menschen anzuerkennen und aus ihr politische Konsequenzen zu ziehen, indem er seine natürliche Position im Herrschaftsgefüge – „gewöhnt, über andere Geschöpfe zu herrschen“ – in ihr kulturangepasstes Gegenteil, in eine bereitwillige Unterwerfung verkehrt. Die Wölfe hingegen verweigern diese Unterwerfung. Diese „gefährlichen Thiere“ gelten als „schädliche Raubthiere“ und in einigen „Ländern als die hauptsächlichsten Störer der öffentlichen Ruhe und Sicherheit“, sie bewegen sich im Umfeld „andauernder Kriege“ und sind selbst Gegenstand kriegerischer Anstrengung: „In Lappland ist das Wort Friede gleichbedeutend mit Ruhe vor Wölfen. Man kennt bloß einen Krieg, und dieser gilt gedachten Raubthieren, welche das lebendige Besitzthum der armen Nomaden des Nordens oft in der empfindlichsten Weise schädigen.“[2]

Offenbar kann auch der Zoologe Brehm nicht von Wölfen und Hunden erzählen, ohne zugleich eine ganze politische Theorie zu entwerfen, in der alle wichtigen Positionen von Tieren besetzt sind, und zwar von starken, bestialischen Tieren, die jederzeit bereit sind, gewaltsam aufeinander loszugehen. Der Wolf steht für den Angriff auf den Staat, der Hund für die Verteidigung der Gesellschaft, und so entsteht aus evolutionärer Nähe politische Feindschaft, so erreicht „der Haß zwischen zwei so nahen Verwandten, wie es der Hund und der Wolf sind, eine so unbeschreibliche Höhe ... Ein Hund, welcher auf eine Wolfsfährte gesetzt wird, vergißt alles, geräth in die namensloseste Wuth und ruht nicht eher, als bis er seinen Feind am Kragen hat.“[2]

Wenn über Figuren wie den Leviathan oder den Wolf Animalität und Souveränität miteinander verbunden sind, dann bleibt der Souverän selbst eine Tiergestalt und kann sich zudem jederzeit als tyrannische Bestie erweisen. Diese Bestie wird dann zum neuen Feind. Eine solche Feindschaft kann eine innerstaatliche sein. So wurden etwa in der französischen Revolution die Adligen als *tigres coronnés*, als gekrönte Tiger verfolgt; konsequent machte man den Vorschlag, sie in den Raubtierkäfigen der zoologischen Gärten auszustellen. Diese Feindschaft kann aber auch eine zwischenstaatliche Form annehmen. Ein Beispiel hierfür liefert der Irak-Krieg mit seinem Ziel, das als *beast of Bagdad* bezeichnete Staatsoberhaupt zu vernichten. Als Saddam Hussein nach dem Krieg gefunden wird, ist auch diese Szene von politischer Tiermetaphorik bestimmt. Das Versteck wird als *spider hole* (Spinnenhöhle) und *rat hole* (Rattenloch) bezeichnet, das, so wird kolportiert, voller Ratten gewesen sei, woraufhin die ersten amerikanischen Worte, die an das einstige *beast* gerichtet werden, diesen zudem als Ratte adressieren: „*Why are you living in that dirty little hole, you bastard? You are a rat. Your father is a rat.*“ (Warum lebst du in diesem dreckigen Loch, du Bastard? Du bist eine Ratte. Dein Vater ist eine Ratte.) Aus der Bestie ist eine Ratte geworden; ein Tier ist es geblieben.

Für eine an der amerikanischen Position orientierte Theorie des Terrorismus gilt der Irak als das Muster des Schurkenstaats, des *rogue state*. Will man sich ein Bild davon machen, was ein „*rogue*" ist, dann kann man zum Beispiel Wilhelm Munneckes Reiseerzählung *Mit Hagenbeck im Dschungel* aus dem Jahr 1931 lesen. Munnecke berichtet von einem männlichen Elefanten, der versucht, dem Leitbullen einer Herde den Rang streitig zu machen, aber im Zweikampf unterliegt. Der Besiegte wendet sich von der Herde ab und vernichtet in seinem Zorn nun unterschiedslos alles, was ihm vor seine Stoßzähne kommt: „So wird aus dem Herdenelefanten der Einzelgänger, der gefürchtete ‚*Rogue*', der Schrecken der Dschungel und Kampongs" (malaiisch für Dorf).[9] In Munneckes Erzählung wird die Situation in zeittypischer Manier durch die gut bewaffneten europäischen Tierfänger gelöst, die mit zwei tödlichen Schüssen den wehrlosen Dschungelbewohnern zur Hilfe kommen. Diese Erzählweise der Eroberer, die sich hier beispielhaft zeigt, wird in der politischen Metaphorik des *rogue state* auf schlichte und wirkungsvolle Weise wiederholt. Es gibt friedliche Tiere, aber selbst diese friedlichen Tiere können unter Umständen gewalttätig werden. Es gibt kluge Tiere, aber selbst diese klugen Tiere können unter Umständen allen Verstand verlieren. Es gibt Herdentiere, aber selbst diese Herdentiere können unter Umständen aller Gemeinschaft entsagen. Gebildet wird auf diese Weise eine rechtfertigende Analogie: Im Dschungel mit seinen wilden Bestien wie in der globalisierten Welt mit ihren Terroristen hilft am Ende nur die gezielte Tötung: „Der Tyrann des Urwaldes ist entthront", so beendet Munnecke seine Erzählung, „und der gefürchtete Rogue lebt nicht mehr. Freude herrscht in den Kampongs."

Tierliche Metaphern

Das Verhältnis der politischen Theorie zu den Tieren ist offenbar ambivalent. Einerseits wird der Mensch immer wieder als das von Natur aus politische Lebewesen beschrieben, als das politische Tier. Gemeint ist dies zumeist in einem exklusiven Sinn: Einzig und allein der Mensch hat die Fähigkeit, politisch zu denken und zu handeln; Tiere hingegen sind unpolitische Lebewesen. Weil der Mensch ein *politisches* Tier ist, ist er ein *Nicht*-Tier. Andererseits jedoch wird die Struktur des Politischen, das ein Nicht-Tier-Raum sein soll, immer wieder in der Form von Tiermetaphern präsentiert. Das gilt zum einen für die vielen umgrenzten Tieranalogien mit lokaler Erklärungskraft: den Hund bei Platon, den Wolf bei Hobbes, die Ratte bei den Antiterrorkriegern. Das gilt zum anderen aber auch für die grundlegende und im gewissen Sinne absolute Metapher, als welche Aristoteles' Definition des Menschen als politischem Tier zu lesen ist. Denn Aristoteles nimmt aus dem Bildraum der Zoologie die Herdentiere und Bienen, um dann am Leitfaden der Analogie den gemeinschaftsbildenden Menschen mit der Metapher des *zoon politikon* zu beschreiben. Diese Metapher steht für eine spezifische Form des menschlichen In-der-Welt-Seins.

Nun haben Metaphern in der philosophischen Tradition keinen guten Ruf. Sie galten lange als unzuverlässig, unnötig, verfälschend, eitel. Deshalb könnte man gegenüber dieser Fülle an tierlichen Metaphern eine kritische Haltung einnehmen, die philosophisches Argumentieren und metaphorisches Sprechen als unvereinbare Verfahren gegeneinandersetzt. In dieser Perspektive ist eine politische Metapher im besten Fall illustrativ, im schlechten Fall irreführend, in jedem Fall aber bedenklich, insofern sie der reinen Theorie und dem klaren Begriff etwas hinzufügt, was der Theorie und dem Begriff äußerlich bleiben muss. Wer Wölfe und den Leviathan bemüht, um die Struktur der Souveränität zu erklären, gerät dann unter Verdacht, Lücken seiner Argumentation mit zweifelhaften Analogien zu überbrücken, Unstimmigkeiten mit lebhaften und anschaulichen Bildern zu verschleiern oder zumindest einem vielleicht stimmigen Argument aus poetischer Eitelkeit einen unnötigen literarischen Ballast hinzuzufügen. Eine stilkritische Forderung an die Formulierung einer neuen politischen Theorie könnte also lauten: Benutzt keine Metaphern mehr! Und will man zudem das Politische als eine exklusiv menschliche Angelegenheit begreifen, dann wäre hinzuzufügen: Und erst recht keine Tiermetaphern!

Gerade Hobbes hat sich äußerst skeptisch zum Gebrauch von Metaphern im philosophischen Argument geäußert. Metaphern, so Hobbes, haben die Tendenz, das Verhältnis zwischen Bezeichnendem und Bezeichnetem zu trüben; sie lassen sich schwer kontrollieren und zeitigen in der Wahrheitssuche unberechenbare Effekte. Und doch sind Hobbes' Leviathan und seine Wölfe in der politischen Philosophie berühmt und wirkmächtig geworden. Sie sind mehr als ein Ornament, mehr als Schmuck, mehr als ein rhetorischer Trick. Sie sind Teil des Arguments selbst. Ohne Tiermetaphern sähe die politische Staatslehre nicht nur anders aus, sie wäre auch eine andere.

Ein erster Ansatzpunkt für den Zusammenhang von Tier und Politik findet sich schon bei den Tieren selbst. Auch Ameisen bilden Staaten; Bienen differenzieren sich in Völker; Schimpansen organisieren sich

Die Grenze zwischen Kultur und Natur geht mitten durch den Hund.

in patriarchalischen Gesellschaften, Bonobos in matriarchalischen; Wolfsrudel folgen einem Leitwolf; Wale versammeln sich in Schulen; Heringe handeln als Kollektive mit Schwarmintelligenz. Man könnte solche Beschreibungen als Anthropomorphismen denunzieren, das heißt als unzulässige Übertragungen menschlichen Handelns auf tierliches Verhalten. Allerdings müsste man dann schon vorab entschieden haben, was der Mensch und was das Tier ist; und man müsste als

Aphorismenschneise • Aphorismensc

Leben ist alles, woran
man sich gewöhnen kann.

Der Weise weiß mehr von der Welt,
als er der Welt verschweigt.

Dank den Ärzten erreichen die Menschen
ein Alter,
in dem ihnen kein Arzt mehr helfen kann.

Wenn der Weise sein Alter spürt,
frohlockt er, dass er diesem
Leben nicht ganz unterworfen ist.

Schicksal nennen wir die Launen der Welt,
die unseren eigenen Launen eine Grenze setzen.

Jürgen Große

gegeben voraussetzen, dass das Politische dem Menschen allein gehört. Man müsste sich, anders gesagt, im Wirkungsbereich der absoluten Metapher des *zoon politikon* bewegen.

Dass diese Metapher organisierende Kraft in der Theorie politischen Denkens und der Praxis politischen Handelns entfaltet hat, steht außer Zweifel. Um aber die Kraft solcher Metaphern wie der des *zoon politikon* oder des Wolf-Hund-Paars zu verstehen, reichen triviale Metapherntheorien nicht mehr aus. Metaphern werden in diesen als uneigentlicher Ausdruck begriffen, der sich bei Bedarf in einen eigentlichen Ausdruck rückübertragen lasse. Ein Bild ersetzt einen Begriff; der Leviathan steht für den Souverän. Im Rahmen von trivialen Metapherntheorien sind Tiermetaphern lediglich Ersatz für argumentative Arbeit. Eine Alternative hierzu bieten Metapherntheorien, die von einem erkenntnisfördernden Eigenwert der Metapher ausgehen und zudem das Verhältnis von Metapher und Metaphorisiertem als ein dynamisches und wechselseitiges Verhältnis begreifen: Platons Staatshund ist ein nötiges Element für das Verständnis von Platons Staatstheorie; die Wölfe der frühen Neuzeit formieren die Theorie der Souveränität und werden von ihr formiert; Bestien gehören zu einer bestimmten Theorie des Terrorismus, die ihrerseits wieder auf unser Bild von den Tieren zurückwirkt.

In dieser Perspektive wird die Tiermetapher zu dem Ort, an dem sich Theorie und Praxis kreuzen. Das heißt, dass zwei gegenläufige Sätze hier gleichermaßen Gültigkeit haben: Es gibt nur theoretische Tiere; und jedes Tier ist Element einer politischen Praxis. Denn sobald ein Tier gebraucht wird, um den Staat und die Politik zu erklären, ist es nicht mehr einfach ein zoologisches Wesen, sondern immer auch Teil eines Arguments, einer Theorie, und in diesem Sinne ein theoretisches Tier. Zugleich aber sind diese Tiere immer auch in konkrete kulturelle Handlungen eingebunden, der Hund in die Züchtung, der Wolf in die Ausrottung, der Ochse in die Landwirtschaft. Tiere sind somit zugleich Elemente einer politischen Praxis. Und nur weil auf diese Weise Praxis und Theorie sich wechselseitig beeinflussen, konnte die Tiermetapher im politischen Denken einen so großen Stellenwert erhalten.

Für den Entwurf einer politischen Theorie unter den Bedingungen unserer Gegenwart folgt daraus, dass er die Tiere auf eine eigene Weise zur Geltung bringen kann, ohne sie auf bloße Mittel der Veranschaulichung zu reduzieren. Denn das Politische beginnt schon bei den Tieren selbst. Mit auf dem Spiel steht dabei, was der Mensch ist: ein politisches Tier unter politischen Tieren.

Es ist wahrscheinlich kein Zufall, dass sich die politische Theorie und die Metapherntheorie schon immer darin getroffen haben, dass sie auf einem spezifischen Konzept des Menschen basieren. Aristoteles etwa baut sowohl seine politische Theorie als auch seine Metapherntheorie auf einer exklusiven Anthropologie auf (Lehre vom Menschen; von altgriechisch *anthropos* für Mensch und *logos* für Sprache, Lehre). Allein der Mensch ist ein politisches Wesen, allein der Mensch vermag Metaphern zu bilden, allein der Mensch entwirft Metaphern des Politischen. Auch die neuen, aktuellen Entwürfe des Politischen und die nicht trivialen Theorien der Metapher treffen sich in ihrem Nachdenken über den Menschen. Allerdings steht am Grund der neuen Theorien nicht allein der Mensch und der Ausschluss des Tiers, sondern der Blick auf das Mensch-Tier-Verhältnis, also ein theoretischer, aber auch praktischer Einschluss der Tiere.

Das heißt aber auch, dass nicht von einfachen, sondern von komplizierten Verhältnissen ausgegangen wird. Einfach wäre es, wenn die Grenzen klar und die Trennungen stabil wären: auf der einen Seite der Mensch, die Kultur, das Poltische; auf der anderen Seite das Tier, die Natur, das Nicht-Politische. So einfach aber stehen die Dinge nicht. Und genau deshalb waren die Tiere in der politischen Theorie immer so komplizierte Wesen: Der Wolf ist nicht nur das Bild für die angreifende Gefahr, sondern zugleich in großer Nähe mit dem Herrscher verbunden; der Hund nicht nur das Bild für die Sicherung des inneren Friedens, sondern zugleich eine Quelle naturwüchsiger Gewalt.

Besonders eindrücklich zeigt sich dies ausgerechnet beim Zoologen Brehm, der nicht etwa von der Friedfertigkeit des Hundes fasziniert ist, sondern davon, dass sich das Gewaltpotential dieses Tieres so präzise lenken lässt. Genau daraus ergibt sich die ambivalente Geste, die für unser politisches Denken mit Tieren so charakteristisch ist: Indem der Mensch den Hund nutzt, um den Wolf aus dem Raum der Kultur auszugrenzen, nimmt er dessen Wildheit notwendig mit in den Raum der Kultur hinein. In diesen Tieren steckt ein Rest unkontrollierbarer Wildheit und damit auch das Risiko, dass die Gewalt ihre Richtung ändert: „Man sagt, daß sie (die Bluthunde) heftigen Gemüts wären ... Ihr Blutdurst soll so groß sein, daß sie selbst auf ihren eigenen Herrn losgehen, wenn sie einmal eine Beute niedergemacht haben.“[2]

Tiermetaphern sind in der politischen Theorie also unumgänglich; und sie sind kompliziert. Wenn man dies zu akzeptieren bereit ist, dann gelangt man zu neuen historischen Analysen und zugleich zu einer neuen Theoriebildung. Wie also steht es um die Zukunft der Tiere in der politischen Theorie? Keine Metaphern mehr? Keine Tiere mehr? Offenbar gilt das Gegenteil: Mehr Tiere! Mehr Metaphern! Mehr Tiermetaphern!

Roland Borgards ist Professor für Neuere Deutsche Literaturgeschichte an der Julius-Maximilians-Universität Würzburg.

Anmerkungen:

1. Schmitt, Carl: Politische Theorie. Vier Kapitel zur Lehre von der Souveränität. Berlin 1922
2. Brehm, Alfred Edmund: Brehms Thierleben. Allgemeine Kunde des Thierreichs. Band 1, Leipzig 1883
3. Vergleiche Derrida, Jacques: Schurken. Zwei Essays über die Vernunft. Frankfurt am Main 2003, Seite 134 ff.
4. Vergleiche Aristoteles: Politik. Reinbek bei Hamburg 2009, hier vor allem Seite 45–48
5. Vergleiche Platon: Der Staat. Sämtliche Werke. Band 2. Heidelberg 1982
6. Vergleiche Hobbes, Thomas: Vom Menschen. Vom Bürger. Hamburg 1959, Seite 59
7. Eine Illustration auf den ersten Seiten von Hobbes' wirkmächtigem Buch *Der Leviathan* zeigt diesen als einen gigantischen, dem Meer entsteigenden „Menschen“, der aus den Menschen, die in den sogenannten Gesellschaftsvertrag eingewilligt haben, zusammengesetzt ist. In der rechten Hand trägt das aus „Einzelwillen“ zusammengesetzte, die Zentralgewalt symbolisierende „Seeungeheuer“ ein Schwert, das Zeichen weltlicher Macht, in der linken einen Krumstab, das Symbol kirchlicher Macht. Die Verwendung des Leviathan geht auf das Buch Hiob (Kapitel 40 und 41) des Alten Testaments zurück, wo er als Seeungeheuer sowie stärkstes und unbändigstes Tier geschildert wird. Vergleiche Hobbes, Thomas: Leviathan oder Stoff, Form und Gewalt eines kirchlichen und bürgerlichen Staates. Hamburg 1996
8. Vergleiche Foucault, Michel: Die Anormalen. Vorlesungen am Collège de France (1974–1975). Frankfurt am Main 2003; Derrida, Jacques: Séminaire. La bête et le souverain. Volume I: 2001–2002. Paris 2008 sowie Volume II: 2002–2003. Paris 2010
9. Munnecke, Wilhelm: Mit Hagenbeck im Dschungel. Hamburg 1947

Zur Vertiefung empfohlen:

– Borgards, Roland: Wolf, Mensch, Hund. Theriotopologie in Brehms Tierleben und Storms Aquis Submersus. In: Heiden, Anne von der; Vogl, Joseph: Politische Zoologie. diaphanes, 2007
– Borgards, Roland: Wolfs-Notstand. Zum Bann der Bestie in Storms Zur Chronik von Grieshaus. Zeitschrift für Deutsche Philologie. 2007

Andrea Grill

Hierarchien menschlicher Liebe

Ich und der Hund

Seinen Hunden habe er etwas heftiger, länger anhaltend nachgetrauert als den meisten Menschen, gesteht einer, der sich in seinem Werk kaum mit Tieren befasst. Eine Welt sei zusammengebrochen, schreibt er; der Philosoph, der kein Wort zufällig verwendet.

Hilflos vor Trauer sitzt er im Auto, nachdem er seinen sehr alt gewordenen Bobtail hat einschläfern lassen. Folterte jemand seine Frau und seine Kinder, gesteht er offen, würde er ihnen zurufen, sie mögen durchhalten und sich selbst ermannen, dasselbe zu tun. Geriete aber der Hund in die Hände des Folterers, wäre nichts mehr gewiss. Zum Mörder könnte er werden, gesteht der Humanist, wenn man seinem Hund die Augen ausstäche; alles verriete er.

Der Hund braucht seine Besitzerin, seinen Besitzer. Dafür lieben wir ihn.

Dem, der uns das verrät, ist das suspekt – er ist sich selbst suspekt. Und alle, die ihm ähneln – er vermutet, es seien viele, viel mehr als es zugeben würden –, sind ihm genauso verdächtig. Diese unattraktiven „Wahrheiten" wie George Steiner sie nennt, „stehen im Widerspruch zur Vernunft und zu den Hierarchien menschlicher Liebe, wie sie sein sollten. Sie werfen Fragen nach urtümlichen Instabilitäten auf, nach dem Überleben der zoologischen Verwandtschaften und des Dämmerlichts, die unsere brüchige Menschlichkeit untergraben."[1]

Wo wir von Tieren sprechen, liegt die Frage nach der Menschlichkeit auf der Zunge. Haustiere, wie wir sie nennen, haben jedenfalls eins mit uns gemein: sie wohnen im Haus wie wir. Nicht zufällig, sondern weil wir das wollen; weil wir sie ausgesucht haben, eingeladen, hereingetragen, gekauft, gefangen, aufgezogen. Wir teilen unser Essen mit ihnen, bezahlen ihre Ärzte, begraben sie nach ihrem Tod. Sie seien Familienmitglieder, sagt man und tut für sie, was man menschlichen Gefährten sehr übel nehmen würde, so sie es verlangten. Lässt sich mitten in der Nacht wecken, geht um fünf Uhr früh mit ihnen auf die Gasse, auch im Winter, lässt sich Arme und Beine zerkratzen, sogar das Gesicht, lässt sie auf den Tisch springen und den Schinkenteller plündern, ein Klassiker: den Briefträger beißen, unsere neuen Schuhe zerfetzen, wäscht ihnen die Pfoten nach jedem Ausgang, kämmt ihnen die Haare (das Fell), putzt ihnen den Hintern, das Klo, nimmt in Kauf, dass sie stinken, sich auf offene Bücher legen, Seiten umknicken, Taschentücher zerfetzen, auf den Teppich pinkeln, ihre Krallen am Parkettboden schärfen, an Vorhängen hinaufklettern, unseren Freunden eindeutig ihre Antipathie zum Ausdruck bringen, verzichtet ihretwegen auf die Urlaubsreise, den öffentlichen Strand, das Café, das Silvesterdiner. Tut das gern. Beklagt sich kaum über die Umstände, die sie machen (weniger als über die eigenen Kinder). Verzeiht ihnen alles. Verlangt eigentlich nichts. Nur dass sie da sind.

Utopie
von altgriechisch *ou* für „nicht" und *topos* für „Ort", wörtlich: ohne Ort/nirgendwo. In Anlehnung an den 1516 von Thomas Morus publizierten Roman *Utopia* werden (idealisierende) Gegenentwürfe zur bestehenden gesellschaftlichen Ordnung als Utopien bezeichnet. Ernst Bloch erweitert dieses Verständnis zu einem Gesamtkonzept menschlicher Realität, das in der menschlichen Natur begründet liegt, und spricht von „konkreter" Utopie im Sinne eines vorwegnehmenden Bewusstseins beziehungsweise einer nach vorne gerichteten Intention. In seinem Hauptwerk *Das Prinzip Hoffnung* sucht er unter Aufnahme eines marxistischen Geschichtsverständnisses das utopisch Mögliche mit dem historisch Wirklichen zu vermitteln.

Verliebt in das Fell

„Hunde kann man mit allen Nerven und Fasern seines Lebens lieben", schreibt George Steiner, den ich wiederum zitiere, weil er – Literaturwissenschaftler, Schriftsteller, Philosoph – Menschen intensiv studiert hat, also, denke ich, auch die Liebe. „Warum?", könnte an dieser Stelle fragen, wer ein Mensch ist, weil das Fragen so ganz menschlich ist. Warum tun wir uns das an? Einen Wolf lieben? Der Hund, sein wissenschaftlicher Name verrät es, ist ein Wolf mit Familienanschluss: *canis lupus familiaris.* Unsere Wörter wissen nicht wenig über unsere Absichten. Im Fall des Haustiers sind sich die europäischen Sprachen recht einig: *huisdier, animale domestico, animale domestique, animal doméstico, kafshë shtëpiake, κατοικίδιο ζώο.* Ob Hund, Katz oder Vogel, vor allem gehört dieses Wesen dort aufbewahrt, wo wir den Großteil unserer Zeit verbringen, in Häusern (lateinisch: *domus*). Die Geschichte des englischen *pet* – in seiner Hybridgestalt aus Tun- und Hauptwort – verrät, was wir eigentlich wollen; wobei interessanterweise das Verb aus dem Substantiv entstand. Seit ca. 1520 als Bezeichnung für ein handaufgezogenes Lamm bekannt, später auch für andere zahme Tiere und verzärtelte Kinder verwendet, verwandelte sich *pet* um 1620 in das, was man mit seinen Lieblingen am liebsten macht: streicheln, hätscheln,

Abbildungen:
Aus der Mappe der Hundigkeit
Valie Export, Peter Weibel, Wien 1968.
Fotos: Joseph Tandl

kosen. Wie das Wort im nordenglisch/irischen Dialekt, aus dem es stammt, wirklich geboren wurde, weiß das Wörterbuch nicht, eventuell hatte es ursprünglich etwas mit dem französischen *petit* („klein") zu tun.

Das Angenehme an (Haus)tieren ist, dass unsere Beziehung zu ihnen auf das Körperliche beschränkt ist. Mit Tieren gibt es keinen Dialog, daher auch keinen Streit. Wir entheben sie im Vorhinein jeder Verantwortung, verzeihen ihnen, was wir niemandem verziehen hätten, keinem Menschen. Wir diskutieren nicht mit ihnen, auch wenn wir mit ihnen sprechen; sie geben keine Antwort. Sie geben nur Zeichen. Wir halten sie. Im doppelten Wortsinn. So tief wir unsere Finger aber auch in ihr Fell vergraben – am liebsten sind sie uns doch mit Fell – sie bleiben das ewig Fremde, unvergleichlich nah. Etwas bleibt da immer zwischen uns, zwischen Haut und Fell, Haut und Federn, Haut und Haut, ein Schleier, unter dem man erahnt aber nicht genau sieht. Etwas Undurchdringbares. Doch dieser Mangel an gegenseitiger Durchdringbarkeit hat keine praktischen Folgen. Anders als im Umgang mit menschlichen Lebensgefährten erwarten wir von unseren Tieren nicht, dass sie uns möglichst transparent ihr Innerstes offenlegen.

Metaphysik unserer Liebe

Wir akzeptieren die Metaphysik unserer Liebe zu ihnen in hinreißender Naivität und geben uns mit erstaunlich wenig Gegenleistung zufrieden. Was wir Geschwistern, Ehegatten vorwerfen – mangelndes Einfühlungsvermögen, dass sie uns Dinge verheimlichen, uns nicht in ihre Pläne einbeziehen, zieht uns bei Tieren magisch an. Nie würde uns einfallen, ihnen vorzuwerfen, dass sie uns nicht verstehen. Obwohl sie uns naturgemäß nicht verstehen! Merkwürdig eigentlich, wir sprechen ständig mit ihnen, aber in unserer Sprache, davon ausgehend, dass sie unsere Zeichen dekodieren, sobald sie eine Weile bei uns gewohnt haben. Wir halten ihnen Vorträge, teilen unsere Sorgen, erteilen Befehle; behaupten, sie könnten zwischen Italienisch und Hebräisch unterscheiden, verstünden das eine, aber nicht das andere. Doch hat je ein Mensch im Gegenzug eine Tiersprache erlernt? Sind Sie tatsächlich so viel cleverer als wir?, frage ich eine Katze. Sie schnurrt schweigend.

„Der Mensch könnte fast als diejenige Art definiert werden, die das Universum der Stille nur äußerst beschränkt und verfälscht wahrnimmt", schreibt Steiner an anderer Stelle[2] und macht uns, obwohl er es nicht so sagt, darauf aufmerksam, dass wir träumend unseren Hunden am nächsten sind. An den Bewegungen einer Katze, eines Hundes im Schlaf können wir ablesen, wovon sie ungefähr träumen, ob sie laufen, sich freuen, in Panik geraten; im Schlaf gleichen ihre Bewegungen den unseren frappierend. Auch wir zucken mit den Beinen, auch wir japsen oder brabbeln schlafend, unfähig zu zusammenhängender Rede. Ob uns ein Traum außerhalb einer sprachlichen Matrix möglich ist? Tiere haben keine Wahl als so zu träumen; aber von außerhalb, für den Wachenden, wirkt es analog zu dem, was wir voneinander wahrnehmen, wenn wir einander schlafend betrachten.

Kultur nennt der Bürger das,
was er zwischen seine Ängste und
seine Habgier geschoben hat.

Für den gebildeten Menschen ist Intoleranz
eine Notwendigkeit,
für den eingebildeten ist sie ein Bedürfnis.

Der Hauptzweck jeder
elitären Abschließung ist es,
vulgären Vergnügungen frönen zu können,
ohne dabei vulgäre
Zuschauer fürchten zu müssen.

Humanistische Studien bewahren
am sichersten vor humanitärem Eifer –
schon der Gymnasiast hat gelernt,
dass der Mensch nur zu bilden,
nicht zu retten ist.

Jürgen Große

Mitten im Gerede sehnen wir uns nach einer schweigenden pur sensorischen Dynamik. Unsere Liebe zu Tieren hat auch damit zu tun, dass sie sich nicht überreden lassen; sie machen, was sie wollen. Gleichzeitig sind sie uns ausgeliefert. Wir können sie packen, an uns drücken, mit ihnen kuscheln. Sie erwidern unsere Umarmung auf ihre Art – jedenfalls körperlich. Wir brauchen sie nie zu fragen; ob sie wollen, ob sie Zeit haben. Wir nehmen sie einfach, heben sie hoch, tragen sie herum. Sie sind immer da, immer bereit. Immer warm. Haben nie zu tun, sind nie besetzt. Schlechte Laune lässt sich mit einem Leckerbissen beheben. Sie sind perfekt. Körperlich. Nur ihre Stimmen bleiben eher unangenehm. (Bis aufs Schnurren und Zwitschern.)

Der Großteil menschlicher sprachlicher Äußerungen findet in Selbstgesprächen statt.[2] Der fortwährende innere Monolog, in dem wir uns befinden, der eigentlich nur aufhört, während wir mit anderen reden, macht den Hauptanteil unseres grammatikalischen, lexikalischen Outputs aus. (Man könnte das auch Denken nennen, aber das wäre eine andere Geschichte.) Selbstgespräche kann man verhaltensbiologisch als *In-Vacuo*-Aktivität bezeichnen: eine momentan sinnlos scheinende Beschäftigung, die aus dem evolutionären Hintergrund erklärbar wird. Das ist, wie wenn ein Hund einen Schuh „fängt" und zerreißt. Der Hund „tötet" Hausschuhe. Er muss einfach jagen, egal ob er Hunger hat oder nicht. Wir müssen einfach reden, egal ob uns jemand zuhört oder nicht. Was wäre das Wort eines Hundes? Ja, er kann auf verschiedene Weisen bellen, die wir als unterschiedlich erkennen, er kann seinem Knurren diverse Facetten verleihen; aber ist ein „Wort" für ihn nicht eher eine Geste? Er bringt einen Pantoffel – ist das sein Wort für „spiel!"? Er zupft am Mantel – ist das seine Art „spazieren" auszudrücken? Kann ein Hund nur Tunwörter zum Ausdruck bringen? Offensichtlich kennt er das Wort Wurst, denn er reagiert, sobald ich es ausspreche. Bevor die Wurst da ist.

Weil wir ständig reden, Sprache unsere Existenz dermaßen prägt, ist es uns fast unmöglich, uns vorzustellen, wie es ist, wortlos zu sein. Wortlosigkeit an sich ist nicht wertbar. Nur im menschlichen Kontext erhält sie Bedeutung. Der Gedanke, die Evolution allen Lebens ziele darauf ab, eines Tages zu einem sprechenden, nackten, sich auf zwei Beinen bewegenden Wesen zu werden, ist unsinnig und falsch. Evolution hat keine Richtung. Evolution besteht, nach der heute anerkannten Theorie, aus Zufall und Anpassung an die Umwelt. Nur sehr soziale Organismen haben viel untereinander zu besprechen. In diesem Sinn sind Ameisen und Hunde naturgemäß beredter als Eichhörnchen.

Wen Ameisen als Haustier halten

Nur soziale Wesen halten Haustiere. Das heißt, andere Spezies, die sie sich freiwillig ins „Haus" geholt haben und dort am Leben erhalten. Auch unter den koloniebildenden Ameisenarten gibt es Haustierbesitzer. Bei Ameisen sind Haustiere – soweit bisher bekannt – ein Zeichen von Wohlstand. Es gibt Arten, die Schmetterlinge und Blattläuse züchten.[3] Die Läuse behandeln sie wie Herden, tragen oder treiben sie von Pflanze zu Pflanze, melken sie, bewachen sie, setzen sie auf die von den jeweiligen Läusen bevorzugten Pflanzen. Läuse sind für Ameisen eher Nutztiere denn Gesellschaftstiere, sie saugen Kohlenhydrate aus Blättern und scheiden den Überschuss als zuckerreichen Honigtau aus, den die Ameisen abmelken. Werden Lauslarven vom Regen fortgespült, holen die Ameisen sie rasch zurück, bei Frost tragen sie Eier oder Larven der Läuse ins Nest. Läuse sind die Kühe der Ameisen und gut geht es demjenigen, der viele Kühe hat.

Will man weitere Analogien suchen: Unsere *pets*, die Gesellschaftstiere, finden sich in der Ameisengesellschaft in Form von Schmetterlingsraupen. Die Ameisen finden die winzigen Larven, die sich von den Blüten fallen lassen, um gefunden zu werden, transportieren sie in ihr Nest, füttern sie dort generös, oft sogar mit der eigenen Brut, sind vernarrt in diese Raupen, würden alles für sie tun. Tragen sie herum, schützen sie vor Hochwässern, auch unter Einsatz des eigenen Lebens. (Gab es nicht Männer, die unter Einsatz ihres Lebens ihren Python aus einem brennenden Haus gerettet haben?) Die Raupen, die später einmal zu Faltern aus der Familie der Bläulinge werden, lassen sich aber auch nicht lumpen. Sie sind 1a-Verwandlungskünstler, imitieren den Geruch der Ameisenbrut, sondern ein zuckerhaltiges Sekret ab, das Ameisen unwiderstehlich finden, füttern ihre Wirte gleichsam mit

Bonbons. Sie ahmen die akustischen Signale einer Ameisenkönigin nach, „sprechen“ ihre Sprache, wenn man so will. Die Ameisen lassen sich betrügen, halten die Räupchen für Königinnen und behandeln sie dementsprechend. Ameisen „opfern“ ihren Haustieren rückhaltlos den eigenen Nachwuchs. Doch wer würde da von „Liebe“ sprechen?

Allein zu mehrt

„What is the animal / if not passage out of this life? (Was ist das Tier, wenn nicht ein Weg hinaus aus diesem Leben)“, schreibt Louise Glück in ihrem Gedicht *Horse*[4], das mit den Worten beginnt: *„What does the horse give you / that I cannot give you?* (Was gibt dir das Pferd / das ich dir nicht geben kann?)“ Sie beschreibt darin einen Mann, der seine Frau beim Reiten beobachtet, wie sie, wenn sie sich allein wähnt, in völliger Innigkeit mit dem Tier ihre Hände in die dunkle Mähne vergräbt. Er, ihr Lebensgefährte, ist der Ausgeschlossene.

Alleinsein jagt dem Menschen Angst ein. Eremiten ziehen sich zwar freiwillig in Einsamkeit zurück, bevölkern dort aber ihre Existenz mit auserlesener Gesellschaft: Götter, Dichter, Wissenschaftler. Und einem Hund. Viele Philosophen hatten Hunde, um die sie weinten. (Seltener lese ich über ihre Frauen.) Warum immer wieder der Hund? Bei allem was wir an ihm glücklicherweise nicht verstehen, verstehen wir ihn von allen Tieren am besten. Er spricht wie wir mit dem Gesicht. Sein ausgeprägtes Minenspiel ähnelt dem unseren und ist ähnlich interpretierbar. Seine Laune spiegelt sich, wie bei uns, in der Körperhaltung. Die sozialen Strukturen von Wölfen und Menschen sind ziemlich ähnlich. Sie basieren auf einer „Familie“, die von einem dominanten Männchen geführt wird, dessen weibliche Partnerin die zweithöchste Autorität in der Gruppe besitzt. Die Mitglieder einer Gruppe behandeln einander freundlich, Außenstehende aber misstrauisch. Alle, nicht nur die leiblichen Eltern, schützen Neugeborene und Junge.

Wie Menschen vor etwa 16 000 Jahren auf den Hund gekommen sind[5], hat mehrere Erklärungsvarianten. Eine besagt, wir hätten einen Wolf aufgezogen und für die Jagd abgerichtet, eine andere, erst mit dem Sesshaftwerden des Menschen hätten wir den Wolf domestiziert, vorrangig zum Schutz unserer Herden (vor anderen Wölfen). Eine dritte, etwas weniger sympathische, beruft sich auf das Argument, dass in Asien, woher sie nach bisherigen Erkenntnissen stammen und zwar eventuell aus einer einzigen Wolfspopulation, bis heute Hunde gegessen werden, und postuliert, man habe den Hund anfangs vorrangig als Nahrungsquelle gezüchtet und dann erst seine anderweitigen Vorzüge entdeckt. Es gibt sogar Theorien, denen zufolge die Evolution des Menschen so eng mit der des Hundes verquickt ist, dass die Hunde uns evolutionär gesehen beeinflusst haben. Kann auch sein.

Das Beste am Hund ist, dass er das Versprechen der Verbundenheit immer hält. Das kommt daher, weil er sich von uns abhängig weiß, während wir uns von-

Abbildung: **Ohne Titel.** Abi Shek, 2005; Zeichnung, Tusche auf Papier, 40x30 cm. www.abishek.de

einander immer unabhängiger wähnen und die gegenseitige Verbundenheit an Haltbarkeit verliert. Der Hund braucht seine Besitzerin, seinen Besitzer. Dafür lieben wir ihn.

Wenn wir ganz jung sind, erwarten wir wenig, planen nichts. Wir sind möglicherweise als Kinder jungen Hunden ähnlicher als wir alten Hunden als alte Menschen sind. (Aber wer kann das wissen?) Wir üben die Liebe. Wir wünschen uns sehnsüchtig ein Tier, mit Fell oder Federn (oder einen federfreien Saurier). Wir sind wild auf Wesen, die ganz anders sind als wir, wild auf deren Wunder und das Wundern. Diese Gier nach Natur und den Geschöpfen, die sie bewohnen, ließe sich evolutionsbiologisch so erklären, dass wir unsere Umwelt kennen mussten, um in ihr überleben zu können; je mehr andere Tiere wir gut kannten, desto eher gelang es, die von ihnen ausgehenden Gefahren zu vermeiden. Als Kinder raufen wir, beißen ab und zu sogar unsere Mütter und die nehmen uns das, wenn es gut ist, genauso wenig übel, wie sie es Katzen übel nehmen, wenn sie die Raufasertapete senkrecht hinaufklettern. Als Kinder umarmen wir, wer uns gefällt und rennen wir dem davon, der uns nicht gefällt. Im Erwachsenwerden lernen wir, wenn es gut geht, diese Impulse zu sublimieren, wir „treiben Sport als Ventil für unsere räuberischen Instinkte, anstatt aufeinander einzuschlagen“, wie Martha Nussbaum es in einem Interview treffend formulierte.[6]

Tiere sind wir naturgemäß nur in der von uns selbst erfundenen Einteilung.

Das Gedächtnis des Körpers

Je besser man etwas (Lebendiges) kennt, desto schwieriger wird es, dasjenige bedingungslos zu lieben. Man hört auf, Kind zu sein und sich der Liebe hinzugeben. Man überlegt. Und sehnt sich nach der Unvernunft. Das Gedächtnis des Körpers vergisst nichts. Deshalb schmerzt uns der Tod von Tieren so besonders körperlich, weil wir sie öfter im Arm gehalten, gestreichelt haben als unsere (menschlichen) Freunde.

Menschen kennen wir besser als Tiere, deshalb enttäuschen sie uns öfter. Wir erwarten alles von ihnen (und uns). Alles. Wenn wir ehrlich sind, besteht unsere Welt nur aus unserer Sicht. Je besser ich – durch meine Arbeit als Biologin – die Tiere kenne, desto lieber sind die Menschen mir geworden.

„Den Tod halte ich bei keinem aus, mit dem ich ein Geheimnis habe“, schreibt die Schriftstellerin Herta Müller. Mit unseren Tieren teilen wir das Geheimnis unerklärter Innigkeit, das unter den Beziehungen, die wir eingehen, möglicherweise einzigartig ist, weil wir nicht versuchen, es aufzulösen. Zufrieden vergraben wir unsere Finger im Fell des Hundes, behelligen ihn weder mit Eifersucht noch mit Vorwürfen, weil er uns nicht verrät, was er (von uns) denkt. Wir nehmen die Rätsel, die er uns aufgibt, vergnügt hin. Amüsieren uns über die Missverständnisse! Was wir einander vorwerfen, lieben wir an Tieren. „Ein beunruhigendes Paradox verbindet sich mit dieser Liebe.“[1]

Wenn ich mit Philosophen spreche, fällt mir auf, mit welcher Begeisterung sie Tiere sein wollen.[7] Während Biologen Unterschiede auflisten, berufen sich die Wissenschaftler des Geistes enthusiastisch auf ihr Tiersein, werden unterscheidende Merkmale für nichtig erklärt. Naturgemäß sind wir Tiere, in der von uns selbst erfundenen Einteilung. Tier ist, wer Licht und anorganische Stoffe nicht als Energiequelle nutzen kann, das heißt: wer fressen muss. Aber welchen Vorteil hätte es, zu sagen, wir seien eine Katze? Es gliche der Aussage, die Katze sei ein Hund. Und beides stimmt nicht. Nicht in unserer Taxonomie.

Ich bin nicht scharf darauf, ein Tier zu sein. Und genauso wenig scharf darauf, ein Haustier zu haben. Lieber habe ich Menschen im Haus, die nachts nicht unversehens bellen. Zumindest nicht, wenn ich sie darum bitte. Die sich nicht auf meine Bücher legen, zumindest nicht absichtlich, und nicht in meine Schuhe beißen.

Mir scheint die bedingungslose Liebe zu Tieren abhanden gekommen: Die Gier nach ihrem Fell, ihren leckenden Zungen, der Weichheit ihrer Ohren, dem Gefühl, wenn sie mit ihren Pfoten behutsam auf mir herumtreten. Womöglich mit den Tränen, die ich um den Hund geweint habe, mit dem ich aufgewachsen bin; ein unkontrollierbarer, nicht enden wollender Schwall, der mir seither peinlich ist. Weil er in seiner nach außen gerichteten Intensität allen Kummer übertraf, den ich beim Tod von engen Freunden oder Verwandten hervorbrachte. Die Trauer um einen uralten Dackel.

Andrea Grill ist Evolutionsbiologin und Schriftstellerin. Sie lehrt und arbeitet am Department für Tropenökologie und Biodiversität der Tiere an der Universität Wien.

Anmerkungen:

1. Steiner, George: Meine ungeschriebenen Bücher. Von Mensch und Tier. Aus dem Englischen von Martin Pfeiffer. Hanser Verlag, München 2007, Seite 222–230
2. Steiner, George: No passion spent. The historicity of dreams. Faber and Faber, London 1996, Seite 207–223, 211. Übersetzung der Zitate von der Verfasserin.
3. Vergleiche Thomas, Jeremy A.; Settele, Josef: Butterfly mimics of ants. Nature, Band 432, 2004
4. Glück, Louise: The Triumph of Achilles. HarperCollins Publishers, New York 1985
5. Pang, Jun-Feng et al.: mtDNA data indicate a single origin for dogs south of Yangtze river, less than 16,300 years ago, from numerous wolves. Molecular Biology and Evolution, Band 26, 2009, Seite 2849–2864
6. Nussbaum, Martha: Thinking about animals. Interview im ABC Radio National (Australien) am 29. November 2008 in der Reihe *The Philosopher's Zone* mit Alan Saunders. Übersetzung des Zitats von der Verfasserin.
7. Vergleiche Liessmann, Konrad Paul (Hrsg.): Tiere. Der Mensch und seine Natur. Zsolnay Verlag, Wien 2013

Ralf Becker

Der Mensch in der Ordnung des Lebendigen

Der Mensch ist ein Tier, das keines sein möchte. Die Geschichte der Selbstpositionierung in der Ordnung des Lebendigen weist Vernunft und Sprache, Gottesebenbildlichkeit und Würde als die wohl wichtigsten Kriterien aus, mit deren Hilfe sich der Mensch als Person von den (anderen) Tieren abgrenzt. Seit dem 19. Jahrhundert gibt es jedoch eine starke Gegenströmung: Alle Fähigkeiten des Menschen sollen das Ergebnis der natürlichen Evolution sein, Vernunft löst sich folglich in Intelligenz auf, Geschichte in Naturgeschichte. Auf diese Naturalisierung antwortet die Philosophische Anthropologie des 20. Jahrhunderts, vertreten vor allem durch Max Scheler, Helmuth Plessner und Arnold Gehlen, mit einer Kulturalisierung: Beim Übergang vom Animalischen zum Humanum wird aus Umweltgebundenheit Weltoffenheit. Die menschliche Welt aber ist die Kultur.

„Die Entgötterung des Lebens, im Zeichen der Erhöhung des Menschen begonnen, rächt sich an ihm, da sie im Zeichen seiner Erniedrigung endet."[1] Dies schreiben Frederik Jacobus Johannes Buytendijk und Helmuth Plessner gemeinschaftlich zu einer Zeit, die in einer deutschen Zeitschrift wie der *Neuen Rundschau* nur die Angabe des ersten Autors zuließ. Plessner, mit Beginn der nationalsozialistischen Diktatur in die Emigration gezwungen, befindet sich im Jahr der Veröffentlichung des zitierten Aufsatzes mit dem Titel *Tier und Mensch* (1938) als Gastprofessor im niederländischen Groningen, bis er nach dem Einmarsch deutscher Truppen untertauchen muss. Seinen ersten Vortrag auf deutschem Boden nach 1933 wird Plessner 1946 in Hamburg halten – das Thema: *Mensch und Tier*. Der Text, dessen Gedankenführung und sprachliche Gestalt in weiten Teilen jener Gemeinschaftsarbeit von 1938 folgen, exponiert die „Frage nach der Grenze zwischen Tier und Mensch, nach der Sonderstellung des Menschen in der Natur" als eine Frage, „deren Aktualität wir alle am eigenen Leibe erlebt haben"[2]. Macht der biologische Darwinismus dem Menschen die Sonderstellung unter den anderen Tieren streitig, so trägt der politische Darwinismus den Kampf ums Dasein in die menschliche Welt hinein (siehe Erläuterung). Buytendijk und Plessner bemühen sich, ohne die evolutionäre Herkunft des Menschen zu verneinen, die Grenze zwischen Tier und Mensch nicht allein biologisch zu ziehen, das heißt, nicht die natursystematische Differenz zwischen verschiedenen Spezies als Kriterium zu verwenden. Der Kontext, in den sie ihre Überlegungen stellen, zeigt sehr deutlich, dass ihr Interesse nicht der Herrschaft des Menschen über Tiere, sondern der Herrschaft von Menschen über Menschen gilt.

Der Mensch muss sich selbst zu dem machen, der er ist.

Die Entgötterung des Lebens zwecks Selbsterhöhung des Menschen zum „Herren und Eigentümer der Natur" (René Descartes) schlägt in eine Selbsterniedrigung um, deren Katastrophe Plessner im Nationalsozialismus knapp entkommen ist. Diese „Dialektik der Aufklärung" (siehe Erläuterung), zur gleichen Zeit auch von Max Horkheimer und Theodor W. Adorno beschrieben, paart ein grenzenloses Vertrauen in die Macht menschlicher, vor allem technisch-wissenschaftlicher Fähigkeiten mit einer Geringschätzung seines

Wesens als individuelle freie Person. Die Mittel der Emanzipation von Mangel und Zwang kehren sich gegen diesen Zweck, und das ausgerechnet zu dem Zeitpunkt, an dem sie ihn so gut zu erfüllen in der Lage sind wie nie zuvor. Der Grund hierfür liegt nicht zuletzt in der völligen Naturalisierung unserer selbst: Wenn wir die Natur funktionalistisch und uns selbst ausschließlich als Naturwesen begreifen, dann behandeln wir am Ende auch einander funktionalistisch. Daher hat die Frage nach der *Stellung des Menschen im Kosmos*, so der Titel einer Schrift Schelers, keine bloß theoretische, sondern eine eminent praktische Bedeutung, und die Antwort, die wir auf sie geben, reflektiert das Maß an Humanität, das wir im Umgang mit uns und auch mit der weiteren belebten Natur an den Tag zu legen bereit sind.

Intelligenz versus Geist

Die Stellung des Menschen in der Ordnung des Lebendigen ist für Scheler mit dem Unterschied zwischen Intelligenz und Geist verbunden: Praktische Intelligenz besitzen demnach auch Tiere, Geist hat aber nur der Mensch. Typische Beispiele für intelligentes Verhalten sind das Kartoffelwaschen der Japanmakaken oder die Entnahme von Ameisen aus deren Bauten mit Hilfe von Stöcken, wie sie einige Schimpansen praktizieren. Dabei handelt es sich um keine angeborenen, instinktiven Verhaltensweisen, die aber auch nicht durch vorhergehende Probierversuche (*trial and error*) erworben werden, sondern spontan auftreten – und dann möglicherweise Artgenossen zur Nachahmung motivieren. Wie bei jenen Makaken, die irgendwann damit begannen, den Sand von Kartoffeln im Salzwasser abzuwaschen; dass das Salz der Speise noch eine zusätzliche Würze verleiht, mochte ein weiterer Anreiz sein, dieses Verfahren fortzusetzen. Doch ist Intelligenz keineswegs auf Primaten beschränkt. So hat man Krähen beobachtet, die an roten Ampeln Walnüsse auf die Straße fallen lassen, um sie von Autos „knacken" zu lassen.

Das entscheidende Kriterium, um Intelligenz von Geist abzugrenzen, ist die Triebgebundenheit. Die genannten Verhaltensweisen treten nur in Verbindung mit dem Nahrungstrieb auf, manche andere mögen mit einem Spieltrieb oder dem Sexualtrieb zusammenhängen. Intelligentes Verhalten in diesem Sinne ist erstens intrinsisch, das heißt von der inneren Konstitution des Tieres her motiviert. Zweitens richtet sich das triebgebundene Verhalten auf ein reales, anwesendes Objekt. Genau diese beiden Aspekte kehren sich bei geistigen Akten um: Sie sind extrinsisch, das heißt nicht von der inneren Triebverfassung, sondern vom Gegenstand her motiviert, und sie können unabhängig von dessen Dasein auch sein pures Sosein betreffen. Beispiele für eine solche interesselose Anregbarkeit durch das bloße Sosein von etwas sind das Staunen angesichts des erhabenen Sternenhimmels oder das ästhetische Betrachten von Natur- beziehungsweise Kunstschönem. Was die Ablösung des Soseins vom Dasein bedeutet, kann jeder im Selbstversuch nachvollziehen, der sich zum Begriff des Erhabenen einen Wasserfall oder zu dem des Schönen Michelangelos David vorstellen soll. Es genügt aber auch das Fantasiebild des im Ameisenhaufen herumstochernden Schimpansen, um zu demonstrieren, was den Geist nach Scheler kennzeichnet: sich etwas auch ohne dessen reale Anwesenheit vorstellen zu können.

Eine wichtige geistige Leistung ist die Ideierung, das bedeutet die Isolierung des Wesens einer Sache von ihrer konkreten Gegebenheit. Eines ist es, die konkrete Anzahl von drei Äpfeln zu erkennen, ein anderes, mit der Zahl Drei unabhängig von zählbaren Objekten zu operieren. Erst dann geht Zählen in Rechnen über und öffnet eine eigene Sphäre unanschaulicher Größen wie negative oder irrationale Zahlen. Das gleiche gilt auch für Raum und Zeit, von denen wir uns losgelöst von räumlichen Dingen und zeitlichen Ereignisverläufen einen Begriff bilden; man denke nur an die *unendlichen* Weiten des *Weltraums* oder an Sätze wie den, dass die *Zeit* alle Wunden heile. Ein Meister der Ideierung war in Schelers Augen Buddha, dem der Anblick eines Kranken und eines Sterbenden genügte, um Einsicht in das Wesen des Leidens zu erlangen. Buddhas Einsicht beruht auf einer Art geistigen Sehens, nicht auf einer Schlussfolgerung aus vielen Einzelfällen.

Die Aufhebung der Wirklichkeit zeigt sich außer in der ästhetischen Einstellung und in der Fähigkeit zur Ideierung noch in Akten der Askese, die bis zum suizidalen Verzicht auf das eigene Leben führen können, und im Protest gegen bestehende Zustände. Der Mensch ist für Scheler der „Neinsagenkönner", „Asket des Lebens" und der „ewige Protestant gegen alle bloße Wirklichkeit"[3]. Seine geistige Natur besteht in der Konversion seiner animalischen Natur – er kehrt die Ausrichtung seines Verhaltens um, denn dieses nimmt nicht mehr zwangsläufig und jederzeit den Ausgang vom Trieb, sondern kann, von Anschauungen, Begriffen und Ideen geleitet, auf die unmittelbare Triebbefriedigung verzichten. Leben ist für Scheler gleichbedeutend mit Trieb, und zwar schon im Pflanzlichen, das „austreibt" und so „Triebe" bildet. Wir Menschen dagegen sind dazu in der Lage, unsere Triebimpulse ausgehend von geistigen Akten zu hemmen und zu unterdrücken. Der Mensch ist so gesehen ein Tier mit Hemmungen.

Gerade diese Befähigung, gehemmt zu sein, seine Triebe einzudämmen, führt den Menschen aus der animalischen Umweltgebundenheit heraus. Charakteristisch für das rein animalische Leben ist die doppelte Einbindung: in ein Milieu und in eine Triebsituation. Beide vermag der Mensch zu durchbrechen. Man könnte daher Schelers Entwurf des Menschen auf die Formel bringen: Tiere leben in einer Umwelt, Menschen in der Welt. „Der Mensch ist das X, das sich in unbegrenztem Maße ‚weltoffen' verhalten kann."[3] Es ist diese Weltoffenheit, die uns zu geistigen Wesen und damit zu Personen macht. Gleichwohl ist der weltoffene Mensch weiterhin auf seine Vitaltriebe angewiesen, da der Geist als solcher ohnmächtig ist. Er besitzt keine eigene Energie, geht aber als eigenständiges Prinzip auch nicht aus dem Leben hervor. Durch Hemmen und Enthemmen *lenkt* der Geist die Triebe, durch Vorhalten einer Idee beziehungsweise eines Wertes *leitet* er sie. Geist und triebhaftes Leben sind daher sowohl einander entgegengesetzt als auch „aufeinander hingeordnet"[3].

Weltoffenheit: Freiheit oder Zwang?

In Schelers Anthropologie (siehe Erläuterung) gelangt der Mensch durch Geist zur Weltoffenheit, nach Arnold Gehlen muss er sich durch Arbeit von ihr *entlasten*: Im Vergleich zu anderen Tieren sind wir unangepasst, unspezialisiert und unentwickelt. Wir besitzen nur schwache Instinkte, keine besonders scharfen Sinne und bedürfen nach der Geburt recht lange des

Abbildung linke Seite:
Charles Darwin
Antje Seemann, 2013;
Linolschnitt,
44x28 cm.
www.antjeseemann.de

Anthropologie
von altgriechisch *anthropos* für Mensch und *logos* für Lehre. Erforschung und Beschreibung der Wesensmerkmale des Menschen.

Schutzes unserer Eltern. Weder mit einem natürlichen Witterungsschutz noch mit Angriffsorganen oder zumindest effizienten Fluchtmechanismen ausgestattet, besetzen wir keine ökologische Nische, in die wir eingepasst wären. Kurz, Menschen sind Mängelwesen. Und zu diesen Mängeln zählt Gehlen auch die Weltoffenheit, durch die wir mit Reizen überflutet werden. In seiner Wahrnehmung nicht durch Triebinteressen umweltgebunden zu sein, bedeutet zunächst, einen Überschuss an unspezifischen Wahrnehmungen bewältigen zu müssen. Kategorienbildung und Sprache sind daher kein Luxus, keine Mitgift höherer Anlagen, sondern notwendige Kompensationsstrategien angesichts unseres angeborenen Mangels an natürlichen Ordnungsmustern.

Von Natur aus unterformiert wie obdachlos muss sich der Mensch selbst zu dem machen, der er ist. Genau dies leistet er durch seine Arbeits- und Handlungsfähigkeit. Handlungen sind „*produktive* Akte der Bewältigung der Mängelbelastung“[4], sie arbeiten die Natur in die lebensdienliche Kultur um „und die Kulturwelt ist die menschliche Welt“. „Die Kultur ist also die ‚zweite‘ Natur – will sagen: die menschliche, die selbsttätig bearbeitete, innerhalb deren er allein leben kann ... *An genau der Stelle,* wo beim Tier die ‚Umwelt‘ steht, steht daher beim Menschen die *Kulturwelt,* d.h. der Ausschnitt der von ihm bewältigten und zu Lebenshilfen umgeschaffenen Natur. Schon deswegen ist es grundfalsch, von einer Umwelt des Menschen – im biologisch definierten Sinne – zu reden.“[4] Ohne diese selbst geschaffene zweite Natur, ohne die Kultur ist der Mensch nicht überlebensfähig.

Man sieht die Verschiebung zu Scheler. Aus einem Zusatz wird ein Mangel; die Weltoffenheit ist eine Bürde, die zu bewältigen ist; die geistigen Kräfte sind nicht dem Leben entgegengesetzt, sondern dienen der Lebenserhaltung. Der Mensch ist „von einer einzigartigen ... biologischen Mittellosigkeit, und er vergütet diesen Mangel allein durch seine *Arbeitsfähigkeit* oder Handlungsgabe, d.h. durch Hände und Intelligenz; eben deshalb ist er aufgerichtet, ‚umsichtig‘, mit freigelegten Händen“. Gehlen nimmt Geist und Weltoffenheit wieder ins Biologische zurück, während sie bei Scheler jenseits davon stehen. Weil der Mensch biologisch gesehen „unfertig“ ist, „macht er sich zu etwas“[4].

Darwinismus
Von Charles Robert Darwin (1809–1982) entwickelte Evolutionstheorie, derzufolge alle Lebewesen von einem gemeinsamen Urahn abstammen. Die Begrenztheit der natürlichen Ressourcen des Lebensraums hat einen „Kampf ums Dasein“ der Individuen zur Folge, der zu einer „natürlichen Auslese“ führt. Die den Lebensumständen am besten angepassten Arten überleben („*survival of the fittest*“).

Daher bedeutet die Übernahme des schelerschen Begriffs der Weltoffenheit zugleich eine völlige Umdeutung und Umkehrung. Weltoffen zu sein, heißt nun nicht mehr, einen Sinn für Unzweckmäßiges, also für das Nicht-bloß-Lebensdienliche, Nutzlose (zum Beispiel Kunst) zu besitzen – es heißt, „der ‚unzweckmäßigen‘ Fülle einströmender Eindrücke“, also einer lebensbedrohlichen Gefahr, ausgesetzt zu sein. Dem Menschen „steht nicht eine Umwelt instinktiv nahegebrachter Bedeutungsverteilung gegenüber, sondern eine Welt – richtig negativ ausgedrückt: ein *Überraschungsfeld* unvorhersehbarer Struktur, das erst in ‚Vorsicht‘ und ‚Vorsehung‘ durchgearbeitet, d.h. erfahren werden muß. Schon hier liegt eine Aufgabe physischer und lebenswichtiger Dringlichkeit: aus eigenen Mitteln und eigentätig muß der Mensch *sich entlasten, d.h. die Mängelbedingungen seiner Existenz eigentätig in Chancen seiner Lebensfristung umarbeiten.*“[4]

Der schelersche Mensch ist der Theoretiker, der seine Triebregungen zugunsten der reinen Betrachtung zurückstellen oder aber in den Dienst höherer Ziele und Werte nehmen kann. Der gehlensche Mensch ist der Arbeiter, der sich – ums nackte Überleben kämpfend – gegen vielfältige Gefahren sichern und von großen Belastungen entlasten muss. Kultur ist der Inbegriff aller Sicherungsmaßnahmen und Entlastungen, die aus dieser notwendigen Produktivität hervorgehen. Von Natur aus das nicht festgestellte Tier (Friedrich Nietzsche), richtet der Mensch Institutionen ein, mit denen er zugleich sich selbst ein Statut gibt. Alle Normensysteme sind in diesem Sinne stabilisierende Institutionen, wie zum Beispiel Sprache, Religion, Erziehung, Staat, Traditionen und Rituale. Wie Scheler und Plessner war Gehlen nicht nur Philosoph, sondern auch Soziologe und seine auf dem Wesen des Menschen beruhende Begründung des Begriffs der Institution durch das Entlastungsprinzip war für die Nachkriegssoziologie eine wichtige Anregung.

Für die Philosophische Anthropologie einschneidend ist die Umwertung jenes Menschenbilds, das Scheler entworfen hatte. An die Stelle einer kreativen Freiheit des interesselosen Betrachtens tritt der Zwang zum Schöpferischen aus Notwendigkeit. Wenn Gehlen sagt, dass *genau an die Stelle* der tierischen Umwelt die menschliche Kulturwelt tritt, dann verlassen wir nicht das Reich der Notwendigkeit, sondern bleiben in ihm gefangen.

Der zweideutige Mensch

Der Gegensatz zwischen Schelers „unbegrenzter Weltoffenheit“ und Gehlens lebensgefährlichem „Überraschungsfeld“ fordert nach einer Vermittlung, wie Plessner sie anbietet: Weder kann sich der Mensch in unbegrenztem Maße weltoffen verhalten, noch ist die Kultur einfach ein künstlicher, aber funktional äquivalenter Ersatz für die natürliche Umwelt. Vielmehr entspricht es der „Zweideutigkeit der menschlichen ‚Natur‘“, „daß Umweltgebundenheit und Weltoffenheit kollidieren und nur im Verhältnis einer nicht zum Ausgleich zu bringenden gegenseitigen Verschränkung gelten"[5]. Die Kultur ist demnach genau jene Dimension, in der sich der Mensch um einen Ausgleich zwischen weltoffener Weite und umweltgebundener Enge bemüht, ohne an einem der beiden Pole zur Ruhe zu kommen. Um dieses Grenzgängertum besser zu verstehen, lohnt es sich, einen Blick auf Plessners frühes Hauptwerk *Die Stufen des Organischen und der Mensch* von 1928 zu werfen. Anders als Scheler definiert Plessner organisches Leben nicht durch den Trieb (beziehungsweise Drang), sondern durch den Begriff der Grenze.

Lebewesen regeln aktiv den Grenzverkehr, den sie mit ihrer Umwelt pflegen. Dabei schließen sie sich einerseits von dem sie umgebenden Medium durch eine Körperoberfläche ab, um diese andererseits für bestimmte Stoffe zu öffnen. Was jeweils diesseits oder jenseits der Grenze gehalten wird, bestimmt der Organismus und nicht die Umwelt. Indem er seine eigene Grenze zieht, positioniert er sich innerhalb ihrer so, dass er zugleich über sie hinaus ist, um beispielsweise Nahrung aufnehmen oder seine Reproduktion organisieren zu können. Wenn ein Körper auf diese Weise einen Ort im Raum nicht nur einnimmt, sondern behauptet und über die Zeit bringt, dann ist er belebt. Das In-sich-hinein und Über-sich-hinaus kommt im wörtlichen Sinne an seiner Grenze zum Tragen. Das ist der Fall bei einer Pflanze, die über Spaltöffnungen ihren Wasserhaushalt reguliert; das ist der Fall bei einer Amöbe, die mit ihrem Schleimfuß Nahrung umschließt; das ist der Fall bei unserer Haut, durch die wir unter anderem unsere Körpertemperatur ausgleichen. Auch in der unbelebten Natur gibt es Schranken – Grenzen in dem beschriebenen Sinne hingegen kennt nur das Leben.

> *Der Tiger kann sich nicht enttigern, aber der Mensch lebt beständig in Gefahr sich zu entmenschlichen.*
>
> Ortega y Gasset

Nicht nur der Mensch ist – wie bei Gehlen – ein Wesen, das Stellung nach außen nimmt – mit seiner Grenze behauptet *jedes* Lebewesen eine Stellung. Leben ist „positionales" Sein. Von der offenen Organisationsform der Pflanze unterscheidet Plessner die geschlossene des Tieres, dessen Erleben und Verhalten auf eine vitale Mitte (Nervensystem) bezogen ist. Die animalische Stufe hebt sich durch „zentrische Positionalität" von der vegetativen Stufe ab. Den Menschen definiert hingegen „exzentrische Positionalität" (die eine besondere Form der zentrischen Positionalität ist). Das heißt: Der Mensch lebt nicht bloß aus seinem Zentrum heraus beziehungsweise auf dieses hin (= zentrisch), er erlebt außerdem dieses Zentrum selbst, und zwar nicht von einem zweiten, externen Zentrum aus, sondern indem er in die eigene Mitte „hineingestellt" ist (= exzentrisch).

Es ist diese spezifische Abstandnahme, die den Menschen zu einem besonderen Lebewesen macht. Mit Scheler bestimmt Plessner den Menschen als *geistiges* Wesen, das jedoch das Sosein einer Sache nicht unmittelbar, sondern nur durch Medien wie das der Sprache, genauer verschiedener Sprachen, *vermittelt* erfasst (vermittelte Unmittelbarkeit). Mit Gehlen erkennt Plessner im Menschen das *handelnde* Wesen, das aber *durch Distanz* handelt (Hans Blumenberg nennt dies *actio per distans*). Diese Distanz ist räumlich-zeitlicher, sprachlicher, aber auch sozialer Art, wie Plessner in seinem Essay *Grenzen der Gemeinschaft* (1924) darlegt: In unseren zwischenmenschlichen Beziehungen schwanken wir zwischen der einen Furcht, nicht beachtet und der anderen, nicht verstanden zu sein, zwischen spontaner Tatbereitschaft und zurückhaltender Überlegung, zwischen dem Verlangen nach Entschleierung und dem Wunsch nach Geheimnissen. Bei all diesen Zweideutigkeiten, die uns charakterisieren, spielt eine Rolle, dass wir, wie Plessner sich ausdrückt, nicht nur beseelte Wesen sind, sondern auch „Seele haben", also im Bewusstsein unseres Beseeltseins leben.

Das Verhältnis des Menschen zur Welt ist nicht schlichtweg offen, sondern wie das aller Lebewesen zu ihrer Umwelt begrenzt. Allerdings nimmt das spezifisch menschliche Grenzregime aufgrund seiner exzentrischen Indirektheit eine andere Form an als die Geschlossenheit der tierischen Umwelten, die nicht ineinander überführbar sind und schlicht nebeneinander bestehen. Kulturleistungen wie „Sprachen und ihre kategorialen Systeme, Glaubensformen und Gesellschaftsordnungen ... schaffen den Kontakt mit der Wirklichkeit um den Preis seiner Brechung im Medium des eigenen Ansatzes". Kultur bedeutet eine „künstliche Horizontverengung, die wie eine Umwelt das Ganze menschlichen Lebens einschließt, aber gerade nicht abschließt ... Zwischen Tier und Engel gestellt, ein Zwitterwesen, verrät der Mensch in seiner Weltoffenheit ein typisches Zurückbleiben hinter den Möglichkeiten, durch die er über jede Umweltbindung von vornherein hinausreicht: ein die Tierheit hinter sich lassendes Tier."[5] Die Welt des Menschen ist die Kultur *im Plural*, nicht *eine* zweite Natur, keine Kulturwelt, sondern die Vielfalt von Kulturwelt*en*, die nach außen, also über die Sphäre des Menschlichen hinaus geschlossen, aber füreinander durch Übersetzung und Verständigung offen sind.

Mit diesem Gedanken befindet sich Plessner in einer größeren Nähe zu dem Kulturphilosophen Ernst Cassirer als zu Scheler und Gehlen. Cassirer definiert den Menschen als ein *animal symbolicum*, das nicht un-

Dialektik der Aufklärung
hier: der Keim der Barbarei in der Kultur, beziehungsweise das Umschlagen von Kultur in Barbarei. Von Max Horkheimer und Theodor W. Adorno entwickelte Theorie, derzufolge die Befreiung des Menschen von Unterdrückung und Mangel, die Aufklärung, die Gefahr noch größerer Unterdrückung in sich birgt, weil zum Beispiel die dafür eingesetzten Mittel wie die revolutionäre Gewalt dem Zweck des Unterfangens entgegengerichtet sind.

Abbildung: **Paul**. Josef Lang, 2007; Eiche, rot lasiert, 420x100 cm. www.joseflang-bildhauer.de

mittelbar auf Reize reagiert, sondern symbolisch vermittelt antwortet. Die Mittel seiner symbolischen Antwort sind Sprache, Mythos, Religion, Kunst oder Wissenschaft. Symbole unterscheidet Cassirer von den Signalen tierischer Reaktionen unter anderem dadurch, dass sie universell anwendbar (*jedes* Ding hat einen Namen) und zugleich höchst variabel sind (jedes Ding kann *viele* Namen haben). Außerdem beschränken sie sich nicht auf die unmittelbare Kundgabe von Emotionen, sondern erlauben auch die Bildung satzförmiger Aussagen.[6] Aber dieser Kristall symbolischer Sprache zersplittert immer schon in die vielen Einzelidiome, die Wilhelm von Humboldt Weltansichten nannte. Jede sprachliche (oder mit Cassirer verallgemeinert: symbolische) Ansicht der Welt zieht, so wusste bereits Humboldt, um die betreffende Kultur einen Kreis, „aus dem es nur insofern hinauszugehen möglich ist, als man zugleich in den Kreis einer andren Sprache hinübertritt"[7].

Der Emigrant der Natur

Seine Distanz zur Welt macht den Menschen zu einem wurzellosen Wesen. In dem eingangs genannten Hamburger Vortrag von 1946 bezeichnet der Emigrant Plessner daher uns alle als „Emigrant(en) der Natur"[2]. Die unselige Beschwörung von „Blut und Boden" bindet Menschen an eine Heimat, die sie nie hatten noch haben werden. Steht Boden für vegetative Orts- und Blut für animalische Sippengebundenheit, so ist dem Menschen aufgrund der Indirektheit seines Weltbezugs beides versagt. Darin liegen auch die „Grenzen der Gemeinschaft", die erneut unserer tiefen Zweideutigkeit geschuldet sind: Als *geistige* Wesen erfassen wir Sachen und Werte *vermittelt* durch Kategorien- und Normensysteme; als *handelnde* Wesen agieren wir im gesellschaftlichen Raum auf *Distanz* durch soziale Rollen. Anderes ist einem exzentrischen Wesen nicht möglich, da es nicht nur von einer Mitte aus und auf diese hin lebt, sondern außerdem ein Verhältnis zu dieser Mitte hat.

Diese Exzentrizität macht sich in Bezug auf den eigenen Körper darin bemerkbar, dass ich nicht nur mit ihm unauflöslich eins bin, sondern ihn auch zu einem Ding unter Dingen im Raum objektivieren kann – was bereits jedes Schulkind beherrscht, wenn es sich im Sitzplan der Lehrerin einträgt. Psychologisch bedeutet exzentrische Positionalität, dass mir nicht bloß jetzt irgendwie zumute ist, sondern ich auch *jemand* bin mit einem ganz bestimmten Temperament, mit Anlagen und Charaktereigenschaften. Dies zeigt sich ebenfalls schon im kindlichen Rollenspiel, denn nur der kann einen anderen darstellen und in diesem Sinne ein anderer sein, der weiß (wie implizit dieses Wissen auch sein mag), was es heißt, man selbst zu sein. Womit zugleich ein dritter Aspekt von Exzentrizität angesprochen ist: Ich kenne das „Ich" nicht nur als das unvertretbare Selbst, das ich bin, sondern auch in deklinierbarer Form als „Du, er, sie, es, wir, Ihr, Sie". Mit dieser Deklination öffnet sich die Mitwelt und in ihr so etwas wie ein „allgemeines Ich", mit dem mein individuelles Ich nicht zusammenfällt und das Hegel Geist nannte.

Ein Emigrant der Natur ist der Mensch, weil er weder körperlich noch psychisch noch geistig naturalisiert leben kann. Er steht in einem Verhältnis zu seiner Natur und ist zugleich über sie hinaus, als Körperding, als Seele und als Geist. Der Mensch muss sein Leben führen. Genau deshalb besteht auch die Möglichkeit, dass er sich – im Gegensatz zu allen anderen Lebewesen – verfehlt. Ortega y Gasset hat einmal gesagt, dass sich der Tiger nicht enttigern kann, der Mensch jedoch in ständiger Gefahr lebt, sich zu entmenschlichen. In der Hinwendung zu dieser Humanität liegt die praktische Bedeutung der Frage nach der Stellung des Menschen in der Ordnung des Lebendigen. Buytendijk und Plessner knüpfen an die exzentrische Position „jene zugleich bindende und distanzierende Beziehung" an, die der Mensch „Liebe nennt". Er muss sich, so lautet ihr Schlusswort 1938 und so lautet es auch hier, „der Liebeskraft als des Fundamentes seines geistigen Daseins immer wieder von neuem erinnern und versichern: damit er nicht zur klingenden Schelle und zum tönenden Erz einer Spezies erstarre, sondern als Einzelner noch Mensch bleibe, der über alle mehr oder weniger naturgegebenen Unterschiede hinweg auch dem Fremden als seinem Bruder in die Augen zu blicken vermag"[1].

Weil der Mensch biologisch gesehen „unfertig" ist, macht er sich zu etwas.

Ralf Becker ist Gastprofessor für Philosophie an der Universität Ulm.

Anmerkungen:

1. Buytendijk, F. J. J.: Tier und Mensch. In: Neue Rundschau. Band 98,1. 1938, Seite 313, 337
2. Plessner, H.: Mensch und Tier. 1946. In: Gesammelte Schriften. Band 8. Frankfurt am Main 1983, Seite 52, 64
3. Scheler, M.: Die Stellung des Menschen im Kosmos. 1928. In: Gesammelte Werke. Band 9. Bern/München 1976, Seite 44, 33, 67
4. Gehlen, A.: Der Mensch. Seine Natur und seine Stellung in der Welt. 1940. Gesamtausgabe. Band 3,1. Frankfurt am Main 1993, Seite 36, 37, 30, 35
5. Plessner, H.: Die Frage nach der Conditio humana. 1961. In: Gesammelte Schriften. Band 8. Frankfurt am Main 1983, Seite 182, 189
6. Vergleiche Cassirer, E.: Versuch über den Menschen. Einführung in eine Philosophie der Kultur. Hamburg 1996
7. Humboldt, Wilhelm von: Ueber die Verschiedenheiten des menschlichen Sprachbaues. 1827–1829. In: Werke in fünf Bänden. Band 3. Darmstadt 1996, Seite 224f.

Heike Baranzke

Mensch und Tier – eine Frage der Würde

„Die Würde des Menschen ist unantastbar. Sie zu achten und zu schützen ist Verpflichtung aller staatlichen Gewalt." So beginnt das Grundgesetz der Bundesrepublik Deutschland. *Darum* bekenne sich das Deutsche Volk „zu unveräußerlichen und unverletzlichen Menschenrechten", besagt der zweite Absatz. Menschenwürde gilt völker- und verfassungsrechtlich als „Grund", das heißt als Begründung der Menschen- beziehungsweise Grundrechte. Muss also Würde besitzen, was geschützt werden soll? – Auch Tiere? Und brauchen sie dazu Rechte, gar Menschenrechte?

Tierrechtsphilosophen, wie zum Beispiel der durch die US-amerikanische Bürgerrechtsbewegung inspirierte Tom Regan, scheinen davon überzeugt zu sein. Daher hat er sich dem „Great Ape Project" – einer Initiative seiner Kollegen Peter Singer und Paola Cavalieri – angeschlossen, das seit 1996 öffentlichkeitswirksam für „Menschenrechte für Große Menschenaffen" wirbt. Diverse Staaten wie Australien und Spanien haben zwischenzeitlich Sonderrechte für Große Menschenaffen erlassen. Doch erst kürzlich scheiterte ein Antrag beim Europäischen Gerichtshof für Menschenrechte auf Anerkennung des Personenstatus für den Schimpansen Mathias Pan, genannt Hiasl, dessen Rechtsvertreter sich zuvor erfolgreich durch alle gerichtlichen Instanzen Österreichs hindurchgeklagt hatten, aus formalen Gründen: Hiasl konnte sich nicht ausweisen.

Eine heftige philosophische und verfassungsrechtliche Diskussion löste bereits der Ausdruck „Würde der Kreatur" aus, der 1992 als ein neuer Rechtsbegriff in die Schweizerische Bundesverfassung (SBV) aufgenommen wurde – pikanterweise zugleich mit dem Begriff der Menschenwürde, der bis dahin nur ein ungeschriebener Verfassungsgrundsatz war. Dem verfassungsgebenden Gremium war bei der ursprünglichen Gesetzesnovelle offensichtlich selbst nicht ganz wohl dabei, mit der „Würde der Kreatur" ein Grundrechte begründendes Funktionsäquivalent zur Menschenwürde installiert zu haben. Man schwächte die Formulierung dadurch ab, dass die kreatürliche Würde nicht etwa wie die Menschenwürde durch detaillierte Grundsätze im Bereich der Fortpflanzungs- und Gentechnologie kategorisch zu schützen, sondern ihr lediglich pauschal „Rechnung zu tragen" sei. Nichtsdestotrotz mehren sich seither weltweit die Stimmen, auch den Tieren Würde zuzuschreiben. So ist auch die bekannte Aristotelikerin Martha Nussbaum mittlerweile davon überzeugt, dass Tiere eine Würde besitzen.

Eine menschenähnliche Behandlung menschenunähnlicher Tiere wird deren fundamentalen Lebensbedürfnissen nicht gerecht.

Diese auf den ersten Blick große Einigkeit generiert bei genauerem Hinsehen Fragen in Bezug auf eine Menschen und Tieren gleichermaßen eignende Würde beziehungsweise den Status einer Person. Denn für den Tierbefreiungsphilosophen Peter Singer krönt die Idee der Menschenwürde die speziesistische Tradition der abendländischen Ethik (siehe Erläuterung). Menschenwürde ist für ihn der chauvinistische Ausdruck einer moralisch ungerechtfertigten Vorteilsnahme des Menschen gegenüber den Tieren, eine artegoistische Legitimierung des Rechts des Stärkeren für die gna-

denlose Ausbeutung empfindungsfähiger Mitlebewesen. Daher will er unter dem Banner des Speziesismusvorwurfs den Begriff der Menschenwürde ganz verwerfen und den Begriff der Person als Ausdruck eines starken Lebensschutzes auch auf Tiere ausdehnen, wenn deren Verhalten auf ein Selbstbewusstsein schließen lässt. Darunter fallen in erster Linie Menschenaffen, weil sie die Taubstummensprache lernen und sich im Spiegel selbst erkennen können. – Der Tierrechtsethiker Tom Regan kritisiert Immanuel Kant auf das Heftigste für seine Menschenwürdephilosophie, die zwar „Pflichten gegen Menschen", aber nur „in Ansehung von Tieren" kenne. Dagegen will Regan Tiere als „Subjekte ihres Lebens", die daher einen „inhärenten Wert" besitzen, am Würde- und Personstatus des Menschen teilhaben lassen. – Diese Kritik an den Ideen Menschenwürde und Personsein, die die beiden Galionsfiguren der neuen Tierrechtsbewegung, Peter

Singer und Tom Regan, seit den 1970er-Jahren in die Breite der natur- und biomedizinethischen Debatte hineingetragen haben, lässt noch einmal neu fragen: Was ist der Mensch? Was macht Menschen im Unterschied zu Tieren so besonders und was verleiht ihnen eine Würde, die Rechte begründet? Und folgt daraus, dass wir mit Tieren machen können, was uns beliebt?

Was ist der Mensch? – Die Geschichte der Anthropina

Die Frage nach dem Menschen hat im abendländischen Denken eine lange Geschichte. Die philosophischen Antworten bestimmen den Menschen grundsätzlich als ein Wesen, das seine Identität durch die Abgrenzung von Gott beziehungsweise dem Göttlichen einerseits und von den Tieren andererseits findet. Die Stellung des Menschen wird in einem hierarchisch geordneten Kosmos zumeist unter den Bewohnern der göttlichen Sphäre und über den ihm ähnlichsten Erdenbewohnern, den Tieren, angesiedelt. So unterscheidet er sich zumindest in den klassischen und hellenistischen philosophischen Konzeptionen vor allem

Abbildung: **Wolf im Schafspelz, Schaf im Wolfspelz** (Ausschnitt) Timm Ulrichs, 2004; Skulptur, 270x190x120 cm. Lithografie: ArtnetworX, www.artnetworx.de

durch die Endlichkeit und Bedürftigkeit seines Daseins, die Irrtumsanfälligkeit seiner Vernunft und die Schwäche seines Willens vom Göttlichen, das als unsterblich (ewig), bedürfnislos (autark), rein vernünftig und unbestechlich vorgestellt wird. Diese Mängel und Schwächen resultieren beim Menschen aus seiner körperlich-sinnlichen Natur, die er mit den Tieren teilt. Im Gegensatz zu den Tieren wird der Mensch aber aufgrund seiner zusätzlichen Ausstattung mit der dem Göttlichen eignenden Vernunft ausgestattet gedacht. Diese befähigt ihn, nach einer Annäherung an die göttliche Daseinsweise zu streben, indem er seine tierisch-sinnlichen Anteile – seine Affekte und Leidenschaften – seinem vernünftigen Anteil unterstellt. Gemäß dieser Konzeption taugt der Mensch von Natur aus dazu, nach einer möglichst göttlich-vernünftigen Lebensführung zu streben und dieses Streben nach Vervollkommnung durch Einübung zu habitualisieren: daher gehören die für unsere Kultur einflussreich gewordenen klassischen und hellenistischen Ethiken von Platon, Aristoteles und der Stoa alle dem Typ der Tugend- beziehungsweise Strebensethiken an (siehe Erläuterung).

Zu einem von der eigenen Vernunft geleiteten Streben sind Tiere als die sprichwörtlich „vernunftlosen Lebewesen“ nicht fähig. Sie frönen ungehemmt ihren sinnlichen Lüsten und werden durch Furcht vertrieben, ohne die Ursachen ihrer Affekte einzusehen. Dass ihr Leben dennoch gelingt, wie die Erhaltung ihrer Art zeigt, beweist den Philosophen, dass die Tiere von einer ihnen verborgen bleibenden höheren Vernunft geleitet werden, die „Vorsehung“ (lateinisch *providentia*) genannt wurde. Nun haben die Götter nach griechisch-hellenistischer Auffassung anderes zu tun als sich um jedes Lebewesen zu kümmern. Daher haben sie die Vernunft in Form von auf Selbst- und Arterhaltung ausgerichteten Antriebskräften in die Tiere hineingelegt – seit den Stoikern sprechen wir daher von „Instinkten“. Die lateinische Übersetzung *instinctus* des griechischen Wortes *horme* für Antrieb schlägt sich bis heute in der biologischen Lehre von den Hormonen als unwillkürlichen physiologischen Antriebsstoffen nieder. Jedenfalls lautet die Formel seither: Tiere haben Instinkte, der Mensch hat Vernunft! Sie blieb bis zum Beginn des 20. Jahrhunderts ein leitendes Prinzip der Tierpsychologie, bis diese von der Konrad Lorenzschen Verhaltensforschung abgelöst wurde.

Das Bewusstsein der Würde verpflichtet uns, ihr gerecht zu werden.

Dass Tiere von Natur aus nicht, Menschen aber doch auf vernünftige Lebensführung angelegt sind, sah man seit der Antike durch vielerlei Zeichen bestätigt, welche die lange Liste der menschlichen Spezifika, die sogenannten Anthropina, ausmachen. Sie gelten als äußere Zeichen der unsichtbaren spezifisch menschlichen Vernunftfähigkeit: der aufrechte Gang und der himmelwärts gerichtete Blick (Philo von Alexandrien), der zugleich den Menschen als „religiöses Tier“ ausweist, die vielfältig geschickten Hände als organisches Pendant der universalen Vernunft (Anaxagoras), Staatenbildung (Aristoteles), Geometrie, Werkzeuggebrauch, Kultur, Sprache, Philosophie und so weiter. Natürlich forderte diese sich bis heute fortschreibende Liste von Anbeginn an Verteidiger einer Tiervernunft heraus. Sie trachten das Theorem von der prinzipiellen Mensch-Tier-Differenz zu widerlegen. So ist ein Wettstreit zwischen Behauptern und Bestreitern einer prinzipiellen Differenz zwischen Mensch und Tier entstanden. Staatenbildende Insekten, sechseckige Waben bauende Bienen, schwierigste mathematische Probleme lösende Trichterwicklerkäfer, zählende und sprechende Vögel beziehungsweise klopfsprechende Hunde und Pferde (wie der „Kluge Hans“ aus der Berliner Kaiserzeit), Werkzeug gebrauchende, malende und der Taubstummensprache mächtige Affen – Themen dieser Art füllen bis heute dank ihres Unterhaltungswerts nicht nur regelmäßig das mediale Sommerloch, sondern beschäftigen auch durchaus die akademische Diskussion in den Sparten Kognitive Psychologie, Linguistik und Philosophie des Geistes. Als 1917 der Gestaltpsychologe Wolfgang Köhler in seiner berühmten Studie *Intelligenzprüfungen an Anthropoiden* zeigte, dass Menschenaffen nicht nur Werkzeuge zu gebrauchen, sondern auch herzustellen vermögen, wodurch sie ein weiteres, bis dahin sicher geglaubtes Anthropinum erschütterten, konterte der Philosoph Helmuth Plessner damit, dass aber selbst Menschenaffen im Unterschied zum Menschen nicht das Negative, das Nichts, denken könnten.

Warum weder technische Fähigkeiten noch natürliche Eigenschaften noch Bedürfnisse moralische Rechte begründen können

Wenn Menschenaffen zeigen könnten, dass sie – entgegen Plessners Überzeugung – durchaus das Nichts denken können: würde ihnen dieses Vermögen endlich jene Würde verleihen, die „natürliche", vorpositive Rechte – eben Menschenrechte – begründet? Und wenn schon nicht die erstaunlichen menschenähnlichen Leistungen der Tiere dazu hinreichen, ihnen den gleichen moralischen Status zuzuerkennen, müssten ihnen denn nicht schon allein aufgrund ihrer den Menschen vergleichbaren Bedürfnisse auch gleiche Rechte eingeräumt werden? Erleiden nicht Menschen und Tiere gleichermaßen Hunger und Durst, Schmerz und Furcht? Eine vereinfachte Gleichsetzung von Menschen und Tieren muss sich mit mindestens zwei grundsätzlichen Problemen auseinandersetzen: zum einen mit dem Sein-Sollens-Fehler und zum anderen mit der Frage nach dem Adressaten der erhobenen Ansprüche.

Der schottische Philosoph David Hume (1711–1776) gilt als der Erste, der darauf aufmerksam gemacht hat, dass moralische Vorschriften (moralische Sollensforderungen) nicht grundlos aus Beschreibungen (Seinsaussagen) hervorgehen, ein Sollen also nicht einfach aus einem Sein ableitbar ist, sondern einer die Beschreibung notwendig ergänzenden moralischen Begründung bedarf. Dass also Tiere klug oder geschickt sind oder sich im Spiegel wiedererkennen, mögen durchaus Tatsachen sein, aber warum sollten diese Tatsachen zu moralischen Vorrechten führen? Was macht sie moralisch wertvoll? – Genauso verhält es sich auch mit Bedürfnissen. Warum sollten sie moralische Beachtung finden und erfüllt werden? Dass es sich um Bedürfnisse und Wünsche handelt, bedeutet ja noch nicht, dass es moralisch gerechtfertigt ist, diese zu erfüllen. Wir glauben ja auch nicht, es sei eine moralische Pflicht, jegliche Bedürfnisse von Kindern oder von Kleptomanen zu befriedigen, und wir entlassen auch keine Raubkatze aus dem Zoogehege, die das Bedürfnis hat, den Hund eines Zoobesuchers oder gar diesen selbst zu erlegen. Wie die besonderen Eigenschaften und Fähigkeiten, so müssen auch die Bedürfnisse und Wünsche danach beurteilt werden, ob sie in moralischer Hinsicht relevant beziehungsweise ob und wie deren Erfüllung moralisch gerechtfertigt ist. Zu dieser moralischen Beurteilung sind aber nur Menschen als Wesen fähig, die durch Reflexion grundsätzlich – wenn auch nicht in jeder Situation – in der Lage sind, sich von ihren spontanen Antrieben und Affekten zu distanzieren und von einem anderen Standpunkt aus nach moralischen Kriterien und Regeln, zum Beispiel denen der Fairness oder der Verallgemeinerbarkeit, zu beurteilen. Denn diese Fähigkeit trauen wir nur Menschen zu und fänden es absurd, solches von irgendeinem Tier zu erwarten. Wenn es eine moralisch relevante *differentia specifica* (lateinisch für: kennzeichnender Unterschied) zwischen Mensch und Tier gibt, dann ist sie mit dieser moralischen, auf Prinzipien rekurrierenden Urteils- und Verantwortungsfähigkeit benannt.

Warum hat nur natürliche Rechte, wer auch Pflichten haben kann?

Für das Bewusstsein von dieser besonderen Begabung des Menschen, seiner Moralfähigkeit, wird in der neuzeitlichen Philosophie von Immanuel Kant die Bezeichnung der Würde der Menschheit reserviert. Menschenwürde bezeichnet also das Bewusstsein davon, dass nur ich als Mensch unter allen Lebewesen nach moralischen Grundsätzen urteilen und handeln kann. Mit dem Bewusstsein dieses besonderen spezifisch menschlichen Könnens ist das Wissen verbunden, dieses Können auch in die Tat umsetzen zu *sollen* – anders gesagt: das Bewusstsein der Würde verpflichtet uns als zurechenbare Akteure, ihr gerecht zu werden. Gerecht werden kann man dieser Würde aber nur, wenn einen niemand daran hindert, dies zu tun. Daraus folgt das grundsätzliche Recht der Menschen gegeneinander auf die Freiheit, das zu verwirklichen, wozu ihre Würde sie verpflichtet: dieses Freiheitsrecht ist der Keim der Menschenrechte, die in der Menschenwürde als dem Bewusstsein der eigenen Moralfähigkeit begründet sind.

Damit ist der zweite Einwand gegen eine Gleichsetzung von Mensch und Tier dargelegt. Dieser besagt, dass natürliche Rechte nur solchen Wesen eigen sein können, die von der Art sind, die durch Moralfähigkeit charakterisiert ist. Nur solche Wesen vermögen den Sinn der Worte „Recht" und „Pflicht" zu verstehen. Tiere aber (und auch noch so rechenstarke Computer) können das nicht und können folglich nicht Träger von natürlichen, angeborenen, vorpositiven Rechten sein, weil Moralfähigkeit prinzipiell nicht zu ihrer Artnatur gehört. Insbesondere Soziobiologen widersprechen hier gerne und verweisen auf das moralanaloge Verhalten von Tieren. Dabei übersehen sie aber, dass moralanaloges Verhalten noch nicht Moralfähigkeit impliziert. Dazu bedarf es der erwähnten moralischen Urteils- und Rechtfertigungsfähigkeit und der Möglichkeit, sich aus Einsicht auf die moralisch gerechtfertigten Regeln handelnd selbst zu verpflichten. Das ist der tiefere Sinn der Rede von der Rechte-Pflichten-Symmetrie. Dieser Ausdruck meint keineswegs, dass nur derjenige Rechte hat, der auch seine Pflichten erfüllt, denn Menschenrechte muss man sich nicht erst verdienen, um einen Anspruch auf sie zu haben. Die Rechte-Pflichten-Symmetrie besagt vielmehr, dass die Anwendung der Worte „Recht" und „Pflicht" begrifflich nur sinnvoll auf Wesen einer Art anzuwenden ist, die dieser Moralsprache auch grundsätzlich einen Sinn abgewinnen können. Insofern repräsentieren Menschenrechte die Mindestbedingungen dafür, dass ein jeder Mensch seine Würde der Moralfähigkeit in seinem Leben zu verwirklichen vermag. In diesem Sinne ist kein Tier menschenrechtsfähig, weil es kein Bewusstsein einer Würde der Verpflichtungsfähigkeit besitzt.

Bedeutet dies aber nun, dass Tiere der willkürlichen Behandlung durch Menschen ausgeliefert sind? De facto ist dies weitgehend der Fall, und zwar sowohl in der Geschichte als auch in der Gegenwart. Dies zu kritisieren und die moralische Forderung aufzustellen, Tieren nicht ohne vernünftigen Grund Schmerzen zuzufügen oder das Leben zu nehmen und ihren Bedürfnissen Rechnung zu tragen, wie es die Tierschutzgesetze vorschreiben, setzt moralfähige Adressaten voraus, die diese Forderungen auch verstehen und befolgen können. Das aber können prinzipiell nur Menschen! Insofern brauchen nicht eigentlich die Tiere Tierschutzgesetze, sondern wir Menschen, um uns selbst rechtlich zu einem verantwortungsvollen Umgang mit Tieren zu zwingen, sofern wir uns nicht selbst aus eigener innerer Einsicht auf ein faires Verhalten zu Tieren verpflichten wollen. Tierschutzgesetze sind als positives Recht für den Schutz von Tieren also höchst sinnvoll, weil wir uns damit öffentlich und gesetzlich erzwingbar auf einen dem Menschen würdigen Umgang mit Tieren verpflichten. Die Forderung nach Tierrechten ist aber insofern anfällig für Missverständnisse, als es irrig wäre, sie als menschenrechtsanaloge, natürliche, vorpositive Rechte von Tieren zu verstehen. Nicht die Tiere, sondern wir Menschen sind die Subjekte solch positiver Rechtsgesetze, mit denen uns die Tiere und deren Wohl als Verantwortungsbereich vor Augen gestellt wird, den zu beachten wir verpflichtet sind und aufgrund unserer Moral- und Verantwortungsfähigkeit auch verpflichtet werden können.

Aufgrund der Würde unserer Moralfähigkeit sind wir als Menschen nicht nur Adressaten von Gesetzen und Regeln, die uns in die Pflicht nehmen, sondern auch mit der Kompetenz zur Formulierung vernünftig gerechtfertigter Regeln ausgestattet. Wir verfügen somit über die Fähigkeit zu beurteilen, in welcher Hinsicht wir uns als Menschen prinzipiell von den Tieren unterscheiden und in welcher Hinsicht Menschen und Tiere einander – je nach Art – mehr oder weniger ähneln und was infolgedessen dann auch vergleichbar zu behandeln ist. Aufgrund der bestehenden physiologischen und psychologischen Vergleichbarkeiten zwischen Menschen und Tieren kann auch eine vergleichbare Berücksichtigung im Handeln verlangt werden. Es wäre widersprüchlich, Schmerzzufügung bei Menschen aus moralischen Gründen zu verbieten, bei empfindungsfähigen Tieren aber als nicht relevant anzusehen. Auf der Ebene der vitalen Grundbedürfnisse von Lebewesen sind die biologischen Ähnlichkeiten, aber auch die biologischen Unterschiede hochgradig relevant für die Formulierung konkreter moralischer wie juridischer Vorschriften und Gesetze. Tiere, die sich stark von unserer menschlichen psycho- und biologischen Natur unterscheiden und aufgrund dessen

Speziesismus
von Richard Ryder analog zum englischen *racism* (Rassismus) eingeführter Begriff zur Bezeichnung der Benachteiligung von Individuen einer Spezies allein aufgrund ihrer Zugehörigkeit zu dieser Spezies.

Tugend-/Strebensethik
Auf Aristoteles zurückgehende Lehre, derzufolge das Gute nicht durch die Einhaltung von vernünftigen, absolut geltenden Pflichten erreicht werden kann, sondern, dem Wachsen einer Pflanze aus einem Samenkorn gleich, nur durch das Streben nach Entfaltung der in der menschlichen Natur angelegten Tugenden. Jeder muss sich durch Einübung für die Gemeinschaft tauglich machen, wobei die allgemein anerkannten Wertvorstellungen als Orientierungshilfe für eigenständiges Handeln dienen.

Positives Recht
Das vom Menschen gesetzte Recht im Unterschied zum „vorgefundenen“, von menschlicher Zustimmung scheinbar unabhängig geltenden sogenannten Naturrecht.

ganz andere biologische und psychologische Bedürfnisse haben, müssen ihrer Art entsprechend anders behandelt werden. Eine menschenähnliche Behandlung menschenunähnlicher Tiere wird deren fundamentalen Lebensbedürfnissen nicht gerecht und führt unter Umständen sogar zu unbeabsichtigter Tierquälerei – ein Thema, das nicht nur für die artgerechte Tierhaltung in der Landwirtschaft, sondern auch für die nicht adäquate private Haustierhaltung von Hunden, Katzen und Vögeln zentral ist.[1] Beurteilungen dieser Art sind Gegenstand der angewandten Tierethik. Insofern ist der Grundsatz, dass Gleiches gemäß seiner Vergleichbarkeit gleich und Ungleiches ungleich zu behandeln ist (G. M. Teutsch), auch in der Tierethik ein zentraler Grundsatz für (Tier-)Gerechtigkeit.

Die Fähigkeit zur Moral hat nicht zwingend moralisches Handeln zur Folge.

Fürsorgehandeln in Bezug auf Menschen unterscheidet sich jedoch immer von solchem in Bezug auf Tiere dadurch, dass Menschen zugleich immer auch als Moralsubjekte zu respektieren sind, die prinzipiell in das Fürsorgehandeln einwilligen können und auch müssen. Diese Einsicht schlägt sich innerhalb der Medizinethik in dem Grundsatz der „Informierten Einwilligung“ in eine Heilbehandlung nieder. Dazu sind Tiere nicht fähig, weshalb fürsorgendes Handeln dieser grundsätzlichen moralischen Differenz von Menschen und Tieren bei aller sonstigen psychobiologischen Vergleichbarkeit Rechnung tragen muss. Diese Differenz wird in besonderer Weise virulent, wenn es um Leben und Tod geht. Das Recht auf Leben ist ein Menschenrecht, das allen Menschen voreinander den Schutz dieses fundamentalen Gutes garantiert. Solange noch erreichbare medizinisch-kurative Möglichkeiten bestehen, darf von der Erhaltung eines Menschenlebens nur abgesehen werden, wenn der betroffene Patient dies ausdrücklich so wünscht, wenn er also in den Verzicht oder den Abbruch einer lebenserhaltenden Maßnahme informiert einwilligt oder mutmaßlich einwilligen würde. Tiere sind auch in dieser Hinsicht nicht zu einer informierten Einwilligung fähig. In vergleichbaren Situationen ist somit auch hier der Mensch als moralfähiges Wesen gefordert, „aus der Verantwortung des Menschen für das Tier als Mitgeschöpf dessen Leben und Wohlbefinden zu schützen“, wie es in § 1 des Deutschen Tierschutzgesetzes heißt, oder aber – vice versa – aus eben dergleichen Verantwortung das Leiden eines Tiers durch eine schonende Tötung zu beenden. Ob aber aus der Tatsache, dass eine Rede von einem vorpositiven Recht des Tieres, somit auch von dessen Lebensrecht, begrifflich unsinnig ist, darauf geschlossen werden darf, dass Tiertötung ein moralisch gleichgültiges Handeln des Menschen sei, ist sehr umstritten. Die Mehrheit der Menschen auf der Welt stellen sich diese Frage aus den unterschiedlichsten Gründen gar nicht und die meisten dürften die Frage, ob Menschen ein Recht darauf haben, Tiere zu ihren beliebigen Vorteilen (Nahrung, Kleidung, Tierversuche etc.) zu töten, rundweg bejahen. Dass dies der Fall *ist*, ist aber noch kein guter moralischer Grund dafür, dass dies auch der Fall sein *soll*, sondern oft das Resultat einer besinnungslosen Tradition – nicht nur in der abendländischen Kultur. Die massenweise gedankenlose Tötung und Vernutzung von Tieren wird daher zu Recht kritisiert. Als moralfähige Wesen können und müssen wir Menschen uns nämlich auch bezüglich der Tiertötung fragen, ob beziehungsweise in welchen Fällen wir tatsächlich moralisch gerechtfertigte Gründe haben, Tieren das Leben, das wir selbst als ein fundamentales Gut für uns ansehen, nehmen zu dürfen. Dass wir uns diese Frage ernsthaft stellen *können* und wissen, dass wir es *sollten*, ist ebenfalls Ausdruck der Würde des Menschen.

Stoa
Richtung der griechisch-römischen Philosophie (ca. 300 v. Chr. – ca. 200 n. Chr.), derzufolge Freiheit nur in völliger Unabhängigkeit von äußeren Ursachen zu erlangen ist. Als weise gilt derjenige, welcher durch seine Vernunft alle Leidenschaften und Triebe beherrscht und alle Wechselfälle des Schicksals gelassen erträgt.

Dr. theol. Heike Baranzke studierte Theologie, Chemie, Religionswissenschaft und Philosophie. Sie ist wissenschaftliche Mitarbeiterin an der Philosophisch-Theologischen Hochschule Vallendar und lehrt außerdem seit 2003 theologische Ethik an der Bergischen Universität Wuppertal.

Anmerkung:

1. Vergleiche Baranzke, H.: Pferdeflüsterer. In: Freundschaft. der blaue reiter – Journal für Philosophie. Band 32, 2012, Seite 77 ff.

Literatur:

- Cavalieri, Paola; Singer, Peter (Hrsg.): Menschenrechte für die Großen Menschenaffen. Das Great Ape Projekt. 1996
- Teutsch, Gotthard M.: Sollen wir Tiere wie Menschen behandeln? Die Diskussion um den „Gleichheitsgrundsatz“. In: Universitas, Nr. 623, 1998, Seite 477–483
- Teutsch, Gotthard M.: Lexikon der Tierschutzethik. Vandenhoeck & Ruprecht, Göttingen 1987

Zur Vertiefung empfohlen:

- Baranzke, Heike: Würde der Kreatur? Die Idee der Würde im Horizont der Bioethik. Königshausen & Neumann, Würzburg 2002
- Baranzke, Heike; Duttge, Gunnar: Autonomie und Würde. Leitprinzipien in Bioethik und Medizinrecht. Königshausen & Neumann, Würzburg 2013
- Ingensiep, Hans Werner; Baranzke, Heike: Das Tier. Grundwissen Philosophie. Reclam, Stuttgart 2008

Herwig Grimm

Tierschutz oder Menschenschutz?

Die Suche nach dem Menschen in der Tierethik

Wer sich auf die Suche nach Tieren in der Ethik macht, wird mittlerweile schnell fündig. Keineswegs kann Albert Schweitzer mit Blick auf die praktische Philosophie heutzutage noch uneingeschränkt recht gegeben werden, der in *Kultur und Ethik* formulierte: „Wie die Hausfrau, die die Stube gescheuert hat, Sorge trägt, dass die Türe zu ist, damit ja der Hund nicht hereinkomme und das getane Werk durch die Spuren seiner Pfoten entstelle, also wachen die europäischen Denker darüber, dass ihnen keine Tiere in der Ethik herumlaufen.“[1]

Innerhalb der letzten 40 Jahre spielen die Tiere beziehungsweise „das Tier“ in der Philosophie und speziell der philosophischen Ethik eine gewichtige Rolle. Ein aktuell viel diskutiertes Thema sind die Gemeinsamkeiten von Menschen und Tieren sowie deren moralische Relevanz: Lässt sich sinnvoll von Sprache, Kultur oder Denken bei Tieren sprechen? Und was bedeuten die Antworten für unser praktisches Verhältnis zu Tieren?

Lange Zeit wurde das Nachdenken über Tiere von den Unterschieden zwischen Menschen und Tieren dominiert. Weil die Erkenntnisse der modernen Verhaltensforschung eine plausible Basis für die Anwendung des Gleichheitsgrundsatzes, Gleiches gleich und Ungleiches ungleich zu behandeln, bieten, wird die Sperrschicht zwischen Mensch und Tier jedoch zunehmend porös.[2] Die normative (wertsetzende) Kraft, die das Wissen um geistige und soziale Fähigkeiten von Tieren entwickelt hat, ist kaum zu überschätzen. Denn wenn Tiere den Menschen in moralisch relevanten Eigenschaften tatsächlich ähneln, dann sollte man sie in dieser Hinsicht auch ähnlich behandeln.

Die Konzentration auf Eigenschaften und Fähigkeiten von Tieren als Basis der Begründung ihres moralischen Status lässt allerdings einen wesentlichen Aspekt in den Hintergrund geraten: die Rolle des Menschen in der Tierethik. Diese Vernachlässigung ist auf den ersten Blick leicht zu erklären. War es doch eines der wichtigsten Ziele der frühen Tierethiker, den Anthropozentrismus und Speziesismus (siehe Erläuterung) zu überwinden und die besondere Stellung des Menschen in der moralischen Welt infrage zu stellen. Und so ist es nur konsequent, dass dieses Programm der Überwindung der zentralen Rolle des Menschen aktuell eine Weiterführung im sogenannten Posthumanismus findet.[3] Dessen Vertreter versuchen nicht nur, den Anthropozentrismus oder Speziesismus im herkömmlichen Sinne zu überwinden, wie es sich schon die Klassiker der frühen Tierethik Peter Singer und Tom Regan auf die Fahnen schrieben, sondern das Programm dahingehend zu erweitern, „den Menschen“ innerhalb des Nachdenkens über Tiere ganz verschwinden zu lassen.[4]

Der Mensch in der Tierethik

In der wohl meistzitierten Fußnote der tierethischen Literatur formuliert Jeremy Bentham 1789 programmatisch seine Vision für das moralische Verhältnis von Mensch und Tier. Die Passage endet mit den drei berühmt gewordenen Fragen: *„the question is not, Can they reason? nor, Can they talk? but, Can they suffer?“* („Die Frage lautet weder, ob sie zu denken noch ob sie zu sprechen vermögen, sondern ob sie leiden können.“)[5] Mit der letzten der drei Fragen verschiebt Bentham den Fokus der moralphilosophischen Reflexion des Verhältnisses von Mensch und Tier. Während in der philosophischen Tradition bis dato die meistgestellte Frage bezüglich der Grenzziehung zwischen Mensch und Tier die nach dem Trennenden war, hat Bentham das Gemeinsame im Blick. Die Selbsteinschätzung des Menschen als „Tier plus x“[6] wird infrage gestellt und damit auch die Sonderstellung des Menschen.

An dieser Stelle wird eine wirkmächtige Begründungsfigur vorgezeichnet, der viele Tierethiker des 20. Jahrhunderts folgen: Die Ausweitung der moralischen Gemeinschaft funktioniert mithilfe relevanter Eigenschaften im zwischenmenschlichen Bereich, die vergleichbar auch bei Tieren vorfindlich sind.[7] Seien es Leidensfähigkeit, bestimmte geistige Fähigkeiten, prosoziales Verhalten oder evolutionäre Nähe zu uns Menschen – die Konzentration auf die gemeinsamen Eigen-

Abbildung: **Bienenwaben-Wachscollage** Timm Ulrichs, 1963/72. „Strukturalistisches“ Naturkunst-Objekt als Ergebnis einer Gemeinschaftsproduktion mit Tieren. Lithografie: ArtnetworX, www.artnetworx.de

Speziesismus
Der Begriff des *speciesism* wurde 1971 von Richard Ryder geprägt, der ihn analog zum Begriff des *racism* einführt. Sinngemäß bedeutet er, dass Individuen einer Spezies aufgrund ihrer Zugehörigkeit zu dieser Spezies gegenüber anderen diskriminiert werden.

schaften statt auf das Trennende verfolgt das Ziel, die in moralischer Hinsicht ungleiche Behandlung von (biologisch, ethologisch, kognitiv, sozial etc.) ähnlichen Wesen zu überwinden. Im Hintergrund steht hier die These, dass der Mensch zu Unrecht allein als moralisch schutzwürdig gilt. Tiere sollten aufgrund jener Eigenschaften, die auch bei Menschen dazu führen, Teil der moralischen Gemeinschaft zu sein, in dieselbe aufgenommen werden und um ihrer selbst willen geachtet werden. Es ist jedoch genau diese Begründungsfigur sowie die Fokussierung auf die Eigenschaften, die Menschen mit Tieren gemeinsam haben, die zu einer neuen Form des Anthropozentrismus und zu einem ethisch begründeten Tierschutz als verkappten Menschenschutz führen. Dies lässt sich an einem einflussreichen Argument von Peter Singer verdeutlichen.

Singers Credo *„All Animals are Equal!“* (Alle Tiere sind gleich!) steht programmatisch am Anfang seines Buchs *Animal Liberation* (*Die Befreiung der Tiere*) aus dem Jahr 1975. In Anlehnung an Bentham begründet er die Pflicht, nicht nur menschliche Interessen, sondern auch die Interessen von Tieren zu achten. Es kommt nicht darauf an, ob man Tier oder Mensch ist, so Singers Argument, sondern auf die aktuellen und individuellen Interessen, Bedürfnisse und Präferenzen. Die Voraussetzung, Interessen und Präferenzen sinnvoll zuschreiben zu können, bestimmt er in der Leidensfähigkeit. Es gebe keine moralische Rechtfertigung dafür, das Leiden eines Wesens nicht zu beachten – egal um welches Wesen es sich handle. Nach dem Gleichbehandlungsgrundsatz zähle jedes Leiden gleich viel, egal bei wem es vorkomme. Die Zugehörigkeit zu einer bestimmten Spezies dürfe keine Rolle spielen.[8]

An dieser Stelle ist anzumerken, dass die Erweiterung der moralischen Gemeinschaft von einem Zentrum aus geschieht, in dem sich – und dies ist gerade das Problem, das Singer moniert – nur Individuen der menschlichen Spezies befinden. Deshalb muss sich Singer auch auf Eigenschaften von Tieren stützen, die diese uns Menschen ähnlich machen; ansonsten könnte der Gleichbehandlungsgrundsatz keine Wirkung entfalten: Wo nichts Gleiches ist, soll auch nicht gleich behandelt werden. Aufgrund der Verankerung des Arguments in der zwischenmenschlichen Moral bleibt – so plausibel das Argument auch ist – jedoch der Mensch der Ankerpunkt, weil er die relevanten Eigenschaften zur Begründung moralischer Ansprüche von Tieren bestimmt. Zwar sind Menschen nicht mehr den Tieren übergeordnet, allerdings kommen diese aufgrund jener Eigenschaften in die moralische Gemeinschaft, die sie mit Menschen teilen; geschützt aber wird der Mensch im Tier.

Auch das Argument von Tom Regan funktioniert nach einem ähnlichen Schema. Während Singer nur Erfahrungen beziehungsweise die Möglichkeit, Erfahrungen zu machen, als an sich wertvoll anerkennt, so Regan, misst dieser den Wesen selbst einen inhärenten, moralisch relevanten Wert bei.[9] Letztlich kommt es aber auch bei ihm auf eine Gemeinsamkeit von Mensch und Tier an: die Eigenschaft, empfindendes Subjekt eines Lebens, ein Wesen mit Bewusstsein und individuellem Wohl zu sein. Auch wenn diese Eigenschaft bei bestimmten Tieren plausibel gemacht werden kann, bleibt doch wiederum der Mensch die Folie, durch die Tiere in moralischer Hinsicht betrachtet werden.[10]

Singer und Regan haben als Klassiker der aktuellen Tierethik wesentliche Weichen gestellt, unter anderem auch jene, die hin zur Hervorhebung der kognitiven Gemeinsamkeiten von Menschen und Tieren führte. Denn beide Theoriekonzeptionen münden aufgrund ihrer Orientierung an menschlichen Eigenschaften in gesteigerte moralische Rücksicht gegenüber Wesen, deren Fähigkeiten näher an die Fähigkeiten von (bestimmten) Menschen heranreichen. Dies wird zum Beispiel bei Regans Auseinandersetzung mit dem *life boat case* deutlich: Niemand, so Regan, würde in einer Situation, in der entweder ein Hund oder ein Mensch gerettet werden kann, einem Hund dasselbe Recht auf Leben zugestehen und es dem Menschen verweigern.[9] Fragt man, weshalb Regan zu einer solchen Hierarchisierung gelangt, so wird man etwa im Vorwort fündig, in dem er auf Unterschiede zwischen Hunden und Menschen eingeht. Vor die tragische Wahl gestellt, so Regan, ist für den Menschen zu entscheiden, da der Tod eines Hundes weniger Verlust bedeutet als jener eines Menschen.[9] Zum Maß wird ein reicheres (menschliches) Leben, das aufgrund größerer kognitiver Fähigkeiten realisiert werden könne. Letztlich bleiben also wiederum typisch menschliche Eigenschaften das Kriterium, was sich ganz praktisch in mehr oder weniger moralischer Rücksicht gegenüber Tieren niederschlägt.

Wir brauchen eine Ethik, die das Fremde als Fremdes zu achten lehrt.

Auch bei Singer findet man vergleichbare Textpassagen. Ein hoch entwickeltes, reicheres mentales Leben mit mehr Selbstbewusstsein und Rationalität scheint erstrebenswerter, so Singer.[11]

Anthropozentrismus
von altgriechisch *anthropos* für Mensch: auf den Menschen bezogene, vom Menschen als Mittelpunkt der Realität ausgehende Denkweise. Vertreter des axiologischen (wertbetonenden) Anthropozentrismus halten einen moralischen Status *nur* für Menschen für begründbar, das heißt, nur Menschen verdienen um ihrer selbst willen Achtung; Verfechter des epistemischen (wissenschaftstheoretischen) Anthropozentrismus betonen die nicht überwindbare Rolle des Menschen im Erkenntnisprozess.

Letztlich bleibt in den Begründungstheorien von Singer und Regan eine Altlast benthamscher Prägung grundlegend. Beide setzen zur Begründung der moralischen Schutzwürdigkeit bei einer vorgängigen Beschreibung relevanter Eigenschaften an, die in der zwischenmenschlichen Moral eine begründende Rolle übernehmen. Dies führt dazu, dass jene Tiere, die Menschen ähnlicher sind, auch umfänglicheren moralischen Schutz genießen. Je mehr Ähnlichkeit, desto mehr moralische Relevanz, so könnte man zusammenfassen. Pointiert formuliert: Die Grundlage des Arguments ist das Eigene (Menschliche) im Fremden (Tierlichen).

Der Schutz des Eigenen im Fremden

Die Debatte um den Schutz des Eigenen im Fremden findet ihren Höhepunkt in der Frage, ob und welche Tiere Personen sind beziehungsweise welche Kriterien für die Zuschreibung des Status einer Person herangezogen werden und ob diese auf Tiere anwendbar sind. Die zentrale Frage ist, ob Tiere rationale und selbstbewusste Wesen sind, die ihre Vergangenheit und Zukunft begreifen.[10] Dies trifft laut Singer auf einige Tiere wie die Großen Menschenaffen zu, weshalb er sich mit seiner Schülerin Paola Cavalieri im *Great Ape Project* auch für Menschenrechte für Große Menschenaffen einsetzt.[12]

Die beschriebene Argumentationsstruktur, die auf die Nähe zum Menschen baut, wirft zweifelsohne auch Schatten. So fühlen wir uns etwa mit Fischen weniger verwandt als mit Affen und wohl kaum jemand würde Menschenrechte oder menschenrechtsanaloge Tierrechte für Forellen fordern. Es ist nicht zu übersehen, dass hier Singer als ein Gefolgsmann Benthams auf der Begründungsebene einen Unterschied zwischen den Menschen ähnlicheren und unähnlicheren Tieren macht. Offenbar ist es doch nicht unwesentlich, ob Tiere denken oder sprechen können, wogegen sich Bentham dezidiert ausgesprochen hat. Das Paradigma des vollumfänglichen moralischen Schutzes in der Tierethik bleibt auch hier der kognitiv voll entwickelte Mensch.

scala naturae 2.0 im Tierschutzrecht

Die Begründung des moralischen Schutzes von Tieren entlang der Ähnlichkeit zum Menschen schlägt sich auch im Tierschutzrecht nieder. Die größere Nähe zum Menschen begründet in diesem Bereich einen gewichtigeren normativen Status. Dies zeigt sich etwa am Beispiel (Großer) Menschenaffen in der sogenannten EU-Tierversuchsrichtlinie (2010/63/EU). Obwohl die Richtlinie die Verwendung nichtmenschlicher Primaten als „notwendig" für biomedizinische Forschung beschreibt, wird darauf hingewiesen, dass der genetischen Nähe zu Menschen durch einen gesteigerten normativen Status entsprochen werden soll. Es bleibt die Frage, was dies bedeutet. Die Haltung von nichtmenschlichen Primaten – vor allem in einer Laborumgebung – bringt spezifische Probleme mit sich. Angemessene Käfiggestaltung und Beschäftigung sowie die Fütterung von nichtmenschlichen Primaten sind aufgrund von deren hochentwickelten sozialen Fähigkeiten nicht einfach zu bewerkstelligen. Aber auch die Haltung von Mäusen birgt spezifische, wenn auch andere praktische Probleme. Diese aufgrund der mangelnden genetischen Nähe zum Menschen als geringwertiger einzuschätzen, wäre aber ein klarer Rückfall in den überwunden geglaubten Anthropozentrismus.

Eine ähnliche Hierarchisierung findet sich im deutschen Tierschutzgesetz (§ 9 Abs. 2 Z. 1). Hier ist von sinnesphysiologisch „höher" und „niedriger" entwickelten Tieren die Rede. Mit Höherentwicklung ist dabei jedoch nicht das komplexe Facettenauge der Libelle gemeint, das man für sinnesphysiologisch höher entwickelt halten könnte als jenes der menschlichen Spezies. Es sind auch nicht „höhere Tiere" wie Giraffen (ca. 5 m hoch) im Vergleich zu Schildkröten (ca. 20 cm) gemeint. Auch hier zeigt sich die implizite Ausrichtung an menschlichen Fähigkeiten.

Eine ähnliche Tendenz findet sich in Artikel 20 des schweizerischen Tierschutzgesetzes, in dem von evolutiv höher stehenden Tieren die Rede ist. Als biologische Beschreibung ist dies überaus zweifelhaft. Offenbar geht der Gesetzgeber hier von einer hierarchischen Skala oder Stufenleiter aus, in die Tiere eingestuft werden könnten. Eine solche *scala naturae*, an deren (weltlicher) Spitze der Mensch steht, ist aus evolutionstheoretischer Sicht höchst fragwürdig. Der Gesetzgeber sitzt hier offensichtlich einem Anthropozentrismus auf: Bei der vermuteten Verwandtschaft mit dem Menschen handelt es sich nicht um eine biologische, sondern um eine gefühlte Verwandtschaft, so die Biologen van Schaik und Burkart.[13] Die Einteilung auf der *scala naturae* erfolgt anhand von Merkmalen, die *uns* als erstrebenswert erscheinen. Implizit wird hier ein Bild des Menschen als Idealtypus mitverhandelt, auf den sich die Evolution hin ausgerichtet hätte. Als würde die Evolution ein Ziel verfolgen, bleibt das Maß moralischer Rücksicht weiterhin der Mensch. Je ähnlicher die Fähigkeiten bestimmter Tiere den Fähigkeiten des Menschen sind, je näher sie in genetischer Hinsicht eingeschätzt werden, je näher wir uns ihnen fühlen, umso besser für diese Tiere.

Es gibt keine moralische Rechtfertigung dafür, das Leiden eines Wesens nicht zu beachten.

Peter Singer

Verbannung des Menschen aus der Tierethik?

Der Schutz von Tieren lässt sich in den oben skizzierten Theorien und Beispielen als ein Schutz des Menschlichen im Tierlichen beschreiben. So ist es auch nicht überraschend, dass in der Konsequenz zwischen der Nacktschnecke und dem Gorilla in moralischer Hinsicht Welten liegen. Hierauf haben auch Theoretiker hingewiesen, die sich dem Posthumanismus zurechnen. Cary Wolfe schreibt in seinem Buch *Animal Rites* (*Tierrituale*), dass wir Großen Menschenaffen nur deshalb einen hohen ethischen Status einräumen, weil sie viele unserer Fähigkeiten auf niedrigerem Niveau besitzen. Dadurch, so Wolfe, setzt sich der Humanismus auf einer anderen Ebene fort: Nicht mehr Menschen stehen den Großen Menschenaffen gegenüber, sondern Menschen *und* Große Menschenaffen allen anderen.[14]

Abbildung: **Europa auf dem Stier** Timm Ulrichs, 1970/72/77; Siebdruck. Lithografie: ArtnetworX, www.artnetworx.de

Trotz des unstrittigen Erfolgs der Tierethik bleibt der Anthropozentrismus in neuer Form erhalten: Der moralische Respekt ist auf jene Wesen begrenzt, die uns Menschen in relevanten Eigenschaften ähneln. Zudem – und dies ist ein zweiter Aspekt, auf den hier hingewiesen werden soll – werden Tiere implizit als defiziente Wesen beschrieben. Die Formel „der Mensch ist das Tier plus x" kehrt sich hier in „das Tier ist der Mensch minus y" um. Defizient sind Tiere natürlich nur in Hinblick auf ein ihnen äußerliches Maß. Dieses bleibt in den menschlichen Eigenschaften und Fähigkeiten verankert, die bei Tieren nicht so umfassend ausgeprägt sind wie bei bestimmten Menschen oder den normativ wirksamen Vorstellungen von Menschen.

Aber nur weil ein bestimmtes Tier wie zum Beispiel ein Huhn vielleicht weniger menschliche Fähigkeiten hat als ein Schimpanse, ist es doch kein weniger schützenswertes Wesen! Auf der Begründungsebene, nicht auf der inhaltlichen Ausdifferenzierung moralischer Rücksichtnahme, ist die Privilegierung von Wesen mit menschlichen Fähigkeiten tatsächlich fraglich. Weder sind Tiere darauf hin angelegt, Menschen ähnlich zu werden, noch werden wir ihnen gerecht, wenn wir sie am menschlichen Maß messen. (Viele) Menschen können denken, (viele) Vögel können fliegen. Es wäre überaus fraglich, Menschen aufgrund ihrer mangelnden Flugfertigkeit weniger Achtung entgegenzubringen, genauso wenig wäre es umgekehrt sinnvoll, herausragende kognitive Fähigkeiten von Vögeln als Grund ihrer Achtung zu werten.

Biologen sind zurückhaltend, wenn es darum geht, Organismen als höher oder niedriger zu beschreiben, und diese Zurückhaltung ist auch in der Tierethik angebracht. Entsprechend wäre es sinnvoll, Tiere aufgrund ihrer Besonderheiten und spezifischen Eigenschaften moralisch zu achten. Tiere sind keine defizienten Menschen, die sich als uns ähnlich beweisen müssten. Wir laufen ansonsten Gefahr, die Eigenart der Tiere in den Hintergrund zu drängen und die Ähnlichkeit *mit uns* zum Paradigma zu erheben. Ob es jedoch überhaupt möglich ist, einen Ansatz zu begründen, der das Fremde als Fremdes zu achten versteht, ist eine Frage für die künftige Auseinandersetzung innerhalb einer Ethik der Mensch-Tier-Beziehung und der philosophischen Ethik überhaupt. Dass nur Menschen solche Auseinandersetzungen führen und ihren Standpunkt dabei nicht verlassen können, ist unvermeidbar und auch nicht problematisch; Tierschutz als verkappten Menschenschutz zu betreiben ist es hingegen sehr wohl.

Herwig Grimm ist Professor für Ethik der Mensch-Tier-Beziehung am Messerli Forschungsinstitut der Veterinärmedizinischen Universität Wien, der Medizinischen Universität Wien und der Universität Wien.

Anmerkungen:

1. Schweitzer, Albert: Kulturphilosophie. Kultur und Ethik. C. H. Beck, München 2007, Seite 295
2. Benz-Schwarzburg, Judith: Verwandte im Geiste – Fremde im Recht. Sozio-kognitive Fähigkeiten bei Tieren und ihre Relevanz für Tierethik und Tierschutz. Harald Fischer Verlag, Erlangen 2012
3. Der Begriff des Posthumanismus ist sprechend und programmatisch, jedoch trotzdem unglücklich, da er die Überwindung des Menschen im philosophischen Nachdenken suggeriert. Abzugrenzen ist der Posthumanismus vom Transhumanismus, der die Verbesserung des Menschen („human enhancement") propagiert.
4. Wolfe, Cary: What is Post-Humanism? University of Minnesota Press, Minneapolis 2010, Seite xii
5. Bentham, Jeremy: An introduction to the principles of morals and legislation. Band 2, 1789. In: Burns, James; Rosen, Fred; Schofield, Philip (Hrsg.): The Collected Works of Jeremy Bentham. University of London: The Athlon Press, London 1970, Seite 283
6. Wild, Markus: Tierphilosophie zur Einführung. Junius, Hamburg 2010, Seite 26
7. Schmidt, Kirsten: Concepts of Animal Welfare in Relation to Positions in Animal Ethics. In: Acta Biotheoretica, Band 59, 2011, Seite 158
8. Singer, Peter: All Animals are Equal. In: Regan, Tom; Singer, Peter (Hrsg.): Animal Rights and Human Obligations. London 1976, Seite 154
9. Regan, Tom: The Case for Animal Rights. University of California Press, Berkeley 2004, Seite 285f., xxix
10. Regan, Tom: Wie man Rechte für Tiere begründet. In: Krebs, Angelika (Hrsg.): Naturethik. Grundtexte der gegenwärtigen tier- und ökoethischen Diskussion. Suhrkamp, Frankfurt am Main 1997, Seite 42
11. Singer, Peter: Practical Ethics. Cambridge 2011, Seite 92f.
12. Singer, Peter; Cavalieri, Paola: Deklaration über die Großen Menschenaffen. In: Menschenrechte für die Großen Menschenaffen. Das Great Ape Projekt. Goldmann, München 1994, Seite 12–16
13. Van Schaik, Carel; Burkart, Judith: Sind höhere Tiere mehr wert als niedere? Ein Versuch zur Exegese. In: Sigg, Hans; Folkers, Gerd (Hrsg.): Güterabwägung bei der Bewilligung von Tierversuchen. Die Güterabwägung interdisziplinär kritisch beleuchtet. Collegium Helveticum Heft 11, 2011, Seite 71–75
14. Wolfe, Cary: Animal Rites. American Culture, the Discourses of Species, and Posthumanist Theory. The University of Chicago Press, Chigago 2003, Seite 26

Zur Vertiefung empfohlen:

- Boddice, Rob (Hrsg.): Anthropocentrism. Humans, Animals, Environments. Brill, Leiden/Boston 2011
- Grimm, Herwig: Das Tier an sich? Auf der Suche nach dem Menschen in der Tierethik. In: Liessmann, Konrad Paul (Hrsg.): Tiere. Der Mensch und seine Natur. Zsolnay, Wien 2013
- Grimm, Herwig: Das moralphilosophische Experiment. John Deweys Methode empirischer Untersuchungen als Modell der problem- und anwendungsorientierten Tierethik. Mohr Siebeck, Tübingen 2010
- Grimm, Herwig; Otterstedt, Carola (Hrsg.): Das Tier an sich. Disziplinenübergreifende Perspektiven für neue Wege im wissenschaftsbasierten Tierschutz. Vandenhoeck & Ruprecht, Göttingen 2012
- de Waal, Frans et al.: Primates and Philosophers. How Morality Evolved. Princeton University Press, Princeton/Oxford 2006

Hans Werner Ingensiep

Schmiererei oder Kunst?

Über Kreativität bei Mensch und Affe

Ob, und wenn ja inwiefern, sich der Mensch von den Menschenaffen unterscheidet, ist die Leitfrage der Primatenforschung des 20. Jahrhunderts. Dahinter verbirgt sich die grundsätzliche philosophische Diskussion nach einem besonderen „Wesen" des Menschlichen. Nachdem Werkzeuggebrauch und rudimentäres Sprachvermögen bei Primaten nachgewiesen wurden, steht nun eine alte Bastion des Menschen zur Disposition: die Kunst.

„affenBRUT" lautet der Titel des ungewöhnlichen Projekts, das seit einigen Jahren die Fantasie anregt. Hauptakteur ist der Orang-Utan Barito, der seit vielen Jahren mit Farbe und Material Leinwände traktiert (siehe Abbildung). Ein „Echtheitszertifikat" garantiert, dass dieses „Original" mit der Nr. 0134 im Jahre 2012 im Affentropenhaus des Krefelder Zoos entstand. Die Frage, ob Menschenaffen wirklich malen können, beschäftigte schon Philosophen und Literaten der Aufklärung. Warum malen sie? Sind Menschenaffen wirklich kreativ? Erliegen wir Menschen einem unreflektierten Anthropomorphismus (siehe Erläuterung)? Oder liegt gar eine unbewusste Dressur des „Experimentators" respektive des Pflegers vor wie beim berühmten „Klugen Hans"? Dieses vermeintlich rechnende Pferd hatte um 1900 viele „Experten" in die Irre geführt. Nach der Entlarvung des nach diesem Pferd benannten Kluge-Hans-Syndroms stand jede außergewöhnliche Leistung eines Tiers, welche die Sonderstellung des Menschen infrage stellte, unter dem Generalverdacht des bewussten oder unbewussten Betrugs. Aber Barito malt auch ohne Zuschauer, also ohne direkten Einfluss von Menschen. Ist es also ein „Instinkt", das heißt eine durch bestimmte Sinnesreize ausgelöste, mechanisch ausgeführte Bewegungsfolge, die den Menschenaffen zum „Künstler" macht? Oder lässt er sich bewusst von „Motiven" leiten beziehungsweise von Konzepten, wie es menschliche Künstler tun?

Der Affe als Künstler

Der Schriftsteller Thomas Love Peacock inszeniert in seinem Roman *Melincourt* (1817) einen menschenähnlichen Orang-Utan auf höchster Zivilisationsstufe und spürt der Frage nach: *„Can Sir Orang draw?"* Zufällige Einzelbeobachtungen und erste wissenschaftliche Untersuchungen liegen zu Beginn des 20. Jahrhunderts vor, doch erst Ende der 1950er-Jahre wird daraus ein Fanal in der europäischen Kulturmetropole London: Die naiven Kunstprodukte des Schimpansen Congo werden dem Publikum vorgestellt. Heute ist *Apestract* (von englisch *ape* für: Affe; und *abstract* für: nicht gegenständlich) ein neuer Trend, der mitten in einen komplexen Diskurs darüber führt, ob Menschenaffen über „Kultur" verfügen. Philosophen, Kunsthistoriker und Primatologen interessieren sich für den „kultivierten Affen". Sogar Künstler, die meist große Vorbehalte gegenüber „Affenkunst" haben, wenden sich Menschenaffen zu. Ein besonderes Lehrstück dazu lieferte der österreichische Künstler Arnulf Rainer, der als „Übermaler" bekannt wurde. In einer „Parallel Malaktion mit Schimpansen" ließ Rainer zunächst Schimpansen malen, beobachtete dann ihre Art des Malens und studierte die Produkte, um ihre „Kreativität" durch Übermalungen konzeptionell zu überbieten.

Abbildung rechte Seite: **Objekt Nr. 0134** Orang-Utan-Männchen „Barito", 2012; 50x70 cm

Die klassische Leitfrage, ob Orang-Utans malen können, formulierte im 18. Jahrhundert bereits der Sprachphilosoph Monboddo in seinem Werk über den Ursprung und Fortschritt der Sprache. Wirklich ernsthaft wird die Kreativität von Menschenaffen erst nach der Veröffentlichung von Charles Darwins Evolutionstheorie im 19. Jahrhundert hinterfragt. Zoologen wie der Psychologe und Primatenforscher Wolfgang Köhler im Rahmen seiner klassischen Untersuchungen zur Intelligenz von Schimpansen (1917) bemerkten zufällig Kritzeleien auf Papier oder Spielereien mit Kreide. Köhler beobachtete in seiner Primatenstation auf Teneriffa einen Schimpansen beim spielerischen „Malen" mit Kreide beziehungsweise „Anpinseln von Balken, Eisenstangen und Wänden" – doch mehr als große weiße „Schmierflecken" seien dabei nicht herausgekommen. Systematischer untersuchte die russische Forscherin Nadja Kohts 1913 in Moskau Kritzelzeichnungen des Jungschimpansen Joni und verglich sie mit späteren Kritzelzeichnungen ihres Sohnes Rudi: „Obwohl Joni ständig mit dem Bleistift drauflos kritzelt, kommt er nicht weiter als bis zu Arbeiten, die eine gewisse Linienüberschneidung aufweisen, während Rudi (im Alter von zwei bis drei Jahren) schon ein paar einfache Grundfiguren nach Gegenständen aus seiner Umgebung andeuten kann." Weitere Beobachtungen von Zoofachleuten wurden als kurioses „Geschreibsel" dokumentiert, so geschehen bei Schimpanse Tarzan II um 1928. Die Ausdrucksweisen „Schmiererei" oder „Geschreibsel" verraten die schon bei einschlägigen Affenkennern herrschende Skepsis. Auch Philosophen und Kulturtheoretiker dieser Epoche konnten nicht ernsthaft zugestehen, dass Menschenaffen malen können. Für den Kulturphilosophen Erich Rothacker stellt insbesondere das Zeichnen eine exklusive Fähigkeit des Menschen dar, weil es kompositorische begriffliche Einsicht in eine Gestalt erfordere. Der Anthropologe Arnold Gehlen kannte zwar Köhlers Beobachtungen zu den „Schmierereien" seiner Schimpansen. Er glaubte aber nicht, dass Menschenaffen ernsthaft in der Lage seien, ein echtes Motiv weiterzuverfolgen. Dies gründe, so Gehlen, nicht in einem Mangel an „Intelligenz", sondern in ihrer gesamten Konstitution, ihren sensomotorischen Bewegungsstrukturen, denn Menschenaffen seien auf ihre artspezifische Umwelt hin spezialisiert; sie mögen wohl über „Intelligenz" verfügen, aber nicht über eine echte konzeptionelle Handlungsstruktur wie der Mensch.

Dennoch häuften sich Beobachtungen zu „künstlerischen" Aktivitäten bei Menschenaffen. Der Evolutionsbiologe Bernhard Rensch verzeichnet 1984 schon mehr als 45 Affen, deren „Malereien und Kritzeleien untersucht worden" sind. Aber es hatte einer spektakulären Initiative und der durch die neuen TV-Medien mobilisierten breiten Öffentlichkeit bedurft, damit diese Aktivitäten von Menschenaffen intensiver beachtet wurden.

Affenkunst wird zum Fanal

Das Londoner Institut für zeitgenössische Kunst in Verbindung mit Granada TV Network und der Zoological Society of London präsentieren im Jahre 1957 eine Ausstellung unter dem Titel *Paintings by Chimpanzees*. Die Einführung hielt der Biologe Desmond Morris. Diese erste Ausstellung von „Affenkunst" markiert einen Wendepunkt. Denn erst diese mit, in und für Medien inszenierte „Affenmalerei" machte Furore – vor allem die Farbbilder und Zeichnungen des Schimpansen Congo. Im Alter von zwei bis vier Jahren hatte Congo in London 384 Blätter produziert, die Morris in seinem Klassiker zur *Biologie der Kunst* (1963) auflistet und analysiert. Morris kommentiert die Produkte Congos im beigefügten Bildtitel mit Hinweisen auf die jeweilige Art der Gestaltung, beispielsweise als „Unsymmetrisches Fächermuster", „Aufgelockerte Fächer-Muster" mit zentraler Markierung durch einen gelben Punkt und durch einen schwarzen Punkt. Oder er tituliert das Produkt als „Einfache Malerei Congos mit horizontalem, vertikalem und diagonalem Duktus". Wie kam Morris zu diesen Beschreibungen und Interpretationen? Um dies zu verstehen, ist es erforderlich, beispielsweise das sogenannte Fächermuster zu verfolgen, einen Darstellungstypus, der bei Congo erstmals am 8. Dezember 1956 und letztmalig am 9. November 1958 auftrat. Diese besondere, einem Windfächer ähnliche Struktur war auf 90 von 384 Blättern – und zwar bei allen angewandten Techniken – zu finden. Morris beobachtet, dass die Fächerlinien sich nach Verlängerung in der Körpermitte des malenden Tiers treffen und stellt fest, dass „jeder Strich des Fächers am oberen Blattrand begonnen wurde und auf den Körper des Tiers zugeführt wurde", was auf eine „biologische Ursache" hindeute. Diese „biologische" Ursache vermutet Morris im Nestbauverhalten, bei dem der Schimpanse ähnliche Bewegungen vollziehe, zum Beispiel beim fächerförmigen Ausrichten der Materialien für das Schlafnest: „Die Verhaltensweise bei dieser Nestbautätigkeit hat einige Ähnlichkeit mit der Verhaltensweise beim Zeichnen eines Fächermusters." Weitere Überlegungen und Beobachtungen, so meint Morris, „legen den Schluss nahe, dass der Ursprung des Fächermotivs mit der offenbar angeborenen Verhaltensweise beim Nestbau zusammenhängt". Damit wäre diese künstlerische Aktivität auf eine Art instinktive Disposition rückführbar. Das zugrunde liegende Motiv versteht Morris aber nicht als eine physiologische Ersatzhandlung, sondern als „primäre Veranlagung zu einer solchen rhythmisch-radialen Tätigkeit", die eine solche Bildstruktur begünstige. Morris spekuliert auch über Einwände und eine Art von mechanischer beziehungsweise motorischer Vereinfachung. Er beobachtet auch ein „Schlaufenfächermuster", in welchem jedes Glied des Fächers durch einen Doppelstrich gebildet wird und konstatiert: „Die Zeichnung liefert einen eindrucksvollen Beweis für die sensitive Erfindungsgabe des Schimpansen." Komposition und Kreativität scheinen daher im Spiel zu sein.

Als Fazit seiner Analysen und Vergleiche ergeben sich für Morris sechs allgemeine Prinzipien beziehungsweise Kennzeichen der Kunst: 1. Aktivität um ihrer selbst willen, 2. Kompositionskontrolle, 3. kalligrafische Differenzierung, 4. thematische Variation,

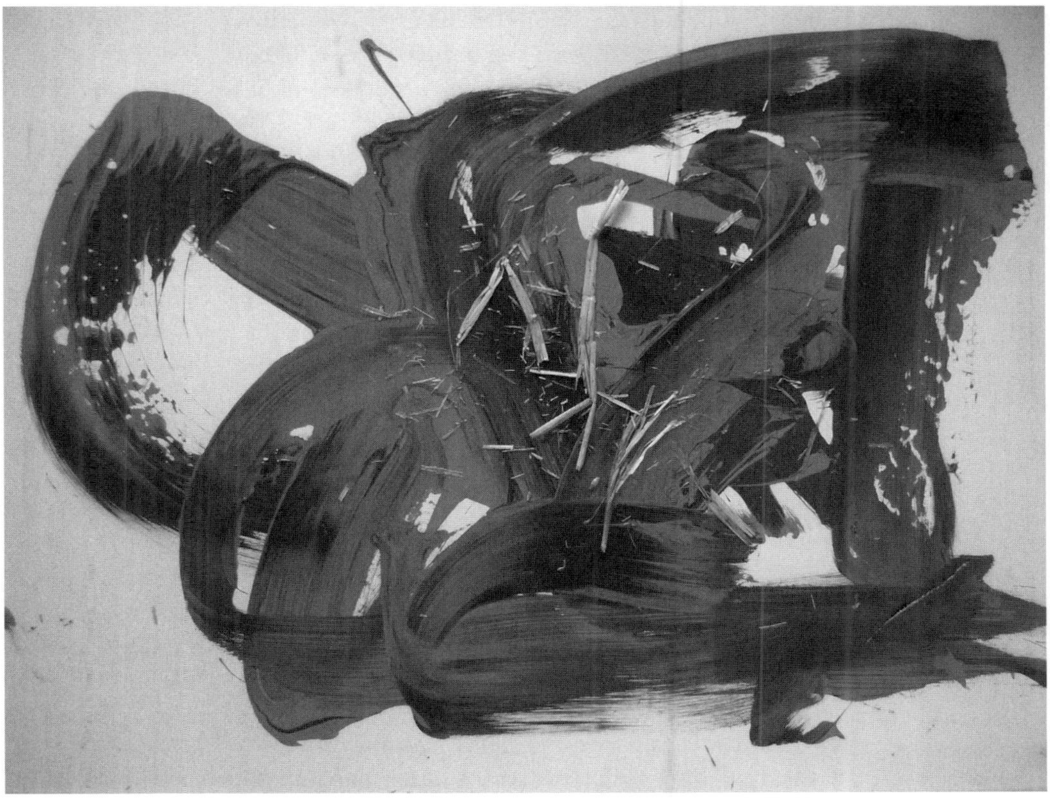

5. optimale Spannung, 6. allgemeinverbindliche Schemata wie zum Beispiel der Goldene Schnitt. Morris glaubte allerdings, es handele sich um „biologische“ Prinzipien des Bildermalens, die sowohl das bildnerische Verhalten von Affen als auch dasjenige von Menschen speziesübergreifend steuern.

Wie zu erwarten, initiierte schon die erwähnte erste Ausstellung von Congos Bildern eine heftige öffentliche Kontroverse über „moderne“ Kunst und „Affenkunst“. Für manche Betrachter stellten Bilder von Menschenaffen offenbar eine „Beleidigung der Menschenwürde“ dar. Andere sahen darin einen „Durchbruch zu einer neuen, vitalen Quelle der Kunst“. Morris begründete durch seine systematischen Beobachtungen dieser ungewöhnlichen Primatenaktivitäten die „Biologie der Kunst“ und verschaffte ihr einen Wissenschaftsstatus. Sein Forschungsinteresse zielt auf die biologischen Fundamente der Ästhetik. Bald arbeiteten auch andere Forscher wie der deutsche Evolutionsbiologe Bernhard Rensch (1984) über *Psychologische Grundlagen der Wertung Bildender Kunst.* Künstler waren zunächst wenig begeistert, aber immerhin schafften es einige Werke Congos bis in das Studio von Picasso und auch Henry Moore war offenbar davon fasziniert.

Ein Kunstphilosoph fragt nach

Die „Kunst“ der Affen hatte neue Fragen aufgeworfen, vor allem die nach dem Spezifikum des Menschseins. Man kann durchaus die Ähnlichkeiten zwischen den Produkten von Menschen und Affen in den Mittelpunkt der Analyse stellen, wie Morris oder Rensch es taten, und die Fragestellung auf evolutionäre Wurzeln der Kunst hin fokussieren. Man kann „Affenmalerei“ aber auch als ein synthetisches Produkt der zufälligen Begegnung von evolutionär interessierten Biologen und neugierigen beziehungsweise spielenden Menschenaffen betrachten. Dann handelt es sich um eine besondere Etappe auf dem Weg der (wechselseitigen) Kultivierung, zumindest aber einer westlichen Inkulturierung von Menschenaffen.

Aus der Perspektive klassischer Kunstwissenschaft bringt erst eine komplexe Dreiecksbeziehung zwischen „Künstler“, Objekt und Betrachter ein „Kunstwerk“ hervor. Vor allem stellen sich folgende Fragen: Welche Rolle spielt der menschliche Betrachter, der möglicherweise eigene ästhetische Intentionen in die „Werke“ hineinlegt, sprich: Beginnt der künstlerische Prozess erst, wenn das Produkt von dem malenden Affen weggelegt wird, weil es spielerisch für ihn uninteressant geworden ist? Welches Kompositionskonzept verfolgt der Künstler? Hat er überhaupt ein Konzept? Verfolgen Menschenaffen eine „ästhetische Intention“? Reicht es, zur Beantwortung dieser Frage das produzierte „Objekt“ zu analysieren und daraus Prinzipien der Gestaltung zu extrahieren, wie Morris es vesuchte, oder sind die „Kunstwerke“ der mit Malutensilien ausgestatteten Menschenaffen diesen selbst möglicherweise völlig gleichgültig?

Der belgische Kunstphilosoph Thierry Lenain hat den Ansatz von Morris in seinem Buch *Monkey Painting* (1997) erneut analysiert. Lenain versteht die Produkte der Affen in gebotener intellektueller Distanz als Ergebnisse eines die Uniformität des leeren Blattes aufspaltenden Zeichnens (englisch: „game of a disruptive work“). Was bedeutet das? Lenain analysiert dezidiert die experimentelle Ausgangssituation, die Bedeutung des visuellen Felds, die Vorlage eines leeren Blatts, von Malutensilien und so weiter. Seine Analyse hebt auf die damit geschaffene interaktive Herausforderung für den Affen ab, vor allem auf die sukzessive komplizierter werdenden Bauelemente der „Affenkunst“. Seine skeptische Frage lautet: Kann man wirklich vom Vorhandensein symmetrischer oder rhythmischer Strukturen im Bild auf einen ästhetischen Ordnungssinn beziehungsweise auf einen Kompositionswillen schließen, wie Morris es tat? Lenain erklärt beispielsweise die oben erwähnten, bei Schimpanse Congo häufig auftretenden Fächermuster durch einen Aufbau aus einfachen, sich wiederholenden Elementen im Sichtfeld des Schimpansen. Situationsbedingt würden in spielerischen Operationen vertikale und schräge Striche wiederholt. Bei vorzeitigem Abbruch könnten solche Aktionen zu asymmetrischen und inkompletten Strukturen führen und er hält fest: „Der bildnerische Akt wird durch die vollständige Serie als ein Ganzes begründet.“(Lenain 1997, 128) Dabei spielt, wie im Fall der Untersuchungen von Morris, die Lage der Malutensilien im Sichtfeld der Schimpansen eine wichtige Rolle. Abgesehen von solchen Detailanalysen sieht Lenain grundsätzlich die Notwendigkeit, die quasikünstlerischen Menschenaffenprodukte aus der Sicht der Gestaltpsychologie zu betrachten, wie es der Kunsttheoretiker Ernst Gombrich fordert. Aus heutiger kunsttheoretischer Perspektive könnte es sich bei der früheren Interpretation der „Affenkunst“ als „Biologie“ oder als „Ursprung der Kunst“ um einen Mythos handeln. Wenn sich „Affenkunst“ am Ende nur als das gestaltende Abbruchprodukt eines explorativen Spiels erwiese, dann, so Lenain, stelle sich erneut die grundsätzliche Frage: *What is a monkey painting?*

Mehr über *Apestract* und Kreativität

Gegenwärtig malen diverse Menschenaffen „abstrakt“ in Zoos und *Apestract* ist eine Mode geworden: sei es zwecks Unterhaltung gelangweilter Zooaffen, um der Zoowerbung willen oder als kreative Aktion unter den kritischen Blicken der die „Kultur“ von Menschenaffen erforschenden Primatologen. Wie bei der einstigen Intelligenzforschung an Menschenaffen besteht

Anthropomorphismus
von altgriechisch *anthropos* für Mensch und *morphe* für Form, Gestalt, bezeichnet die Übertragung menschlicher Eigenschaften und Denkweisen auf Nichtmenschliches, beziehungsweise die Interpretation von Naturvorgängen aus rein menschlicher, mithin sinnbehafteter Perspektive.

auch im Hinblick auf deren „künstlerische“ Aktivitäten das grundsätzliche Problem, welcher Definition von „künstlerischer Kreativität“ man folgen soll. Mit welchem Maßstab soll diese „Kreativität“ gemessen und bewertet werden? Morris hatte einige einfache Vorschläge gemacht. Aber die Fähigkeit zur Kreativität als solche muss keinesfalls den hohen Anforderungen klassischer oder moderner Kunst entsprechen. Zeigen Menschenaffen nicht schon intellektuelle Kreativität, wenn sie, wie bei Köhler, Werkzeuge „erfinden“ oder „machen“, um an die berühmte Banane zu gelangen? Oder wenn Menschenaffen, wie in den Kommunikationsversuchen mittels Zeichen der Taubstummensprache, neue „Wörter“ erfinden oder alten „Wörtern“ neue Bedeutungen geben?

Beispielsweise erfand die Gorilladame Koko in Ermangelung eines passenden Zeichens für „Feuerzeug“ spontan die Zeichenkombination „Flasche-Streichholz“, obgleich in dieser Situation weder eine Flasche noch ein Streichholz vor Ort waren. Als Koko das erste Mal ein Zebra sah, formte sie aus bekannten Zeichen das neue Doppelzeichen „weißer Tiger“. Sich selbst bezeichnete die kluge Gorilla-Dame nach vergeblichem Betteln um Saft – ihr blieb schließlich nichts anderes übrig, als Wasser zu trinken – als einen „traurigen Elefanten“. Solche Anekdoten beschreibt ihre Lebensgefährtin, die Primatologin Francine Patterson, zur Verteidigung des Personenstatus von Gorilla Koko (in Cavalieri/Singer 1994). So hatte Koko in den ersten zehn Jahren von 876 Zeichen in der von ihr erlernten Taubstummenzeichensprache immerhin 54 Zeichen selbst erfunden.

Das malende Affen-Ich

Im Vordergrund stand bisher immer die Frage, ob Menschenaffen tatsächlich intellektuell kreativ sein können, sei es in Worten, Gebärden, Zeichnungen oder Gemälden. Nicht berücksichtigt wurde bisher, dass damit in der Debatte über Kreativität implizit zumindest rudimentäre Formen von Sprache, Kommunikation und Selbstbewusstsein bei Menschenaffen vorausgesetzt wurden.

Immanuel Kant zum Beispiel verbindet Subjektivität mit besonderen Rahmenbedingungen der Erfahrung, mit Raum und Zeit als subjektiven Anschauungsformen und Kategorien des Verstands, wodurch das Subjekt und dessen Ich in den Mittelpunkt des Erkennens gerückt werden. An Momente dieser Subjektvorstellung knüpft ein klassisches Modell der Tiersubjektivität an: das Umwelt-Modell der Tiersubjektivität des Jakob von Uexküll. Auch wenn aufgrund der fehlenden Identität von Mensch und Tier Rückschlüsse auf deren Innenleben versagen würden, so Uexküll, sei auch die biologische Erklärung auf den Begriff der Funktion angewiesen, weil jedes Tier – von der Zecke bis zum Menschen – in seine Umwelt eingepasst ist. Tierverhalten könne nur aus der dem Tier eigenen subjektiven Umwelt, seiner artspezifischen Eigenwelt, vermittelt durch ihm eigene Sinnesorgane, verstanden werden: „Jedes Tier ist ein Subjekt, das dank seiner ihm eigentümlichen Bauart aus den allgemeinen Wirkungen der Außenwelt bestimmte Reize auswählt, auf die es in bestimmter Weise antwortet.“ (Uexküll 1973, 150) Nach von Uexküll handelt es sich um einen übermaschinellen Regulationsvorgang, bei dem jedes Tiersubjekt aufgrund seiner spezifischen Organisation, seines Bauplans und seiner Bedürfnisse die ihm nützlichen Reizkombinationen selektiert. Entsprechend könne das Verhalten von Tieren nur vom Standpunkt des Tiersubjekts her verstanden werden: „Ein jedes Tier bildet den Mittelpunkt seiner Umwelt, der es als selbständiges Subjekt gegenübertritt.“ (Uexküll 1921, 218) Als Tiersubjekt sei es eine Art abgeschlossene (Erlebens-)Einheit mit subjektivem Raum, subjektiver Zeit und subjektiver Lebensrhythmik, in die Sinnesdaten, die für es „Bedeutung“ haben, eingetragen werden. Das Tier wird also nicht bloß passiv-maschinenhaft von einem „Milieu“ gesteuert, sondern aktiv von seiner eigenen subjektiven Umwelt. Das heißt, dass eine Spinne nicht nur aus ihrem Spinnenkörper besteht. Zur Spinne gehören unabdingbar auch der von ihr gesponnene Faden, das von ihr gewobene Netz, die Äste, zwischen denen dieses Netz gespannt wird, ihre Beutetiere und so weiter. Damit tritt auch die „Innenwelt des Subjektes“ mit den ihm erfahrbaren Formen, Farben, Düften, Lauten, aber auch mit Lust, Schmerz und Leid in Erscheinung. Spinnen, Zecken, Fliegen und Hunde haben dabei ihre je eigenen Welten, sehen Spinnen-,

„Wer ist so wie wir?“, lautet die Leitfrage der Primatenforschung des 20. Jahrhunderts.

Aphorismenschneise • Aphorismensc

Das Essen wird zur kulturellen Tat,
wenn Kultur darin bestehen soll,
alle Hände voll zu tun zu haben.

Essen ist ein Menschenbedürfnis,
gutes Essen ein Menschenrecht.

Ein Reaktionär ist jemand,
der die Frau wieder am Herd sehen will,
auch wenn sie seit drei Jahrhunderten
das Kochen verlernt hat.

Die Dummheit sieht sich
zu allen Zeiten ähnlich,
nur die Intelligenz muss immer
wieder die Maske wechseln.

Jürgen Große

Abbildung: **Ohne Titel.** Abi Shek, 2002; Zeichnung, Tusche auf Papier, 25x17,5 cm. www.abishek.de

Zecken-, Fliegen- und Hundedinge, denn nur diese haben eine biologische Funktion im Leben des Tiersubjekts und vor allem diese bestimmen die Art der Wahrnehmung und entsprechenden Verhaltensweisen. Da es so betrachtet nicht nur *einen* Raum und *eine* Zeit gibt und jedes Ding für jedes (Tier-)Subjekt seine eigene Bedeutung hat, landet von Uexküll am Ende bei einem „Kant für Tiere", der auch den Menschen einschließt. Die Grundvoraussetzungen der Wahrnehmung, die bestimmen, was wie wahrgenommen wird, sind also für jede Spezies andere. Entsprechend gibt es je verschiedene Spinnen-, Zecken-, Fliegen- und Hundezeiten, so wie der Raum in Abhängigkeit von der jeweiligen biologischen Ausstattung für Spinnen, Zecken, Fliegen und Hunde ein je anderer ist.

Die Intelligenz- und Kreativitätsdebatte über Menschenaffen ist aber nicht notwendig auf die Frage der Abgrenzung exklusiv „menschlicher" Fähigkeiten festgelegt. Dahinter verbirgt sich vielmehr die Kernfrage der philosophischen Anthropologie: „Was ist der Mensch?" Deren Vertreter gehen allerdings nach wie vor davon aus, dass es ein „Wesen" des Menschlichen gebe. Die Primatenspezies Mensch stellt diese Frage nicht nur aus narzisstischen Gründen, sondern diese scheint zwecks Stiftung einer besonderen Art von Spezies-Identität unverzichtbar. Nur so ist zu verstehen, dass die Frage: „Wer ist so wie wir?" zu einer Leitfrage in der Primatenforschung des 20. Jahrhunderts geworden ist, sei es in der Formulierung: Wer ist so intelligent wie wir? oder in der Frage: Wer malt so wie wir? Anlässlich neuer Befunde zu Werkzeuggebrauch und „Kultur" bei Menschenaffen und durch die experimentelle Interspezies-Kommunikation mittels Symbolsprachen sind neuartige Formen der Begegnung mit Menschenaffen möglich geworden. Die auf Beobachtungen basierenden Antworten der Primatologen auf Fragen nach dem „Wesen" fordern Philosophen und Geisteswissenschaftler bis heute zu kritischen Stellungnahmen heraus. Vielleicht haben sie – Menschen und Menschenaffen – sich nicht immer verstanden, aber auf jeden Fall haben sich Mensch und Affe dabei wechselseitig kultiviert.

Was „fühlt" ein malender Affe?

Betrachten wir zum Abschluss erneut das gezeigte Objekt Nr. 0134 von Orang-Utan Barito aus dem Krefelder Zoo. Was sehen wir Menschen? Selbst Tierkunst gegenüber sehr skeptische Künstler sind von der wuchtigen Farbkomposition und der Eindrappierung von Materialien im Zentrum sehr überrascht und angetan. „Wir Menschen" können darin sogar einen sitzenden, wild um sich fuchtelnden, langarmigen Orang-Utan hineinsehen. Was aber sieht ein Orang-Utan in seinem Produkt? Werden wir je wissen, wie es ist, ein kreativer Orang-Utan zu sein?

Mit seinem klassischen Aufsatz *Wie es ist, eine Fledermaus zu sein* (1974) versucht Thomas Nagel, diese Debatte neu zu befruchten. Ein besonderes Problem liegt dabei im privilegierten Zugang eines Subjekts zu unmittelbar erlebten Phänomenen, die auf nichts anderes mehr rückführbar sind, sogenannte Qualia, wie dem qualitativen Erleben der Farbe Rot. In der Sprache der Physik wäre auf bestimmte Wellenlängen Bezug zu nehmen, durch die aber nicht die individuelle Wirklichkeit meines (Rot-)Erlebens beschrieben werden kann. Nur einem individuellen Subjekt mit Bewusstsein, einem erlebenden Ich, ist es möglich zu wissen, was es für es selbst bedeutet, „Rot" zu sehen, so Nagel. Schon für andere Menschen könne das etwas ganz anderes sein, aber erst recht bei Tieren. Wir könnten aus physikalischer Perspektive durchaus die Ultraschall-Echolot-Interaktionen einer Fledermaus „objektiv" beschreiben, mit deren Hilfe sie im Flug Hindernissen ausweicht. Aber was und wie sie dabei erlebt, sei für unsere Art von Bewusstsein ohne dieses besondere Orientierungsvermögen schwer nachvollziehbar. Es scheint, als könnten wir ein artverschiedenes Bewusstsein nur haben, indem wir uns in die Perspektive des erlebenden Subjekts hineinprojizieren. Dies führt jedoch in den Anthropomorphismus. Nagels „mysteriöse" Antwort auf unsere Eingangsfrage, was wir vom Tier wissen können, lautet daher: Ein Fenster ins Tierbewusstsein kann es für uns Menschen nicht geben, und es gibt berechtigte Zweifel daran, dass wir je wissen werden, wie es ist, ein Individuum einer anderen Spezies zu sein.

Für Menschen gibt es kein Fenster in das Tierbewusstsein.

Doch mit Menschenaffen teilen wir Menschen immerhin ähnliche Sinnesorgane und als Abkömmlinge gemeinsamer Vorfahren teilen wir mit ihnen vielleicht mehr „Intelligenz" und „Kreativität", als wir ihnen zugestehen möchten. Doch vielleicht erkennt ein Menschenaffe gar nichts in seinen Objekten und kleckst bloß mit Vergnügen ein wenig Farbe auf eine Fläche – gänzlich ohne Konzept. Oder er denkt durchaus, aber an das, was er dafür bekommt, wenn er sein Produkt einem Pfleger oder Interessenten durch das Gitter reicht: an Leckereien oder Unterhaltsames zum Spielen. Denn erhält Orang-Utan Barito im Krefelder Zoo gar nichts oder zu wenig für sein Objekt, dann zerreißt er kurzerhand sein „Kunstwerk" oder behält es für sich. Tut so etwas ein echter und anständiger Künstler?

Hans Werner Ingensiep ist promovierter Biologe und Professor für Philosophie an der Universität Duisburg-Essen.

Zur Vertiefung empfohlen:

- Baranzke, Heike; Ingensiep, Hans Werner: Das Tier. Reclam Verlag, 2008
- Ingensiep, Hans Werner: Der kultivierte Affe. Philosophie, Geschichte und Gegenwart. Hirzel Verlag, Stuttgart 2013

Thomas Macho

Werwölfe, Hausschweine, Terminatoren

Im Zweifel für den Anderen!

Als Lehre vom Menschen muss Anthropologie mehr sein als Rechtfertigungswissenschaft zum Ausschluss des Andersartigen, mehr als eine Theorie, die Alleinstellungsmerkmale zur Begründung der Sonderposition des Menschen konstruiert. Als inklusiver, alles Lebendige einschließender Humanismus muss sie auch Mischformen und Verwandlungen des Lebendigen berücksichtigen. Vor allem muss sie eine Solidarität der Sterblichen zum Ausdruck bringen: Tiere sterben, Menschen sterben und zumindest in filmischer Fantasie „opfern" selbst Maschinen ihr „Leben" für anderes Leben.

Käfer im Pelz

In seinen Untersuchungen über *Masse und Macht* hat Elias Canetti eine Anthropologie der Verwandlung entworfen (siehe Erläuterung). Dabei ging er aus von den furchterregenden Erscheinungsformen der Verwandlung: von Verwandlungen in Beute und Jäger, von Verdoppelungen und Selbstverzehrungsriten, von den hysterischen, manischen und melancholischen Verwandlungen, von Totemismus und *Delirium tremens*, von Maske, Herrschaft und Sklaverei.[1] Die Verwandlungen der Liebe und Zuneigung, der Trauer und Schmerzen, der Faszination und Sehnsucht blieben ihm dagegen ein wenig fremd, ebenso wie die Erfahrungen spontaner „Beseelung" von Räumen, Dingen oder Lebewesen.[2]

Canetti war ein begeisterter Leser Kafkas; noch 1968 bekannte er: „Vor Kafka bin ich im Staub."[3] Und hatte nicht auch Kafka ein düsteres Bild der Verwandlung gezeichnet? In den letzten Monaten des Jahres 1912 entstand die Erzählung *Die Verwandlung*. Ihr Inhalt ist wohlbekannt: Eines Morgens erwacht der Handelsvertreter Gregor Samsa, der die Schulden aus dem Bankrott seines Vaters abzutragen versucht, als riesiger Käfer in seinem Bett. Die zunehmend verzweifelten Versuche der Schwester, eine Art von Koexistenz zwischen dem Bruder und den Eltern zu arrangieren, scheitern kläglich. Nachdem sein Zimmer zuerst ausgeräumt werden soll, um dem Käfer das Kriechen auf Decke und Wänden zu erleichtern, wird es zuletzt als Rumpelkammer benutzt. Verwahrlost, krank und ausgezehrt stirbt endlich der Käfer, den niemand mehr für den ehemaligen Sohn und Bruder halten will.

Ein Detail artikuliert in gewisser Hinsicht einen Kommentar zur Frage der Verwandlung. Gleich zu Beginn der Erzählung wird Gregors Zimmer, ein „etwas zu kleines Menschenzimmer", vorgestellt durch die Beschreibung eines Bilds. Über dem Tisch mit einer „Musterkollektion von Tuchwaren" hängt ein Bild, das Gregor „vor kurzem aus einer illustrierten Zeitschrift ausgeschnitten und in einem hübschen, vergoldeten Rahmen untergebracht hatte. Es stellte eine Dame dar, die, mit einem Pelzhut und einer Pelzboa versehen, aufrecht dasaß und einen schweren Pelzmuff, in dem ihr ganzer Unterarm verschwunden war, dem Beschauer entgegenhob." Wenig später erwähnt die Mutter den Rahmen des Bilds, um den Prokuristen zu besänftigen, der Gregor ins Büro zitiert; sie betont, der Junge habe „ja nichts im Kopf als das Geschäft". Jeden Abend sitze er „am Tisch und liest still die Zeitung oder studiert Fahrpläne. Es ist schon eine Zerstreuung

Venus im Pelz
In seinem 1869 erschienenen Roman *Venus im Pelz* beschreibt Leopold Ritter von Sacher-Masoch Sexualpraktiken, die von Richard Freiherr von Krafft-Ebing in dessen 1886 erschienenem Werk *Psychopathia sexualis* erstmals als selbstquälerische sexuelle Perversionen unter dem Oberbegriff Masochismus zusammengefasst wurden.

für ihn, wenn er sich mit Laubsägearbeiten beschäftigt. Da hat er zum Beispiel im Laufe von zwei, drei Abenden einen kleinen Rahmen geschnitzt; Sie werden staunen, wie hübsch er ist; er hängt drin im Zimmer."

Dass dieses Bild und sein Rahmen irgendeine Bedeutung besitzen, wird spätestens klar, als das Zimmer ausgeräumt werden soll; denn der Käfer besetzt nicht den Schrank, das Bett oder das Kanapee, sondern das Bild: „Und so brach er denn hervor – die Frauen stützten sich gerade im Nebenzimmer an den Schreibtisch, um ein wenig zu verschnaufen –, wechselte viermal die Richtung des Laufes, er wußte wirklich nicht, was er zuerst retten sollte, da sah er an der im übrigen schon leeren Wand auffallend das Bild der in lauter Pelzwerk gekleideten Dame hängen, kroch eilends hinauf und preßte sich an das Glas, das ihn festhielt und seinem heißen Bauch wohltat. Dieses Bild wenigstens, das Gregor jetzt ganz verdeckte, würde nun gewiß niemand wegnehmen."[4] Natürlich ist der sexuelle, fetischistische Charakter dieser Szene – Gregors „Kopulation" mit einem Bild, dessen Sujet an Leopold Sacher-Masochs *Venus im Pelz* erinnert (siehe Erläuterung) – häufig kommentiert worden; dazu passt auch, dass Severin von Kusiemski, der sich in Sacher-Masochs Novelle von seiner „Herrin" Wanda quälen lässt, den Sklavennamen Gregor erhält. Im Hintergrund der grotesken Szene – mit dem riesigen Käfer, der auf dem Bild der Dame im Pelzwerk klebt – werden freilich ganz andere Verwandlungen sichtbar. Von fern zitiert der Pelz auch die Praktiken archaischer Kriegerbünde, die in Bären- und Wolfsfellen, etwa bei den Berserkern, mit idealisierten Raubtieren verschmelzen wollten; und noch vor wenigen Jahrtausenden waren es Göttinnen wie die anatolische Kybele, die ägyptische Sachmet, die indische Kali, die sumerische Inanna oder die kanaanäische Astarte, die in Raubtiergestalt verehrt wurden.

Der Mensch ist das mühseligste Geschöpf.

Wölfe im Nussbaum

Verblüffend ist die Vielgestaltigkeit der Verwandlungen, die in verschiedenen Kulturen und Zeiten praktiziert oder imaginiert wurden. Besonders populär sind die Werwölfe geblieben; mit ihrer Ursprungsgeschichte beginnt Ovids *Buch der Verwandlungen*. Einst habe Jupiter in Menschengestalt das Mainalosgebirge und die Fichtenwälder des Lykaios, „die furchtbare Wohnstätte wilder Tiere", durchquert, um bei Anbruch der Nacht das Haus des arkadischen Tyrannen Lykaon zu betreten. Er habe „Zeichen von der Ankunft eines Gottes" gegeben, und das Volk begann zu beten. Lykaon aber beschloss, den angeblichen Gott zu testen: „Er hatte vor, mich nachts im tiefen Schlaf unversehens zu ermorden! Diese Art, die Wahrheit zu prüfen, gefällt ihm! Damit noch nicht zufrieden, schneidet er einem Mann vom Molosservolk, einer Geisel, mit dem Dolch die Kehle durch und kocht die noch zuckenden Glieder zum Teil in siedendem Wasser weich, teils brät er sie über dem Feuer. Sobald er mir diese als Mahlzeit auftischen ließ, stürzte ich mit rächendem Blitzstrahl das Dach auf die ihres Herrn würdigen Hausgötter." Der Tyrann wird verwandelt: „Seine Kleidung wird zu zottigem Fell, seine Arme zu Läufen, er wird ein Wolf, doch behält er noch Spuren seiner vorigen Gestalt: Noch ebenso grau ist sein Haar, ebenso gräßlich die Miene, ebenso funkeln die Augen, ebenso wild ist seine Erscheinung."[5]

Walter Burkert hat in seiner berühmten Studie zum *homo necans* (von lateinisch *homo* für: Mensch; und *necare* für: töten) die antiken Quellen zusammengefasst, die darauf hinweisen, dass der Mythos Ovids auf eine rituelle Praxis, womöglich ein Menschenopfer bezogen werden müsse: „Das Gerücht des Schaurig-Primitiven umgab vor allem das Hauptfest Arkadiens, das für Zeus auf dem Lykaiongebirge, im Herzen Arkadiens, gefeiert wurde. Man sprach von Menschenopfer, Kannibalismus und Werwolftum."[6] Platon habe davon erzählt, Theophrast, Plinius, Apollodor oder Pausanias: Beim Opferfest des Zeus Lykaios werde gesottenes Menschenfleisch genossen; der Genuss bewirke die Verwandlung in einen Wolf. Wenn dieser Wolf sich des Menschenfleischs enthalte, werde er nach einer acht- oder zehnjährigen Frist wieder in einen Menschen zurückverwandelt. Burkert resümiert: „Pausanias wie Plinius betrachten die Werwolfgeschichten als Muster-

Abbildung linke Seite:
Aktaion
Thomas Duttenhoefer, 2007/2008; Eisen, 44 x 18 x 11 cm.
www.thomas-duttenhoefer.de

beispiel unverschämter Flunkerei und beschämender Leichtgläubigkeit der Menge; schon Platons Bezeichnung ‚Mythos' drückt den Zweifel an der Wahrheit aus. Paradoxerweise kann der moderne Forscher diese kritisch-aufgeklärte Haltung gerade nicht übernehmen. Es besteht kein Zweifel, dass es Werwölfe gegeben hat so gut wie Leoparden- und Tigermenschen, als geheimen Männerbund, als secret society, schillernd zwischen dämonischer Besessenheit und spaßiger ‚Viecherei', wie es Maskenbünden eigen ist. In Europa ist zumindest ein Fall eines ‚Werwolfs' aus Livland im 16. Jahrhundert aktenkundig bezeugt; dort bestand das werwölfische Abenteuer hauptsächlich darin, zur Nachtzeit in fremde Keller einzubrechen und das dort gelagerte Bier zu trinken."[6] Eine aktuellere Liste frühneuzeitlicher Werwolfprozesse zählt dagegen immerhin rund zweihundert namentlich dokumentierte Verfahren zwischen 1407 und 1720.

Der Genuss von Menschenfleisch bewirkt die Verwandlung in einen Wolf.

Unter Bezug auf Rudolf von Jherings Untersuchungen zum *Geist des römischen Rechts*[7] hat Giorgio Agamben darauf hingewiesen, dass der Wolfsmensch im altgermanischen Recht – gleichsam ein Bruder des römischen *homo sacer* – als der Friedlose, Vogelfreie, Verbannte fungierte, der straflos umgebracht werden durfte (von lateinisch *homo* für: Mensch; und *sacer* für: geweiht, heilig). Dass er als Wolfsmensch und nicht einfach als Wolf galt, sei dabei entscheidend gewesen: Denn das Leben des Verbannten war „kein Stück wilder Natur ohne jede Beziehung zum Recht und zum Staat; es ist die Schwelle der Ununterschiedenheit und des Übergangs zwischen Tier und Mensch, zwischen *phýsis* (altgriechisch für: Natur) und *nómos* (altgriechisch für: Gesetz), Ausschließung und Einschließung. Es ist das Leben des Werwolfs, der *weder Mensch noch Bestie* ist, einer Kreatur, die paradoxerweise in beiden Welten wohnt, ohne der einen oder der anderen anzugehören."[8] Eine solche „Kreatur" aus zwei Welten, zwischen den Zeiten und Kulturen, betrat im Januar 1910 – begleitet von einem Leibarzt – die Praxis Sigmund Freuds in Wien. Der russische Aristokrat Sergei Pankejeff aus Odessa war eben 23 Jahre alt geworden; sein Vater war manisch-depressiv und unter ungeklärten Umständen gestorben, die ältere Schwester Anna hatte sich 1905 umgebracht. Pankejeff litt unter Zwängen und Depressionen; und er träumte von Wölfen: „Ich weiß, es war Winter, als ich träumte, und Nachtzeit. Plötzlich geht das Fenster von selbst auf, und ich sehe mit großem Schrecken, daß auf dem großen Nußbaum vor dem Fenster ein paar weiße Wölfe sitzen. Es waren sechs oder sieben Stück. Die Wölfe waren ganz weiß und sahen eher aus wie Füchse oder Schäferhunde, denn sie hatten große Schwänze wie Füchse und ihre Ohren waren aufgestellt wie bei den Hunden, wenn sie auf etwas passen. Unter großer Angst, offenbar, von den Wölfen aufgefressen zu werden, schrie ich auf und erwachte."[9]

Das Traumbild mit den Wölfen hat Pankejeff danach wiederholt gezeichnet; und im Laufe seines langen Lebens (von 1886 bis 1979) absolvierte er mehrere Analysen. 1971 veröffentlichte die Psychoanalytikerin Muriel Gardiner eine umfangreiche Studie zum *Wolf-Man*, in der sie die Krankengeschichten Freuds und Ruth Mack Brunswicks mit eigenen Beobachtungen, vor allem aber mit den Erinnerungen Pankejeffs zusammenführte. Diese Erinnerungen beginnen mit der seltsamen Feststellung: „Ich bin nach dem damals in Rußland geltenden Julianischen Kalender am Heiligen Abend 1886 geboren, nach dem Gregorianischen Kalender, der im ganzen übrigen Europa galt, also am 6. Januar 1887."[10] Die Bemerkung rekurriert auf die Differenz zwischen Kaiser (Julius Caesar) und Papst (Gregor), dem christlichen Geburtsfest und dem Fest der Erscheinung, zwischen Weihnachts- und Dreikönigstag, aber auch auf die Differenz zwischen der Analyse und ihrer Niederschrift: 1910 gehörte Pankejeff noch zur julianisch-orthodoxen Welt, 1918 – nach Lenins Kalenderreform vom 14. Februar – schon zum gregorianischen Kosmos. Zu Recht hat Carlo Ginzburg darauf hingewiesen, dass zwischen dem 24. Dezember und dem 6. Januar – während der sogenannten Rauhnächte – in manchen Gegenden Europas sogar das Wort „Wolf" verboten war, um nicht die Aufmerksamkeit gefährlicher Geisterwölfe zu erwecken. Die Angst vor Werwölfen in den langen Nächten war weit verbreitet.[11]

Kasuistik
Eine an konkreten und beispielhaften Einzelfällen orientierte Betrachtungs- und Schlussweise. Immanuel Kant unterscheidet zwischen „reflektierender Urteilskraft" und „subsumierender Urteilskraft": Die reflektierende Urteilskraft (er)findet zu dem Besonderen die passenden Allgemeinbegriffe, die subsumierende Urteilskraft ordnet das Besondere in bereits vorgegebene Allgemeinbegriffe ein.

Abbildung:
Pan und Nymphe
Thomas Duttenhoefer, 2007; Eisen, Höhe 22 cm.
www.thomas-duttenhoefer.de

Schweine im Glück

Wölfe sind zutiefst ambivalent; denn der fressende Wolf wird durch die nährende Wölfin kontrastiert. Denken wir an die kapitolinische Wölfin! Die Geschichte Roms beginnt ja bekanntlich mit einem Kindsmordversuch, nämlich mit der Aussetzung der Zwillinge Romulus und Remus im hochwasserführenden Tiber. Der Korb mit den Kindern strandet unter einem wilden Feigenbaum. „Zu den hier liegenden Kindern kam nun", erzählt Plutarch, „eine Wölfin, um sie zu säugen; auch fand sich ein Specht ein, der ihnen Nahrung brachte und sie beschützte." Gefunden habe die Neugeborenen schließlich ein Schweinehirt namens Faustulus, der sie seiner Frau als Amme anvertraute. Nach anderen Quellen, ergänzt Plutarch, habe der Name dieser Frau „durch seinen Doppelsinn zur Erdichtung der Fabel Anlaß gegeben. Denn bei den Lateinern bedeutet *lupa* sowohl eine Wölfin als eine Hure, und eine solche soll Akka Larentia, die Frau des Faustulus, der die Kinder erzogen hat, gewesen sein. Die Römer feiern noch ihr zu Ehren ein Fest, und der Priester des Mars bringt ihr im Aprilmonat Totenopfer. Das Fest heißt Larentia."[12] Daraus haben andere Autoren eine Verwandtschaft mit den Laren, den Ahnengeistern, abzuleiten versucht. Interessanter als diese verschiedenen Varianten und wortgeschichtlichen Details der römischen Gründungssage ist freilich die besondere Beziehung zwischen Wölfen und Schweinen, lateinisch *lupa* und *porca*, die im Hintergrund sichtbar wird. In ihrer Opposition – die übrigens bis heute aktuell geblieben ist, etwa in den ungezählten Zeichentrickfilmen von den drei Schweinchen und dem bösen Wolf – verkörpert sich nicht nur der allgemeine Kontrast zwischen Heimat und Fremde, Einschluss und Ausschluss, Integration und Bann (im Sinne Agambens), sondern auch die Ambivalenz des Unheimlichen, die daraus entspringt, dass wir nicht genau wissen, wo die Grenzen der Alterität (von lateinisch *alter* für: der andere) verlaufen oder gezogen werden müssen. Ein Jahr nach dem Bericht über die Analyse des „Wolfsmanns" verfasste Freud eine Abhandlung über das Unheimliche, in der es heißt: „Unheimlich ist irgendwie eine Art von heimlich."[9] Das Unheimliche entspringt dem Verheimlichten, das uns – gerade im Intimen – fremder erscheinen kann als der Fernste.

Die Pointe dieser Bemerkung hat die französische Autorin Marie Darrieussecq in ihrem Debütroman elaboriert, der 1996 zum Bestseller avancierte, für den *Prix Goncourt* nominiert wurde (und Jean-Luc Godard dazu verführte, sich die Filmrechte zu sichern). *Truismes*, so der französische Titel des Romans, ist ein komisch-groteskes Gegenstück zu Kafkas Erzählung, eine virtuose Beschreibung der zyklisch wiederkehrenden Verwandlung einer jungen Frau, der namenlosen Ich-Erzählerin, in ein Schwein. Die deutsche Übersetzung des Romans heißt übrigens *Schweinerei*; bei dieser Namensgebung ging allerdings ein subtiles Wortspiel verloren: *truisme* ist nämlich die Binsenwahrheit, der Gemeinplatz, die Trivialität, *truie* jedoch die Zuchtsau, das Mutterschwein. *Truismes* schildert einen aberwitzigen Reigen vielgestaltiger Verwandlungen, die sich im Kosmetiksalon ereignen, der – während ständige Erneuerungen durch Cremes, Parfums und Salben versprochen werden – zum Bordell konvertiert, in dem die Lüste einander steigern und überbieten; sie ereignen sich in der Frauenklinik, bei Geburten und Abtreibungen, in Ballsälen, die zu Schlachthöfen mutieren, in Stadtwohnungen, Bauernhöfen und Viehställen, zuletzt im Wald. Und daneben verwandelt sich auch der Geschmackssinn der Heldin: „Ich hatte dauernd Hunger, ich hätte alles essen können, Gemüseabfälle, überreifes Obst, Eicheln, Regenwürmer. Das einzige, was ich weiterhin nicht runterkriegte, war Schinken, und genauso Pâté, Würstchen und Salami."[13] Im Schlussteil des Romans erlebt die Schweinefrau eine heftige Liebesgeschichte mit dem Werwolf Yvan: „Yvan war silbergrau, er hatte eine lange Schnauze, zugleich fest und feingeschnitten, ein männliches, kräftiges, elegantes Maul, lange, dichtbehaarte Pfoten und eine sehr breite Brust mit einem seidenweichen Pelz. Yvan war die *Schön-*

Kirchen sind Museen,
in denen man beten kann.

Unter Gläubigen macht
man sich durch Fragen,
unter Denkenden
durch Antworten verdächtig.

Das Gegenteil von „wahr“
ist manchmal „falsch“
und meistens „wahrhaftig“.

Der Hass auf den Verstand ist
die Offenbarung einer Vernunft,
die nicht glauben kann.

Religion ist das Opium der Gebildeten.

Aus der christlichen Kultur, in der man
sich auf sein Leiden etwas zugutehielt,
hat die libertäre, in der man seine
Lüste herumzeigt, wenigstens den
Exhibitionismus retten können.

Jürgen Große

heit in Person.“[13] In rabiaten Vollmondnächten bestellt sie Pizza; sie frisst den Teig mit der Tomatensoße, Yvan den Pizzaboten.

Allmählich vertieft sich die Verwandlung; sie führt nicht – wie bei Gregor Samsa in Kafkas Erzählung – zum Hungertod in einer elenden Kammer, sondern zu einem neuen Leben, das mit großer Empathie dargestellt wird: „Zwischen den dicken Wurzeln der Bäume war die Erde aufgebrochen und locker, als hätten sich die Wurzeln tief hineingebohrt und sie von innen umgegraben. Ich steckte meine Nase hinein. Es duftete köstlich nach trockenem Laub vom letzten Herbst, ganz kleine bröcklige Klümpchen lösten sich, die nach Moos, Eicheln und Pilzen rochen. Darin wühlte und buddelte ich, mit diesem Geruch schien der ganze Planet in meinen Körper einzudringen, eine Jahreszeit folgte der anderen in mir, Wildgänse, Schneeglöckchen, Obstblüte, Südwind.“[13] Gewiss würde die lebensfrohe Sau dem alten Gryllus zustimmen, der von Kirke in ein Schwein verwandelt wurde. Als Odysseus – im Traktat Plutarchs – ihn fragt, ob er nicht wieder zum Mensch werden wolle, lacht er ihn aus: „Wie die Kinder die Arzneimittel scheuen, ... so sträubst du dich vor deiner Verwandlung und ist dir im Umgange Kirkes fortwährend angst und bange, sie möchte dich unversehens zu einem Schwein oder Wolf machen,“ – schon wieder diese rätselhafte Nähe zwischen Schweinen und Wölfen! – „und willst uns noch überreden die reichlichen Genüsse, in denen wir leben, mit diesen auch die Urheberin derselben, zu verlassen und mit dir aus dem Lande zu gehen, nachdem wir wieder zu Menschen geworden wären, dem mühseligsten Geschöpfe von Allem das lebt.“[14]

Anthropologie
von altgriechisch *anthropos* für: Mensch; und *logos* für: Lehre. Erforschung und Beschreibung der Wesensmerkmale des Menschen.

Terminatoren im Stahlbad

Das „mühseligste Geschöpf“ ist freilich auch das nachahmungsfähigste, das verwandlungssüchtigste und zur Empathie begabteste Lebewesen auf diesem Planeten. Darum ist der Humanismus in der Ideengeschichte häufig als integrativer, inklusiver Humanismus gedacht worden. Pico della Mirandolas Behauptung der „Würde des Menschen“ operiert beispielsweise mit der *scala naturae*, der Stufenleiter des Seins: Pflanzen, Tiere, Menschen und Engel wurden in eine aufsteigende Reihe eingetragen. Der Mensch stand zwar in der Mitte, nicht aber an der Spitze, und er blieb stets dem Risiko eines Rückfalls ausgesetzt. In der Kultur der Renaissance und der frühneuzeitlichen Wissenschaft wurden die Ähnlichkeiten aufmerksamer registriert als die Unterschiede; Tiermenschen, wie sie in den Kunst- und Wunderkammern, aber auch in den physiognomischen Studien Giambattista della Portas oder in den medizinischen Traktaten Ambroise Parés auftraten, fesselten die Einbildungskraft nachhaltiger als die Frage nach prinzipiellen Grenzen und Differenzen.

Erst seit der industriellen Revolution wird diese Differenz faktisch radikalisiert: etwa durch die Konstruktion von Maschinen, die ohne tierische oder menschliche Arbeitsbeiträge auskommen; sie können sich selbst bewegen, *automobil*, und neuerdings oft auch selbst steuern und lenken. Ihre Kraft verdanken sie dem Einsatz von fossilen Brennstoffen wie Kohle oder Erdöl. Anstelle von lebenden Tieren oder Menschen wirken tote Pflanzen und Tiere als Antriebskräfte. Dieser Paradigmenwechsel kann kaum überschätzt werden; ihm verdanken wir den wirtschaftlichen Reichtum und die technischen Triumphe der letzten zweihundert Jahre. Ihm verdanken wir aber auch eine radikale Verdrängung der Tiere aus den meisten Lebensbereichen – und den praktischen Siegeszug einer Wissenschaft vom Menschen, die der Separation, der Exklusion eine theoretische Legitimation zu geben versuchte. Anthropologie triumphierte als exklusive Disziplin. Mit ihr wurde ein Humanismus bekämpft, der lange Zeit als einschließender, inklusiver Humanismus – in Allianzen und Fusionen, in Metabolismen (Stoffwechseln) und instrumentellen Transgressionen (Grenzüberschreitungen) – praktiziert worden war, als ein Humanismus, der nicht nur wortgeschichtlich die Bindung an den Boden (lateinisch *humus*) und an die Praktiken der Bestattung (lateinisch *humare*) verkörperte, als ein Transhumanismus, in dem sich die Solidarität der Sterblichen, nicht allein der Menschen, zum Ausdruck bringt. Tiere sterben, Menschen sterben.

Und womöglich auch die Maschinen, zumindest in den weiten Horizonten der Fantasie. So zeigt sich in James Camerons Film *Terminator II: Judgment Day* die inklusive Humanität der Tötungsmaschine in der finalen Entscheidung, sich selbst – in ein glühendes Stahlbad – versenken zu lassen; Sarahs Schlusswort lautet, ein wenig pathetisch: „The luxury of hope was given to me by the Terminator. Because if a machine can learn the value of human life ... maybe we can too." In *Bicentennial Man*, der Verfilmung einer Erzählung von Isaac Asimov, erkämpft ein Mischwesen aus Mensch und Maschine, der „Cyborg" Andrew Martin, das Recht, als Mensch anerkannt zu werden, indem er seinen künftigen Tod akzeptiert. Und Ridley Scotts *Blade Runner* gipfelt in einer von christlichen Bildmotiven inspirierten Verklärung des Replikanten Roy Batty, der sich zuletzt als einfühlsamer erweist als sein Jäger: „Quite an experience to live in fear, isn't it? That's what it is to be a slave. I've seen things you people wouldn't believe. Attack ships on fire off the shoulder of Orion. I watched C-beams glitter in the darkness at Tannhäuser Gate. All those moments will be lost in time like tears in rain. Time to die." Batty rettet den *Blade Runner*, der abzustürzen droht; Rick Deckard, womöglich selbst ein Replikant, kommentiert: „I don't know why he saved my life. Maybe in those last moments he loved life more than he ever had before. Not just his life, anybody's life, my life. All he'd wanted were the same answers the rest of us want. Where did I come from? Where am I going? How long have I got?" Inklusiver Humanismus ist kein „Assimilationismus", keine Angleichung, wie gelegentlich behauptet wird; er folgt vielmehr einer kasuistischen Logik (siehe Erläuterung), keiner strengen Systematisierung. Er folgt einer Logik der Fragezeichen und des Zweifels – *im Zweifel für den Anderen* –, keinem System der Rufzeichen und Bannsprüche.

Thomas Macho ist Professor für Kulturgeschichte an der Humboldt-Universität zu Berlin.

Abbildung:
Minotaura
Thomas Duttenhoefer; Bronze, Höhe 42 cm.
www.thomas-duttenhoefer.de

Anmerkungen:

1. Vergleiche Canetti, Elias: Masse und Macht. Gesammelte Werke. Band 3. Carl Hanser, München 1993, Seite 395–455
2. Vergleiche Macho, Thomas: Beseelungen: Ritual und Verwandlung. In: Das zeremonielle Tier. Rituale – Feste – Zeiten zwischen den Zeiten. Bibliothek der Unruhe und des Bewahrens. Band 9. Styria-Pichler, Wien 2004, Seite 229–242
3. Canetti, Elias: Nachträge aus Hampstead. Aus den Aufzeichnungen 1954–1971. Carl Hanser, München 1994, Seite 147
4. Kafka, Franz: Die Verwandlung. In: Drucke zu Lebzeiten. S. Fischer, Frankfurt am Main 1994, Seite 115f., 126f. und 165
5. Ovid: Metamorphosen. Das Buch der Mythen und Verwandlungen. Artemis, Zürich 1990, Seite 13
6. Burkert, Walter: Homo Necans. Interpretationen altgriechischer Opferriten und Mythen. Walter de Gruyter, Berlin 1997, Seite 98, 102f.
7. Vergleiche Jhering, Rudolf von: Geist des römischen Rechts auf den verschiedenen Stufen seiner Entwicklung. Erster Theil. Breitkopf & Härtel, Leipzig 1878
8. Agamben, Giorgio: Homo sacer. Die souveräne Macht und das nackte Leben. Suhrkamp, Frankfurt am Main 2002, Seite 115. Vergleiche auch Duerr, Hans Peter: Traumzeit. Über die Grenze zwischen Wildnis und Zivilisation. Syndikat, Frankfurt am Main 1978, Seite 78–83
9. Freud, Sigmund: Aus der Geschichte einer infantilen Neurose („Der Wolfsmann") [1918]. In: Zwei Kinderneurosen. Studienausgabe. Band VIII. S. Fischer, Frankfurt am Main 1969, Seite 149, 250
10. Die Erinnerungen des Wolfsmannes. In: Gardiner, Muriel (Hrsg.): Der Wolfsmann vom Wolfsmann. S. Fischer, Frankfurt am Main 1972, Seite 19
11. Vergleiche Ginzburg, Carlo: Freud, der Wolfsmann und die Werwölfe. In: Zeitschrift für Volkskunde. 82. Jahrgang 1986. Otto Schwartz, Göttingen 1986, Seite 189–199
12. Plutarch: Vergleichende Lebensbeschreibungen. Erster Theil. Georg Christian Keil, Magdeburg 1799, Seite 76f.
13. Darrieussecq, Marie: Schweinerei. Fischer, Frankfurt am Main 1998, Seite 48, 121, 141
14. Plutarch: Gryllus, oder Beweis, daß die unvernünftigen Thiere Vernunft haben. In: Moralia. Band 2. Marix, Wiesbaden 2012, Seite 644

Zur Vertiefung empfohlen:

– Macho, Thomas: Tiere, Menschen und Maschinen. Plädoyer für einen inklusiven Humanismus. In: Neue Zürcher Zeitung Nr. 245 (20.10.2012). Zürich 2012, Seite 23f.
– Macho, Thomas: Tiere, Menschen, Maschinen. Für einen inklusiven Humanismus. In: Liessmann, Konrad Paul (Hrsg.): Tiere. Der Mensch und seine Natur. Philosophicum Lech. Band 16. Paul Zsolnay, Wien 2013, Seite 153–173

Was ist der Mensch?

Mit dem Mikrofon unterwegs in Stuttgarts Schulen

Der Mensch zeichnet sich dadurch aus, dass er über richtig und falsch entscheiden kann.

Ein Kummerkasten auf zwei Beinen.

Ein Wesen, das sich weiterbilden kann.

Das schlauste und am weitesten entwickelte Wesen der Welt. Der Mensch ist in der Lage, seine Umgebung nicht nur bewusst wahrzunehmen, sondern auch zu optimieren. Menschen sind die Zukunft; es ist unglaublich, was die Natur da gemacht hat.

Das einzige Lebewesen, das sich auch Unmögliches vorstellen kann.

Eine Kreatur, die nichts Gutes mehr für die Welt will; der Mensch ist ihr Zerstörer geworden.

Ein Tier mit Gewissen und Gefühlen.

Eine leere Flasche, die sich im Lauf des Lebens mit Wissen füllt.

Das, was dich Sonntag morgens im Bad so versoffen aus dem Spiegel anstarrt.

Der Mensch ist ein Gewohnheitstier.

Ein Lebewesen, das sich auf der Suche nach seiner Bestimmung selbst verloren hat.

Ein Geschöpf Gottes.

Ein Lebewesen, das klar denken kann, es aber meistens nicht tut.

Ein Tier, das sich langweilen kann.

Abbildung:
Ohne Titel
Joachim Kupke

Was unterscheidet den Menschen vom Tier?

Mit dem Mikrofon unterwegs in Stuttgarts Schulen

Ein Lebewesen, das über Moral verfügt, wird Mensch genannt – ein Lebewesen, das nach Instinkten handelt, wird Tier genannt. Eines von beiden kann also auch richtige Entscheidungen treffen, nur welches?

Tiere leben in der Wildnis,
der Mensch regiert die Welt.

Manche Tiere leben nur sehr kurz.

Ein Mensch hat die freie Wahl,
Tiere leben nach Instinkt.

Menschen erforschen die Welt,
Tiere benutzen sie nur.

Es gibt keinen Unterschied! Menschen sind Tiere. Auch Menschen töten sich gegenseitig, kämpfen und bekriegen sich, um am Leben zu bleiben.

Jeden Menschen gibt es nur einmal.

Für den Menschen ist die Ewigkeit bestimmt, für Tiere nicht. Allah hat nämlich den Menschen unter den Geschöpfen emporgehoben.

Menschen können denken und das Gedachte behalten. Sie sind viel schlauer, aber Tiere haben eine sehr viel ausgeprägtere Wahrnehmung.

Laut Gesetz ist das Tier eine Sache. Der Mensch kann sich artikulieren, sogar in mehreren Sprachen. Er kann sich seinem Lebensraum besser anpassen als Tiere.

Menschen können lachen und weinen.

Menschen haben Rechte.

Menschen sind in der Lage, über ihre Zukunft nachzudenken, sie sind offen für Neues und können lernen. All das können Tiere nicht, oder?

Im Gegensatz zu Tieren können Menschen sich logische Zusammenhänge erschließen, Gefühle haben und sie ausdrücken. Man weiß aber gar nicht, ob Tiere das alles tatsächlich nicht können…

Ich kann das nicht erklären, aber es gibt sehr große Unterschiede zwischen Mensch und Tier. Das kann man einfach nicht vergleichen.

Der Mensch hat nur zwei Beine.

Mit dem Mikrofon unterwegs waren Schüler im Berufskolleg (BK1) am Wirtschaftsgymnasium West in Stuttgart.

Friedrich Dieckmann

Mensch und Tier

In der S-Bahn setzt sich mir ein junger Mann gegenüber, der seinen Hund, einen entzückenden kleinen Terrier mit langen beigefarbenen Zotteln, auf den Schoß nimmt und versucht, ihm die Sandkörner aus dem rot angelaufenen Auge zu entfernen. Der Hund weiß, dass sein Herr ihm wohlwill, aber dann zuckt er doch zusammen; das Herrchen, wie der obligatorische Diminutiv lautet, lässt ab und pult ihm nun große Körner aus dem Fell – Mensch und Tier, Herr und Hund in trauter Symbiose. Der Hund, hat Daniel Kehlmann einmal in einem Gespräch mit Sebastian Kleinschmidt gesagt, sei „das einzige Tier, das evolutionär auf den Menschen gesetzt" habe, er habe „sozusagen auf ihn gewettet". Doch sei er keineswegs das klügste Tier: „Manche Vögel sind viel intelligenter."[1] Die beiden Weltbetrachter kommen auf den Papagei zu sprechen, der viel klüger sei als der Hund, der es im Verständnis des Menschen so weit gebracht habe. „Der Papagei", sagt Kehlmann, „könnte uns noch viel besser verstehen, aber wir interessieren ihn nicht".

Mensch und Tier, eine Allianz, ein Bündnis, eine Symbiose? Die Medaille hat zwei Seiten, die überhaupt nicht zusammenpassen; keine Dialektik waltet zwischen ihnen, sondern der nackte Gegensatz, der schroffeste Dualismus. Ist es derselbe, der den Umgang des Menschen mit sich selbst bestimmt? Unter den Menschen und in seinem Verhältnis zu den Tieren: einerseits Nähe, Fürsorge, Verbundenheit, Liebe – und andererseits die Mühseligen und Beladenen der Bergpredigt, denen Karl Marx (und Fjodor Dostojewski) die Erniedrigten und Beleidigten an die Seite stellte. Einerseits Achtung, Zuwendung, Anerkennung der Individualität – und andererseits das Schlachthaus, bei den Tieren das institutionalisierte, beim Menschen als der immer wieder vorfallende Ausnahmezustand, nach dessen Ende der Mensch sich an den Kopf greift und an seinem Sonderstatus innerhalb der Natur zweifelt. Mephistopheles spielt es gegenüber Gottvater aus: „Ein wenig besser würd er leben, / Hättst du ihm nicht den Schein des Himmelslichts gegeben; / Er nennts Vernunft und brauchts allein, / Nur tierischer als jedes Tier zu sein." In einem Brief an Alexander Pope schrieb Jonathan Swift den denkwürdigen Satz: „Grundsätzlich hasse und verachte ich aber das Tier, das Mensch genannt wird, wenn ich auch John, Peter, Thomas und so fort von Herzen liebe."

Hilft uns die Philosophie auf die Sprünge, tun es die Grundbücher der Weltreligionen? Als der Linkshegelianer Wagner, ein leidenschaftlicher Tierfreund[2], zu einer Zeit, da er im Schweizer Exil alle Hoffnung auf eine europäische Revolution hatte begraben müssen, nach *Die Welt als Wille und Vorstellung* griff und sie zu dem Hauptbuch seiner Weltanschauung machte, spielte die Bedeutung, die der Autor dem Tier in seinem Weltbild beigemessen hatte, eine gewichtige Rolle – Schopenhauer, der so schön über die „große Sagacität beim Hunde, Elephanten, Affen" zu reden wusste[3] und so weit ging, zu sagen: „Wenn es keine Hunde gäbe, wollte ich nicht leben." In einem späten Aufsatz über den ersichtlichen Verfall der Menschheit nachsinnend, kam es Wagner bei, den Sozialismus und den Tierschutz als bedeutsame Bewegungen zu deren Erneuerung nebeneinanderzustellen.[4] In der geschraubten Redeweise, die er sich bei solchen Verlautbarungen zulegte, klang das sonderbar genug, aber er hatte einen Kernpunkt getroffen: dass der Schutz des Menschen vor dem ihm innewohnenden destruktiven Egoismus – das ist der Sozialismus – und der Schutz des Tieres vor eben diesem ein und dieselbe Sache sind.

Zwei Ahnherrn des okzidentalen Denkes hielten es, wie der Buddhismus, mit dem Tier: Pythagoras und Platon; beide erachteten es insofern für beseelt, als sie Seelenwanderung zwischen Mensch und Tier voraussetzten. Aristoteles differenzierte, er erkannte dem Tier die empfindende Seele, nicht aber die Vernunftseele zu. Sein Denken ordnete das Tier dem Menschen in ähnlicher Weise unter wie den Sklaven dem freien Mann, der auf je eigene Weise über die Frau, den Sklaven und das Tier gesetzt sei; das war eine genaue Widerspiegelung der Anforderungen der Sklavenhaltergesellschaft. Das christkatholische Mittelalter folgte dem Tierbild des Aristoteles mit bestimmten Abwandlungen und einer Ausnahme: Franz von Assisi schloss das Tier in eine alle Geschöpfe umfassende Brüderlichkeit ein, ohne damit durchzudringen – es war ein langer Weg bis zu Schopenhauer.

Zu Anfang des Gesprächsbuchs von Kehlmann und Kleinschmidt kondoliert der letztere dem ersteren bei der Nachricht vom Tod von dessen Hund Nuschki mit dem Zusatz: „Wie es im Himmelreich mit den Tieren bestellt ist, weiß ja keiner. Immerhin müssen sie nicht vorm Jüngsten Gericht erscheinen." Was das muslimische Himmelreich betrifft, so hat Goethe, der kein Hundefreund war, im *Buch des Paradieses* am Ende des *West-östlichen Divans* eine persönliche Vorentscheidung getroffen: „Ja, das Hündlein gar, das treue, / Darf die Herren hinbegleiten."

Das Alte Testament, dieses Grundbuch des jüdisch-christlichen Monotheismus, setzt den gottesebenbildlichen Menschen mit dem Gebot über die Erde, er solle sie sich untertan machen (so die korrekte Luthersche Übersetzung) und herrschen „über die Fische im Meer und über die Vögel unter dem Himmel und über das Vieh und über alles Getier, das auf Erden kriecht."

(1. Mose 1,28) Herrschen, das heißt jedenfalls nicht quälen, verletzen, schutzlos preisgeben und verstümmeln, es ist das Analogiewort zu den Herrschaftsverhältnissen der alten patriarchalen Gesellschaft, in der das Überordnungsverhältnis zugleich ein Verantwortungsverhältnis war. Nach der von ihm verhängten Sintflut und der Rettung der Arten vermittels der großen Arche verschärft Jehova allerdings jene primäre Verlautbarung; nun spricht er: „Furcht und Schrecken vor euch sei über allen Tieren auf Erden und über allen Vögeln unter dem Himmel, über allem, was auf dem Erdboden wimmelt, und über allen Fischen im Meer; in eure Hände seien sie gegeben." (1. Mose 9, 2)

Ist das die theologische Legitimation dessen, was in den Tierfabriken – den Ausdruck gibt es – unserer Zeit und unseres Landes geschieht? Pius IX., der letzte Papst, der Rom als Hauptstadt eines Kirchenstaats regierte, verbot dort im 19. Jahrhundert die Gründung eines Tierschutzvereins, da dies bedeute, „daß der Mensch Pflichten gegenüber den Tieren innehabe"; vermutlich stützte er sich auf jene Bibelstelle aus *Mose 1*. Im *Deuteronomium*, dem zur *Thora* gehörenden *5. Buch Mose*, in dem genaue sittlich-gesetzgeberische Maßgaben zur Regelung des innergesellschaftlichen Lebens im jüdischen Königreich der mörderischen Preisgabe Andersgläubiger einschließlich ihres vom Fehlglauben mitverseuchten Viehs gegenüberstehen[5] (die zwei Seiten der Medaille, hier sind sie ausgeprägt), gibt es im 14. Kapitel genaue Bestimmungen, welche Tiere die Gläubigen essen dürfen und welche nicht. Da kommen „der Adler, der Habicht, der Fischaar" und viele andere Vögel davon, aber auch „die Rohrdommel, der Storch, der Schwan" sowie „alles, was Flügel hat und kriecht", eine akribische Liste.

Das *Neue Testament* fügt allem dem keine andersartigen Akzente hinzu. Allerdings: nicht im evangelischen Text, aber in allen bildlichen Darstellungen der Weihnacht umstehen Ochs und Esel die Krippe des neugeborenen Heilands. Die Maler und Zeichner konnten sich dadurch bestärkt fühlen, dass Jesus von Nazareth auf einem Esel im Triumph in Jerusalem eingezogen war.

Und die Philosophie der Aufklärung, des Rationalismus? René Descartes, der Absolutist des reinen Denkens, stellte die Tiere schmerzunempfindlichen Maschinen gleich, was ihm im 18. Jahrhundert den Einspruch Voltaires und anderer Protagonisten der Aufklärung zuzog. Geharnischte Opposition kam von dem Goethe-Zeitgenossen Jeremias Bentham, der in seinen *Grundsätzen der Moral und Gesetzgebung* ein Donnerwort in sein Zeitalter und alle folgenden schleuderte: „... ein ausgewachsenes Pferd oder ein Hund sind unvergleichlich vernünftigere sowie mitteilsamere Tiere als ein einen Tag, eine Woche oder gar einen Monat alter Säugling. Aber angenommen, dies wäre nicht so, was würde das ausmachen? Die Frage ist nicht: Können sie denken? oder: Können sie reden?, sondern: Können sie leiden? Warum soll das Gesetz es ablehnen, empfindungsfähige Wesen zu schützen? Die Zeit wird kommen, in der die Menschheit ihren schützenden Mantel über alles, was atmet, erweitert."[6]

Ich verdanke dies Wort der jüngst als Buch erschienenen Dissertation einer jungen Juristin namens Carolin Raspé: *Die tierliche Person*. Die Spannweite der hier vorgetragenen Analysen ist groß, die Stellung des Tiers in der Gesellschaft, in der Philosophie, im Recht wird untersucht; es folgen Vorschläge für eine künftige Rechtsstellung des Tiers. Der Ausblick der Autorin auf die Zukunft ist von vorsichtigem Optimismus geprägt: „Die Bedeutung des Tierschutzes innerhalb der Gesellschaft und der Politik" wachse zusehends, „eine Auflösung, zumindest aber eine Abschwächung" der Konflikte liege „in greifbarer Nähe", „konkrete ethische und praktische Vorschläge zur Gestaltung einer neuen Mensch-Tier-Beziehung" lägen vor. Mithin: „die Zeit für ... die Akzeptanz des Tieres als Rechtsperson" sei gekommen.[6]

Ist sie wirklich gekommen? Der Blick in die Labors der Pharma-Konzerne und die Ställe der Fleischindustrie bietet ein anderes Bild, er lehrt uns das Entsetzen. Kennt man Tapfheim? In diesem 4000-Einwohner-Dorf bei Donauwörth zieht der umstrittene Niederländer Adrianus Straathof den vermutlich größten Schweinezuchtbetrieb Bayerns hoch. Tierschützer rechnen mit einem Ausstoß von 75 000 Ferkeln pro Jahr. Der Antibiotikaeinsatz seiner Ferkelproduktion ist hoch, die Sauen werden mit Hormonzugaben auf Trächtigkeit getrimmt: „Die Ferkel werden schon nach drei Wochen von den Muttertieren getrennt, ihre Schwänze werden kupiert und ihre Zähne abgeschliffen."[7] Die Behörden lassen alles laufen, der Bayerische Bauernverband hatte keine Einwände, die protestierenden Grünen stehen auf verlorenem Posten. Nein, wir sind weit entfernt von dem Punkt, den Frau Raspé nahe glaubt, wir halten es immer noch mit 1. Mose 9,2.

Friedrich Dieckmann lebt als Schriftsteller in Berlin-Treptow.

Anmerkungen:

1. Kehlmann, Daniel; Kleinschmidt, Sebastian: Requiem für einen Hund. Matthes & Seitz, Berlin 2008, Seite 15
2. Vergleiche Decker, Kerstin: Richard Wagner, aus dem Blickwinkel seiner Hunde betrachtet. Berenberg, Berlin 2013
3. Schopenhauer, Arthur: Die Welt als Wille und Vorstellung. Band 1. Haffmans, Zürich 1988, Seite 56
4. „Dennoch könnte man, und dies zwar aus starken inneren Gründen, selbst den heutigen Sozialismus als sehr beachtenswert von seiten unserer staatlichen Gesellschaft ansehen, sobald er mit den drei zuvor in Betracht genommenen Verbindungen der Vegetarianer, der Tierschützer und der Mäßigkeitspfleger in eine wahrhaftige und innige Vereinigung träte." (Wagner, Richard: Gesammelte Schriften. Band 14. Leipzig 1913, Seite 159)
5. „... so sollst du die Bürger dieser Stadt („der Stadt, deren Bürger verführt wurden, andern Göttern zu dienen") erschlagen mit der Schärfe des Schwerts und an ihr den Bann vollstrecken, an allem, was darin ist, auch an ihrem Vieh, mit der Schärfe des Schwerts." 5. Mose 13, 16
6. Raspé, Carolin: Die tierliche Person. Vorschlag einer auf der Analyse der Tier-Mensch-Beziehung in Gesellschaft, Ethik und Recht basierenden Neupositionierung des Tieres im deutschen Rechtssystem. Duncker & Humblot, Seite 96 f., 338
7. Mayr, Stefan: Eine Schweinefarbik für Schwaben. Süddeutsche Zeitung 10./11. August 2013, Seite 44

Abbildung: **See in Sicht.** Josef Lang, 2012; Eiche, blau lasiert, 340x110x150 cm. Foto: Josef Lang. www.joseflang-bildhauer.de

Richard Reschika

Der Philosoph und das Meer

„Nach dem Sternenhimmel ist das Größte und Schönste, was Gott erschaffen hat, das Meer", behauptete Adalbert Stifter (1805–1868). Sein Schriftstellerkollege Thomas Mann (1875–1955) ging noch einen Schritt weiter, als er schrieb, dass das Meer gar „keine Landschaft", sondern das „Erlebnis der Ewigkeit" sei, ein „metaphysischer Traum". Doch nicht nur Dichtern diente das Meer seit jeher als schier unerschöpfliche Inspirationsquelle ihrer Werke. Auch Philosophen gab das Meer mit seiner Offenheit, Tiefe, Weite und Ferne stets aufs Neue Anlass zum Nachdenken über Welt und Mensch, Sinn und Sein – über die Meere in uns selbst.

„Das Wasser ist die *arche* alles Seienden." Mit diesem Satz lässt Thales von Milet um das Jahr 600 v. Chr. die abendländische Philosophie beginnen. Zugleich versucht der erste, an der Westküste Kleinasiens geborene griechische (Natur-)Philosoph und Wissenschaftler überhaupt die Frage nach dem Ursprung und dem ersten Prinzip alles Seienden zu beantworten: Am Anfang war das Wasser!

Dass es ausgerechnet ein Hellene war, der im Wasser den Ursprung alles Seienden erkannte, liegt im Übrigen alles andere als nahe, auch wenn Griechenland mit seinen rund sechstausend Inseln das Meer sozusagen immer vor der Haustüre hat. Denn mit dem Meer verbanden die Griechen eher Unbehagen und Befremden. So ist das Meer in den homerischen Erzählungen ein Sinnbild für Grausames und Furchteinflößendes: „Wer wohl ruhete gern beim Ungeheuer des Meeres?", fragt beispielsweise Homer in seiner *Odyssee*. Anfangs hatten die Hellenen noch nicht einmal ein eigenes Wort für „Meer". Sie übernahmen daher von der Urbevölkerung die Bezeichnung *thalatta*. Aus dieser wurde schließlich *thalassa*, womit die griechische Mythologie zugleich die Meeresgöttin bezeichnet, der vor allem das innere Mittelmeer entspricht – im Gegensatz zu *pontos*, der hohen See, und *okeanos*, dem äußeren Ozean. Und selbst heute findet die griechische Thalassophobie, also die irrationale, panische Angst vor dem Meer, in einer Volksweisheit beredten Ausdruck: „Wer dem Meer vertraut, kennt es nicht!"

Mit seiner Grundaussage meinte Thales, den die Griechen als ältesten der sieben Weisen ansahen, jedoch keineswegs nur den empirischen Stoff ‚Wasser'. Für ihn war das Lob des Wassers vielmehr Ergebnis philosophischer Nachforschung: der einzige „Grundstoff", aus dem heraus sich alles bildet und in den hinein alles auch wieder eingeht. Ist es doch gerade das Wasser, das wie kein anderes Element unserer Welt den steten Wandel, die fließenden Übergänge auf derart sinnfällige Art und Weise veranschaulicht. Und zwar ausnahmslos durch alle Aggregatzustände hindurch: vom Festen des Eises über das Flüssige bis hin zum „grenzenlos" Luftigen des Dampfs. Zudem erscheint das Wasser als ein unbestimmt Allgemeines, als das Ungeschiedene schlechthin, da sich das Allermeiste darin aufzulösen pflegt und somit seine Besonderheit, seine Individualität verliert. Kurzum: Das Wasser drängt sich als Sinnbild und in der Funktion einer Metapher dem antiken Philosophen nachgerade auf.

Doch auch im ganz konkreten Wortsinne stellte das Wasser für den Philosophen den Grund alles Seienden dar. Thales ging nämlich davon aus, dass das Feste auf dem Flüssigen schwimme und die Kontinente wie Schiffe auf dem Wasser ruhen. Eine geniale Erkenntnis des Vorsokratikers, die den modernen geologischen Forschungsergebnissen sehr nahekommt. Denn in der Tat „schwimmen" die Kontinente gleich riesigen tektonischen Platten auf „Flüssigem" – wenn nicht auf Wasser, so doch auf dem glühend heißen Magma des Erdinneren. Weshalb sich die Kontinente bis heute auch in ständiger Bewegung befinden und es daher zuweilen zu gewaltigen Erderschütterungen mit katastrophalen Folgen kommen kann.

An die auf Thales zurückgehende Vorstellung des Wassers als dem Ursprung aller Dinge sollte man noch im Zeitalter der Renaissance anknüpfen: Nach Agrippa von Nettesheims 1533 veröffentlichter *Okkulter Philosophie* „liegt (im Wasser) die Samenkraft aller Dinge ... Sein Nutzen und Gebrauch ist unendlich mannigfaltig und alle Dinge hängen von seiner Macht ab, indem es die Kraft der Zeugung, der Ernährung und des Wachstums besitzt"[1], schreibt der deutsche Universalgelehrte. Und auch für den Arzt und Philosophen Paracelsus (um 1493–1541) ist das Wasser unzweifelhaft das Urelement oder auch die *Matrix*, das heißt wörtlich die „Gebärmutter", sprich der Mutterschoß, aus dem die Welt geboren wird.[2]

Heute wissen wir, dass alles Leben auf der Erde vor Millionen Jahren aus dem Meer kam, das sieben Zehntel unseres Erdballs bedeckt, und dass auch unser Körper zu rund zwei Dritteln aus Wasser besteht, ja wir selbst neun Monate lang eine gleichsam ozeanische Erfahrung *en miniature* gemacht haben. Ein Gedanke, den wir bereits aus vielen Welt-

Im Umgang mit dem Meer liegt von vornherein die Stimmung des Philosophierens.

Karl Jaspers

schöpfungsmythen kennen, die den ersten Impuls der Schöpfung in den Wasser-Schoß des Chaos, oftmals dargestellt durch eine Muttergottheit, verlegen beziehungsweise in einer Urzeitflut die Quelle allen Lebens entdecken.

Auch wenn Wasser-, speziell Meermetaphern im Laufe der kommenden Jahrhunderte kaum mehr eine nennenswerte Rolle spielen sollten – offenbar ging es den abendländischen Denkern eher um das Feste, Begrenzte, Definierbare, Haltgebende –, stoßen wir in der Philosophiegeschichte sporadisch auf nautische Bildsymbole.

Der deutsche Philosoph, Theologe und Mathematiker Nikolaus von Kues alias Cusanus (1401–1464) verdankt dem Meer nicht weniger als ein mystisches Erleuchtungserlebnis. Auf der Rückreise von Byzanz nach Italien soll Cusanus nach eigener Aussage auf hoher See – angesichts des unendlich wirkenden Meeres, an dessen Horizont Wasser und Luft, Himmel und Erde verschwimmen, und wohl auch der „punkthaften Winzigkeit des gefahrenumdrohten Schiffes“[3] – die entscheidende philosophische Entdeckung seines Lebens gekommen sein, nämlich die Idee von der *coincidentia oppositorum*, dem Zusammenfall der Gegensätze: Im unendlichen Einen fallen die in der Welt ausgefalteten Gegensätze zusammen. Weil der menschliche Verstand auf die gegensätzliche Welt mit ihren vielfachen Unterschieden ausgerichtet ist, strandet er an der Mauer der *coincidentia oppositorum*. Die Vernunft vermag aber zu erkennen, dass es die *coincidentia oppositorum* geben muss, die mit der belehrten Unwissenheit (*docta ignorantia*) aufs Engste zusammenhängt. Karl Jaspers zufolge zählt dieser Blitz der Erkenntnis, dieses „philosophische Damaskuserlebnis“, wie es Cusanus selbst bezeichnete, zu den großen philosophischen Erleuchtungen.

Zum Zeichen einer geistigen Horizonterweiterung, eines bewussten Durchbrechens der Wissensgrenzen avanciert das Meer bei dem englischen Renaissancephilosophen, Staatsmann und Wegbereiter des Empirismus Francis Bacon (1561–1626). Sein in lateinischer Sprache verfasstes und 1620 in England veröffentlichtes wissenschaftstheoretisches Hauptwerk *Novum Organon*, das als kulturgeschichtlicher Wendepunkt zwischen mittelalterlichem und neuzeitlichem, aufgeklärtem Denken gelten kann, schmückt ein berühmtes Frontispiz (= Deckblatt). Zu sehen ist auf dem emblematischen Bild ein Schiff, das in der Meerenge von Gibraltar die Säulen des Herakles, welche die Grenzen der Alten Welt markieren, durchfährt und sich unter vollen Segeln ins offene Meer hinauswagt. Am unteren Rand des Titelkupfers lesen wir die erkenntnis- und fortschrittsfrohe Devise: *Multi pertransibunt et augebitur scientia* (viele werden sie überschreiten, und die Wissenschaft wird sich mehren), oder wie Bacon an anderer Stelle seiner *Instauratio magna*, der *Großen Erneuerung der Wissenschaften* selbstbewusst formuliert: „Nachdem ich so an den alten Küsten vorübergesegelt bin, werde ich den menschlichen Geist zur Fahrt ins offene Meer vorbereiten.“[4]

Ein gutes Jahrhundert später wird der deutsche Philosoph, Theologe und Dichter Johann Gottfried Herder (1744–1803) im *Journal meiner Reise im Jahre 1769* – gemeint ist seine Seereise nach Nantes, die nach eigenen Angaben seine Wendung von der Aufklärung zum Sturm und Drang bewirkte – die Erfahrung der Freiheit des Denkens auf dem Meer mit nicht minder pathetischen Worten festhalten: „Was gibt ein Schiff, das zwischen Himmel und Meer schwebt, nicht für weite Sphären zu denken. Alles gibt hier dem Gedanken Flügel und Bewegung und weiten Luftkreis! Das flatternde Segel, das immer wankende Schiff, der rauschende Wellenstrom, die fliegende Wolke, der weite unendliche Erdkreis. Auf der Erde ist man an einen toten Punkt angeheftet und in den engen Kreis einer Situation eingeschlossen ...“[5]

Aber mit diesem Loblied auf die Gedanken befreiende Kraft des Meeres steht Herder unter seinen Zeitgenossen alleine da. Noch hegen Philosophen hartnäckige Vorbehalte gegen das Meer, wirkt die religiös begründete Abscheu vor dem Meer nach. Galt Letzteres in der Bibel doch als ein teuflischer Ort des Chaos und als Bestrafungsinstrument, etwa in Gestalt der Sintflut! Und dies bis weit ins 18. Jahrhundert hinein, da das Abendland die Meeresküste als touristischen Kur- und Vergnügungsort (wieder)entdeckte. Eine Ausnahme stellen von Anfang an jedoch die christlichen

Existenzphilosophie
Kennzeichnend für die zum Teil sehr unterschiedlichen unter diesem Begriff zusammengefassten philosophischen Richtungen ist die Deutung menschlicher Existenz als letztes, unhintergehbares Sein, das bestimmt wird durch seine Faktizität, seine Endlichkeit, seine Geschichtlichkeit und seine Freiheit (zum Beispiel Søren Kierkegaard, Karl Jaspers, Martin Heidegger und Jean-Paul Sartre).

Aphorismenschneise • Aphoris

Eine Nation, die kulturell von ihrer Vergangenheit lebt,
gibt sich gern den Anschein,
dass diese Vergangenheit
nur dank ihrer Kulturämter überlebt.

Der katholische Schöngeist findet
fast immer die Würde der Armut durch
das Verhalten der Armen bedroht.

Die einzige kulturelle Leistung,
die reiche Leute vollbringen können:
den Reichtum nicht diskreditieren.

Jürgen Große

Mystikerinnen und Mystiker dar, die im Meer eines der bildmächtigsten Symbole der Unendlichkeit und des Absoluten sehen. Dabei werden die einzelnen Wassertropfen oftmals mit der menschlichen Seele gleichgesetzt, wird die ekstatische *Unio mystica*, die mystische Vereinigung mit Gott, mit dem Einswerden von Tropfen und Meer verglichen.

Kein Geringerer als Immanuel Kant vergleicht sodann in seiner *Kritik der reinen Vernunft* – im Abschnitt über die *Paralogismen der reinen Vernunft* – das weite Wasser des Ozeans mit dem neuen Gott der Aufklärung, der Vernunft. Der Philosoph, der sein ganzes Leben in seiner unweit der Ostseeküste gelegenen Heimatstadt Königsberg verbrachte und diese so gut wie nie verließ, fordert dabei jedoch, „alle unsere spekulativen Ansprüche bloß auf das Feld möglicher Erfahrung" einzuschränken, „um die Fahrt unserer Vernunft nur so weit, als die stetig fortlaufenden Küsten der Erfahrung reichen, fortzusetzen, die wir nicht verlassen können, ohne uns auf einen uferlosen Ozean zu wagen, der uns unter immer trügerischen Aussichten am Ende nötigt, alle beschwerliche und langwierige Bemühung, als hoffnungslos aufzugeben."[6] Denn ein Denken ohne Grenzen laufe Gefahr, ein ganz und gar haltloses zu werden.

Während der Aufklärer Kant mithin auf die Gefahr einer gleichsam uferlosen, ozeanischen Vernunft verweist, ist es der Idealist Georg Wilhelm Friedrich Hegel, der umgekehrt vor der Gefahr warnt, die vom Festen, Dinglichen, Erstarrten ausgeht, nämlich vor einem Austrocknen und Unfruchtbarwerden des Geistes. In der Vorrede zu seiner *Phänomenologie des Geistes* schreibt er: „Es ist aber weit schwerer, die festen Gedanken in Flüssigkeit zu bringen."[7] Erstarrte Denkmuster und verkrustete Vorstellungen könnten nur durch Verflüssigung in Gang gebracht werden. Trotzdem sollte man sich in diesem Punkt nicht täuschen lassen. Denn so wie Hegel in der totalen Verdinglichung nur den Tod sieht, dürfte er in einer totalen Verflüssigung nur die Rückkehr zum Chaos bemerken.[8]

Letzten Endes ist bei Hegel aber eine grundsätzliche Begeisterung hinsichtlich des Meeres – das für Offenheit, für weit verzweigte Möglichkeiten und die Aufforderung steht, selbst die Richtung zu wählen – nicht zu verkennen: „Das Meer gibt uns die Vorstellung des Unbestimmten, Unbeschränkten und Unendlichen, und indem der Mensch sich in diesem Unendlichen fühlt, so ermutigt ihn dies zum Hinaus über das Beschränkte. Das Meer lädt den Menschen zur Eroberung, zum Raub, aber ebenso zum Gewinn und zum Erwerbe ein."[9] Selbst wenn die Beherrschung des Meeres dem Menschen Mut, Tapferkeit und Klugheit abverlangt: „Diese unendliche Fläche ist absolut weich, denn sie widersteht keinem Drucke, selbst dem Hauche nicht; sie sieht unendlich unschuldig, nachgebend, freundlich und anschmiegend aus, und gerade diese Nachgiebigkeit ist es, die das Meer in das gefahrvollste und gewaltigste Element verkehrt. Solcher Täuschung und Gewalt setzt der Mensch lediglich ein einfaches Stück Holz entgegen, verlässt sich bloß auf seinen Mut und seine Geistesgegenwart und geht so

Abbildung:
Jongleur
Josef Lang, 2006;
Aluguss,
Höhe 5,80 m.
Standort:
Kreisverkehr in
Königsbrunn.
Foto: Johann
Wolfgang Staible.
www.joseflang-bildhauer.de

vom Festen auf ein Haltungsloses über, seinen gemachten Boden selbst mit sich führend."[9]

Spätestens mit Friedrich Nietzsche gerät dann das auf feste Begriffe fixierte europäische Denken endgültig in Bewegung: „Es gibt noch eine andere Welt zu entdecken – und mehr als eine! Auf die Schiffe, ihr Philosophen!"[10], rät Nietzsche in der *Fröhlichen Wissenschaft* seinen Zunftgenossen. In den *Liedern des Prinzen Vogelfrei* lesen wir unter Anspielung auf Columbus, den Entdecker der neuen Welt, und die berühmte Formel Blaise Pascals „vous êtes embarqués" (Sie sind eingeschifft) die Verse:

Nach neuen Meeren

Dorthin – will *ich; und ich traue*
Mir fortan und meinem Griff.
Offen liegt das Meer, in's Blaue
Treibt mein Genueser Schiff.

Alles glänzt mir neu und neuer,
Mittag schläft auf Raum und Zeit –:
Nur dein *Auge – ungeheuer*
Blickt mich's an, Unendlichkeit![10]

Aber vor allem in Nietzsches philosophischer Dichtung *Also sprach Zarathustra*, der auf der Suche nach der Erfahrung des höchsten Glücks und des höchsten

Menschen ist, dient das Meer, speziell die Ausfahrt aus dem Hafen ins Offene (auch auf jede Gefahr hin), als Metapher für ein dynamisches Denken – ein gleichsam fluides Philosophieren, das alles Fixe, Schematische zu überwinden trachtet und nach einer *terra incognita*, nach einem gänzlich Neuen, ewig Werdenden, Unbegrenzten Ausschau hält: „Wenn jene suchende Lust in mir ist, die nach Unentdecktem die Segel treibt, wenn eine Seefahrer-Lust in meiner Lust ist: / Wenn je mein Frohlocken rief: ‚die Küste schwand, – nun fiel mir die letzte Kette ab – / – das Grenzenlose braust um mich, weit hinaus glänzt mir Raum und Zeit, wohlan! wohlan! altes Herz!' – / O wie sollte ich nicht nach der Ewigkeit brünstig sein und nach dem hochzeitlichen Ring der Ringe, – dem Ring der Wiederkunft?"[11]

Interessanterweise begann man den Grund des Meeres just zu jener Zeit zu erforschen, als die Psychoanalyse sich aufmachte, die Seelen(ab)gründe des Menschen zu entdecken: „Man fand, dass das Sonnenlicht nur 250 bis 300 Meter unter die Oberfläche dringt, und Freud erkannte, dass nur die Oberfläche der Seele bewusst und das Bewusstsein weit davon entfernt ist, deren Gesamtheit zu durchdringen. Man hielt die Tiefen des Ozeans für unbewohnt und wusste noch nichts vom Leben des Unbewussten"[12], notiert Georges-Arthur Goldschmidt in seinem Buch *Als Freud das Meer sah*, dessen französischer Originaltitel *Quand Freud voit la mer* dank des ähnlich lautenden Wortes *mère* zugleich die Mutter und damit die maternale Dimension des Meeres heraufbeschwört. In der großen Sehnsucht, die viele Menschen nach dem Meer verspüren, wollte der Tiefenpsychologe Sándor Ferenczi, ein Freud-Schüler, den regressiven Wunsch nach einer Rückkehr in das „Meer" im Leib der Mutter oder gar zu unserer in der Urzeit der Evolution verlassenen „Meer-Existenz" erkennen. Auch bei C. G. Jung steht das Meer in Träumen und Fantasien für das Unbewusste, eignet sich das Meer als riesige Projektionsfläche für unsere unbewussten Affekte und Impulse.

Lebensphilosophie
Philosophische Richtung Ende des 19. Jahrhunderts und Anfang des 20. Jahrhunderts, die sich auf das „Leben" als umfassendes Grundprinzip beruft. Charakteristisch sind die Betonung der Intuition (gegenüber der Verstandeserkenntnis), des Werdens (gegenüber dem statischen Sein) und der ganzheitlichen Sicht des Menschen (gegenüber einer technisch-wissenschaftlichen Perspektive).

Warum sich die menschliche Seele bevorzugt im Meer wiedererkennt und was Letzteres seinem Wesen nach vom Gebirge unterscheidet, sagt uns sodann ein wie Nietzsche in der Tradition der Lebensphilosophie stehender Denker (siehe Erläuterung). Die Rede ist von Georg Simmel und dessen Buch *Philosophische Kultur* aus dem Jahre 1911: „Allenthalben wird das Meer als das Symbol des Lebens empfunden: seine ewig fortwandelnde Bewegung, die Unergründlichkeit seiner Tiefen, der Wechsel zwischen Glätte und Aufgewühltsein, sein Sichverlieren am Horizont und das ziellose Spiel seines Rhythmus – alles dies gestattet der Seele, ihr eigenes Lebensgefühl in das Meer zu transportieren … Das Meer ist aufs innigste in die Schicksale und Entwicklungen unserer Art hineingewachsen; es hat sich unzählige Male nicht als die Trennung, sondern als die Verbindung der Länder erwiesen. Gebirge aber haben im Maße ihrer Höhe innerhalb der Menschengeschichte wesentlich nur negativ gewirkt, haben Leben gegen Leben isoliert und seine wechselseitige Bewegung ebenso gehindert, wie das Meer sie vermittelt hat."[13]

Wie einstmals Thales von Milet sieht auch ein anderer Lebensphilosoph, nämlich Ludwig Klages (1872–1956), aus dem „Feuchten tatsächlich alles Eigenleben dieses Planeten" hervorgehen. In Klages' zwischen 1929 und 1932 entstandenem philosophischen Hauptwerk *Der Geist als Widersacher der Seele* stoßen wir auf einen regelrechten Hymnus des wässrigen Prinzips: „Feucht ist der animalische Same, im Feuchten finden sich die Keimzellen, aus der Mutterfeuchte löst sich der Embryo zum Licht; nur was sich in Lösung befindet oder von lösenden Stoffen des Leibes in Lösung gebracht werden kann, hat die Fähigkeit zu ernähren erlangt … Den Aggregatzustand des lebenden Stoffes dürfte man unbedenklich einen flüssigkeitsartigen nennen … Welche Stoffe des lebenden Leibes am fließendsten, *veränderlichsten*, vergänglichsten sind, eben das sind die lebendsten; und welche am festesten, härtesten, unvergänglichsten sind, eben das sind die totesten!"[14]

In tiefen, oft unbewussten Erinnerungen der Menschen sind Wasser und Meer der geheimnisvolle Urgrund allen Lebens.

Carl Schmitt

Wie die frühe Begegnung mit dem Meer den Menschen zur Philosophie bringen und wie ihm dieses sogar zur anschaulichen Gegenwart des Unendlichen werden kann, beschreibt eindrücklich der deutsche Psychiater und christlich geprägte Existenzphilosoph Karl Jaspers in seinen *Schicksal und Wille* betitelten autobiografischen Schriften aus dem Jahre 1967: „Das Meer ist die anschauliche Gegenwart des Unendlichen. Unendlich die Wellen. Immer ist alles in Bewegung, nirgends das Feste und das Ganze in der doch fühlbaren unendlichen Ordnung ... Im Umgang mit dem Meer liegt von vornherein die Stimmung des Philosophierens. So war es mir unbewusst von Kindheit an. Das Meer ist Gleichnis von Freiheit und Transzendenz. Es ist wie eine leibhaftige Offenbarung aus dem Grund der Dinge. Das Philosophieren wird ergriffen von der Forderung, es aushalten zu können, dass nirgends der feste Boden ist, aber gerade dadurch der Grund der Dinge spricht. Das Meer stellt diese Forderung. Dort ist keinerlei Fesselung. Das ist das unheimlich Einzige des Meeres."[15]

Karl Jaspers' Beobachtung, dass das Meer – im Gegensatz zum festen Land – einen ganz anderen Rahmen für das Philosophieren darstellt und uns anders zu denken zwingt, gilt bis heute. So formuliert die Seerechtlerin und Ökologin Elisabeth Mann Borgese, die jüngste Tochter von Katja und Thomas Mann, in ihrem in dreizehn Sprachen übersetzten Sachbuch *Mit den Meeren leben* aus dem Jahre 1975: „Das Medium selbst, in dem alles fließt und alles verknüpft ist, zwingt uns ‚unscharf zu stellen', unsere alten Begriffe und Lehrmeinungen über Bord zu werfen und auf ein neues Grundprinzip ‚scharf zu stellen'. Grundlegende Begriffe, die sich im Laufe der Jahrtausende an Land entwickelt haben, wie Souveränität, geografische Grenzen oder Eigentum, funktionieren im Medium des Ozeans einfach nicht."[16]

In die gleiche Richtung zielt auch die 1934 in Greifswald geborene, aber in Freiburg lebende und lehrende Philosophin Ute Guzzoni, die in ihrem inspirierenden Buch *Wasser. Das Meer und die Brunnen, die Flüsse und der Regen* aus dem Jahre 2005 zu dem Schluss kommt: „Es geht dem Philosophieren heute weniger denn je darum, zu einem bestimmten Ziel zu gelangen ..., zu einem System, einer Kategorientafel, einem Absoluten, einer Letztfundierung worin auch immer. Der Weg gewinnt so seine eigene Bedeutung, er ist nicht mehr der Weg zu oder nach ..., sondern erfüllt sich im Gehen. Das Gehen selbst erhält einen nomadisierenden offenen Charakter. Das Abenteuer, das Sich-einlassen auf neue Gedankengänge ..."[17] Der Weg ist das Ziel. Und genau aus diesem Grund plädiert die Philosophin für ein gleichsam „landschaftliches Denken", das sich am Wässrigen orientiert, vorzugsweise an den sinnlich erfahrbaren Qualitäten Stille und Offenheit, Tiefe, Weite und Ferne, wie sie gerade dem Maritimen per se zu eigen sind.

Philosophiehistorisch betrachtet, verweist der seit rund zweihundert Jahren stetig steigende Einsatz maritimer Metaphern in der abendländischen Philosophie mithin auch auf die allgemeine Tendenz, das Denken in fixen Kategorien und Systemen aufzugeben und sich stattdessen auf ein dynamisches, (ergebnis-)offenes Denken hin zu orientieren.

Schließen wir unseren Tauchgang durch das Meer der Philosophen mit einer Erkenntnis des vielleicht größten Skeptikers und Kulturkritikers seines Jahrhunderts, mit dem Französisch schreibenden Rumänen E. M. Cioran, der anlässlich eines Aufenthalts in Talamanca auf Ibiza im Jahre 1966 in seinen *Aufzeichnungen* den bedenkenswerten Satz formulierte: „Weit entfernt vom Mittelmeer zu leben ist ein Irrtum."[18]

Dr. Richard Reschika studierte Germanistik, Kunstgeschichte und Philosophie. Er lebt als freier (Rundfunk-)Autor, Übersetzer aus dem Rumänischen und Lektor in Freiburg im Breisgau. Zahlreiche Publikationen, unter anderem *Meer, du berührst meine Seele. Ein maritimes Lesebuch*, Gütersloher Verlagshaus, Gütersloh 2011. Im Verlag der blaue reiter (vormals omega verlag) erschien von ihm der Bildband *Nietzsches Bestiarium. Der Mensch – das wahnwitzige Tier.*

Anmerkungen:

1. von Nettesheim, Agrippa; Cornelius, Heinrich: Magische Werke. Zitiert nach: Böhme, Hartmut (Hrsg.): Kulturgeschichte des Wassers. Suhrkamp Verlag, Frankfurt am Main 1988, Seite 157
2. Vergleiche Pagel, Walter: Das medizinische Weltbild des Paracelsus. Franz Steiner Verlag, Wiesbaden 1962
3. Meuthen, Erich; Nikolaus von Kues 1401–1464. Skizze einer Biografie. Aschendorffsche Verlagsbuchhandlung, Münster 1992, Seite 55
4. Bacon, Francis: Neues Organon. Teilband 1. Herausgegeben und mit einer Einleitung von Wolfgang Krohn. Lateinisch – deutsch. Felix Meiner Verlag, Hamburg 1990, Seite 41
5. Herder, Johann Gottfried: Journal meiner Reise im Jahre 1769. Werke, Band I. Herausgegeben von Wolfgang Proß. Carl Hanser Verlag, München 1984, Seite 364f.
6. Kant, Immanuel: Kritik der reinen Vernunft. Felix Meiner Verlag, Hamburg 1956, Seite 425a
7. Hegel, Georg Wilhelm Friedrich: Phänomenologie des Geistes. Suhrkamp Verlag, Frankfurt am Main 1973, Seite 37
8. Vergleiche Oya Erdogan: Wasser – Über die Anfänge der Philosophie. Passagen Verlag, Wien 2003, Seite 126
9. Hegel, Georg Wilhelm Friedrich: Vorlesungen über die Philosophie der Geschichte. Werke, Band 12. Suhrkamp Verlag, Frankfurt am Main, 1970, Seite 118, 119
10. Nietzsche, Friedrich: Die fröhliche Wissenschaft. In: Kritische Studienausgabe in 15 Bänden (KSA), Band 3. Deutscher Taschenbuch Verlag, München 1988, Seite 530, 649
11. Nietzsche, Friedrich: Also sprach Zarathustra. Ein Buch für Alle und Keinen, III. Teil. In: KSA, Band 4, Seite 290
12. Goldschmidt, Georges-Arthur: Als Freud das Meer sah. Freud und die deutsche Sprache. Ammann Verlag, Zürich 1999, Seite 16
13. Simmel, Georg: Philosophische Kultur. Alfred Kröner Verlag, Leipzig 1919, Seite 134–141
14. Klages, Ludwig: Der Geist als Widersacher der Seele. Bouvier Verlag Herbert Grundmann, Bonn 1981, Seite 1126f.
15. Jaspers, Karl: Schicksal und Wille. Autobiografische Schriften. Herausgegeben von Hans Saner. Piper Verlag, München 1967, Seite 15f.
16. Mann Borgese, Elisabeth: Mit den Meeren leben. Über den Umgang mit den Ozeanen als globaler Ressource. Verlag Kiepenheuer & Witsch, Köln 1999, Seite 26
17. Guzzoni, Ute: Wasser. Das Meer und die Brunnen, die Flüsse und der Regen. Parerga Verlag, Berlin 2005, Seite 9
18. Cioran, E. M.: Aufzeichnungen aus Talamanca. Weissbooks, Frankfurt am Main 2008, Seite 47

Lexikon für den philosophischen Alltag

Moorhuhn

Abbildung: **Moorhuhn** Bildschirmfoto Copyright: phenomedia publishing gmbh. www.moorhuhn.de

der blaue reiter

lateinisch *lagopus lagopus scoticus*, englisch *red grouse*, vor allem in den schottischen Mooren verbreitete Unterart des Moorschneehuhns mit rotbraunem Gefieder und einem markanten roten Kamm über den Augen. Moorhühner sind friedliebende Pflanzenfresser, schätzen ihren Sumpf und gehen über mehrere Fortpflanzungsperioden hinweg monogame Paarbeziehungen ein. Die Menschen lassen ihnen jedoch ihren Frieden nicht: Die Moorhuhnjagd, die jedes Jahr am 12. August, dem *Glorious Twelfth*, beginnt, ist eine jahrhundertealte, wenn auch inzwischen öffentlich heftig kritisierte Tradition.

Seit 1999 ist das Moorhuhn zudem mit einer anderen schottischen Tradition verbunden, die es weit über sein sumpfiges Habitat hinaus weltbekannt gemacht hat. In diesem Jahr entwickelte die Firma Phenomedia als Werbung für den Whisky *Johnnie Walker* ein Computerspiel, das in Kneipen und Bars kostenlos gespielt werden konnte. Die Regeln waren denkbar einfach: Innerhalb von 90 Sekunden mussten mit der Computer-Maus möglichst viele Hühner „abgeschossen" werden, die durch eine „typisch schottische" Comic-Landschaft flatterten. Die Computerhühner hatten einen dicken braunen Körper, einen roten Kamm, einen roten Bart, einen breiten gelben Schnabel und zwei große kugelrunde, unschuldig dreinblickende Augen. Sobald der Jäger einen Treffer erzielte, wurden diese mit zwei schwarzen x durchkreuzt und das Huhn löste sich in Luft auf. *Moorhuhn* war ein einfaches „Shoot 'em up"-Game, ein Ballerspiel: simple Hühner für simple Gemüter, gerade gut für den Geisteszustand nach dem dritten Glas *Johnnie Walker*.

Dass die Tierschützer auf die Barrikaden gingen, war zu erwarten. Was jedoch keiner erwartet hatte, war der *Moorhuhn-Hype*. Alle wollten das Huhn killen, und zwar vorzugsweise während der Arbeitszeit im Büro. Als *Moorhuhn 2* auf dem Markt erschien (eine angereicherte Variante, in der Spinnen und Frösche dem einsamen Huhn Gesellschaft leisten durften), brachen die Server angesichts des Massenansturms zusammen wie die abgeschossenen Moorhühner. Von da an wanderte das Moorhuhn durch die Computerwelt; es fuhr Rennen (*Moorhuhn Kart*), jagte den *Schatz des Pharao* und verfiel dem *Fluch des Goldes*, und wer bis heute nicht auf sein tägliches Moorhuhn verzichten möchte, trägt es auf seinem *i-Phone* bei sich und jagt den Highscore, wo immer ihm der Sinn danach steht.

Nicht zuletzt die Erfolgsgeschichte von *Moorhuhn* beweist, dass Ballern sehr tief in der Natur des Menschen (*homo exballistans*) verankert sein muss. Warum jedoch gerade Hühner? Erstaunlicherweise lassen sich beinahe alle philosophischen Grundfragen vom Geflügel herleiten. Das beginnt, wo sonst, bei Platon, der bei seinen öffentlichen Vorlesungen den Menschen als – man höre und staune – „zweibeiniges Lebewesen ohne Federn" definierte. Zu diesem Schluss war er durch eine stringente logische Herleitung gekommen. Was von deren Ergebnis zu halten war, demonstrierte der respektlose Kyniker Diogenes, indem er ein Huhn rupfte und es den Platon-Schülern mit den Worten präsentierte: „Das ist der Mensch Platons!" Die Anekdote ist überliefert von Diogenes Laertius, und ihre Fortsetzung demonstriert, dass Platon immerhin Humor hatte: Er ergänzte die Bestimmung nämlich durch den doppeldeutigen Zusatz „breite Nägel" (das griechische Wort für „breite Nägel", *platyonychon*, ähnelt dem Adjektiv *platonikon*, platonisch). Wir halten fürs Erste fest: Der Mensch ist auch nur ein Huhn, aber eines mit breiten Nägeln.

Zum Zweiten ist das Huhn zentral für eines der ältesten philosophischen Probleme schlechthin. Das Henne-Ei-Problem beschäftigte schon Aristoteles: Es kann nur Hühner geben, wenn es vorher Eier gab; aber Eier werden nun mal bekanntlich von Hühnern gelegt. Wir haben also ein Paradox, das unserem Vertrauen in die geradlinige Abfolge von Ursachen

Abbildung rechts: **Moorhuhn als Cowboy** Copyright: phenomedia publishing gmbh. www.moorhuhn.de

und Wirkungen eigentlich ein Ende bereiten müsste. Arthur Schopenhauer löste das Problem, indem er im Huhn die Grundform des „Willens" erkannte, also des kosmischen Schöpfungsprinzips schlechthin: „Wer macht das Hühnchen im Ei? etwan eine von außen kommende und durch die Schaale dringende Macht und Kunst? O nein! das Hühnchen macht sich selbst, und eben die Kraft, welche dieses über allen Ausdruck komplicirte, wohlberechnete und zweckmäßige Werk ausführt und vollendet, durchbricht, sobald es fertig ist, die Schaale, und vollzieht nunmehr, unter der Benennung *Wille*, die äußern Handlungen des Hühnchens." Wir halten fest: Hühner stehen am Anfang von allem, sei es substanziell als Henne oder als Ei oder als „Wille".

Zum Dritten wurden gerade mit Hühnern schon immer die interessantesten Tierversuche unternommen. Im 19. Jahrhundert entfernte der Physiologe Pierre Flourens Hühnern das Gehirn und fand heraus, dass sie nicht nur weiterlebten, sondern auch – bei künstlicher Ernährung – wuchsen und auf einfache äußere Reize reagierten. Die Materialisten machten daraus sofort ein anti-idealistisches Argument: „Welchen stärkeren Beweis für die Identität von Seele und Gehirn will man verlangen, als denjenigen, den das Messer des Anatomen liefert, indem es stückweise die Seele herunterschneidet?" (Ludwig Büchner) Wir halten fest: Die Hühner haben endlich gezeigt, dass es keine unsterbliche Seele gibt!

An die Geflügelhaltung und -verwertung lassen sich außerdem bedeutende ethische Überlegungen anschließen. Darf der Mensch Tiere töten, und wenn ja, zu welchen Zwecken und mit welchen Mitteln? Ist es die Bestimmung von Hühnern, als Grillhähnchen auf einem Bratspieß zu enden oder als Legehenne in einer Legebatterie? Für Thomas Hobbes ist das keine Frage: Wenn der Naturzustand der Krieg aller gegen alle ist und man eigentlich froh sein kann, wenn die Menschen sich nicht permanent gegenseitig an den Hals gehen, ist das Töten und Rösten von Geflügel kaum der Erwähnung wert: „Das Eigentum an den Tieren entspringt ... aus dem Naturrecht, nicht aus dem positiven göttlichen Recht. Denn hätte ein solches Recht nicht schon vor der Verkündigung der Heiligen Schrift bestanden, so hätte niemand die Tiere mit Recht zur Nahrung schlachten dürfen: eine sehr mißliche Lage für die Menschen, die von den Tieren ohne Unrecht verzehrt werden, aber ihrerseits die Tiere nicht verzehren dürfen." Wir sehen uns also umringt von einem riesigen Schwarm Moorhühner, die mit ihren gelben Schnäbeln mörderisch auf uns einhacken – eine etwas unwahrscheinliche Vision. Wir halten trotzdem fest: An Hühnern lässt sich der begrenzte Wert moralischer Maximen in der menschlichen Praxis besonders gut aufzeigen.

Damit kommen wir zum letzten Punkt: Kann man (Moorhühner) jagen und gleichzeitig ein Philosoph sein? Hören wir noch einmal Platon, diesmal über die Bestimmung zur Philosophie: „Einmal, erwiderte ich, darf einer, der sich mit ihr abgeben will, in bezug auf Arbeitslust nicht hinkend sein: das heißt er darf nicht in der einen Hälfte seiner Beschäftigungen die Arbeit lieben, in der anderen dagegen scheuen. Es ist dies aber der Fall, wenn jemand zwar ein Liebhaber von Leibesübungen, von Jagd und überhaupt von allen körperlichen Arbeiten ist, aber nicht vom Studieren, vom Hören, vom Forschen, und wenn er überhaupt in allen diesen Stücken die Anstrengungen haßt." Wer jagt, denkt dieser Theorie zufolge nicht; ja mehr noch, jagen und denken schließen sich als exemplarische Aktivitäten des Leibes und des Geistes geradezu kategorisch aus! Zudem führt die Jagd zur emotionalen Verrohung, weshalb Thomas Morus den Jäger aus seinem utopischen Idealstaat verbannt:

Abbildung: **Moorhuhn rennt** Copyright: phenomedia publishing gmbh. www.moorhuhn.de

„Deswegen haben die Utopier die gesammte Ausübung der Jagd, als eine freier Männer unwürdige Sache, auf die Metzger beschränkt ... Dieses lechzende Verlangen nach Blut und Mord wohne entweder von Natur den wilden Thieren ein, oder entspringe in grausamen menschlichen Seelen, oder arte zuletzt, durch beharrliche Ausübung eines so blutigen Vergnügens, in Grausamkeit aus." Immerhin war die virtuelle Moorhuhn-Jagd relativ blutarm – im Gegensatz zu heutigen *Ego-Shootern* wenigstens.

Den bleibenden Reiz sinnloser Ballerei jenseits des atavistischen Blutrausches hat Blaise Pascal jedoch am besten erfasst. Er führt Platons Gedanken in gerader Linie bis auf die Höhe unseres spielsüchtigen Zeitalters fort: „Daher kommt es, daß so viele Menschen sich vergnügen beim Spiel, auf der Jagd und in andern Zerstreuungen, die ihre ganze Seele beschäftigen. Nicht als ob in der That Glück enthalten wäre in dem, was man durch diese Spiele erlangen kann, oder als ob man sich einbildete, die wahre Seligkeit läge im Gelde, das man im Spiel gewinnen kann, oder in dem Hasen, den man jagt. Man würde das nicht haben wollen, wenn es angeboten würde. Nicht diesen weichlich und ruhigen Besitz, der uns an unsern unglücklichen Zustand denken läßt, sucht man, sondern das Gewirr, was uns abhält daran zu denken." Das *Moorhuhn* ist also die Anti-Philosophie schlechthin: Es ist eine Ersatzdroge, die vom tieferen Sinn des Lebens – der im Denken liegt, und sonst nirgendwo – nicht nur ablenkt, sondern ihn geradezu verbirgt. Um Theodor Wiesengrund Adorno zu paraphrasieren: Es gibt keine wahren Moorhühner im falschen Leben!

Dr. phil. habil. Jutta Heinz ist Literaturwissenschaftlerin.

Sodomie

Das Wort Sodomie ist abgeleitet von dem biblischen Ort Sodom, in dem wie in dem Ort Gomorrha die Sünde um sich gegriffen haben soll, sodass sich der Herrgott genötigt sah, die unsittlichen Bewohner mit Feuer und Schwefel zu töten (1. Buch Mose, 18 ff.). Was genau die Bewohner getan haben, kann der entsprechenden Bibelstelle nicht entnommen werden. Die Interpreten streiten sich bis heute, ob es um Fremdenfeindlichkeit, Hochmut oder sexuelle Abirrungen ging. Letztere sind in der christlichen Tradition erst von dem spätantiken Augustin hervorgehoben worden. Wegen welcher Vergehen der Herrgott aber sein Volk gewöhnlich mit dem Tode bestraft wissen will, können wir der Bibel im Fortgang entnehmen. Ich zitiere beispielhaft: „Wer seinem Vater oder seiner Mutter flucht, der soll des Todes sterben ... Wer die Ehe bricht mit jemandes Weibe, der soll des Todes sterben, beide Ehebrecher und Ehebrecherin ... Wenn jemand mit seines Vaters Weibe schläft ..., die sollen beide des Todes sterben ... Wenn jemand beim Knaben schläft wie beim Weibe, ... sollen beide des Todes sterben ... Wenn jemand ein Weib nimmt und ihre Mutter dazu ..., man soll ihn mit Feuer verbrennen, und sie beide auch ... Wenn jemand beim Vieh liegt, der soll des Todes sterben, und das Vieh soll man erwürgen" (3. Buch Mose, 20; zitiert nach der Luther-Bibel, revidierte Fassung von 1984/2002) und so weiter und so fort.

Fluch und Segen der Vermischung von Mensch und Tier haben sich in den Mythen, Sagen und Märchen vieler Völker niedergeschlagen. Bemerkenswert ist, wie nahe sich Mensch und Tier in der griechischen Antike waren, jedenfalls phantasmatisch (von lateinisch *phantasma* für Gespenst; hier: scheinbar, in ihrer Vorstellungswelt). Göttervater Zeus schwängert Leda als Schwan, Pasiphaë, Gemahlin des kretischen Königs Minos, verkehrt mit einem Stier und gebiert den Minotaurus, der sich den anderen Mischwesen wie Kentauren, Gorgonen oder Meerjungfrauen zugesellt. Später werden Romulus und Remus von Wölfen aufgezogen wie noch sehr viel später Tarzan von Affen. Im Mittelalter tritt dann die christliche Sünde in Gestalt von Vampir, Wechselbalg oder Werwolf hervor. Im 18. Jahrhundert aber sollen die Schoßhündchen der feinen Damen unbeanstandet zum Cunnilingus (von lateinisch *cunnus* für weibliche Scham und *lingua* für Zunge: Reizung der weiblichen Scham mit der Zunge) abgerichtet worden sein. Schließlich hat damals unser „sexuelles Zeitalter" begonnen (Sigusch 2001, 2008), das inzwischen die Schoßhündchen von Paris Hilton oder den Jacob Sisters gewiss entsexualisiert haben wird.

Im antiken Griechenland wurde der Geschlechtsverkehr mit Tieren nicht bestraft. Ob auch das römische Recht davon absah, ist bis heute fraglich (Lang 2009). In den alten germanischen Rechtssystemen wurde offensichtlich passives, „weibisches" Verhalten von Männern bestraft, nicht unbedingt sexueller Umgang mit Tieren. Erst das Christentum setzte das altjüdische Verbot Jahwes mit härtesten Strafen durch. Angesichts der unscharfen Benennung des vermeintlich unsittlichen Treibens in Sodom und Gomorrha verwundert es nicht, dass seit dem christlichen Mittelalter differente Sexualpraktiken als Sodomie bezeichnet worden sind, insbesondere Analverkehr, Homosexualität, Inzest und Verkehr mit Tieren. Seit dem 11. Jahrhundert fielen Ketzerei, Sodomie und Homosexualität als Werk des Teufels zusammen. So wurde 1493 in Frankfurt am Main ein Christ wegen Sodomie verurteilt, weil er mit einer Jüdin „normal" sexuell verkehrt hatte (Schmidt 1949), und im alten Staat Bern wurden 10 bis 13 Jahre alte Knaben wegen Unzucht mit Ziegen ertränkt oder verbrannt (von Hentig 1962). Seit dem 16. Jahrhundert und vor allem seit der *Constitutio Criminalis Carolina* von 1532 (Gerichtsordnung Karls V., die als Grundlage des allgemeinen deutschen Strafrechts gilt) wird unter Sodomie noch mehr verstanden, zum Beispiel Selbstbefriedigung, Verkehr mit Toten, Steinfiguren oder Hermaphroditen. Selten waren die Mächtigen Europas so großzügig wie Friedrich der Große von Preußen. Als ihm gemeldet wurde, ein Potsdamer Kavallerist habe einer Stute beigewohnt, ordnete er an: „Versetzt das Schwein zur Infanterie!" Nach seinem Tod schaffte der französische *Code pénal* 1791 die Strafbarkeit von Mensch-Tier-Kontakten und anderen „unzüchtigen" Handlungen ab, indem er Recht und Moral voneinander trennte. Einige Länder folgten ihm, Deutschland aber nicht. Die Bundesrepublik Deutschland beseitigte den Straftatbestand der Sodomie in Gestalt des §175b StGB erst am 15. Juni 1969. Kürzlich wurde ein Verbot sexueller Handlungen an Tieren als Ordnungswidrigkeit in das Tierschutzgesetz eingearbeitet (Entwurf vom 29. August 2012). Pornografische Darstellungen mit Tieren sind durchgehend seit den 1960er-Jahren verboten.

Gegenwärtig verweist das Wort *sodomy* im Englischen vor allem auf Analverkehr, Sodomie im Deutschen dagegen eindeutig auf sexuelle Kontakte eines Menschen mit Tieren. Von „Sodom und Gomorrha" sprechen unsere Sittenwächter aber immer noch, wenn es um ihrer Meinung nach moralisch anstößige Ereignisse geht wie zuletzt die Loveparade. Ansonsten ist das vielsagende Wort Sodomie von dem Wort Zoophilie (wörtlich: Tierliebe) abgelöst worden. Damit ist aber nicht gesagt, was eigentlich geschieht. Zu unterscheiden ist aus sexualwissenschaftlicher Sicht zunächst Zoophilie ohne sexuelle Kontakte im engeren Sinne von Zoosexualität. Diese wiederum kann aus harmlosen oder aus sadistisch-quälenden Handlungen an Tieren bestehen (sogenannter Zoosadismus; vergleiche zum Beispiel Masters 1966). Nehmen diese Handlungen einen süchtigen oder zwanghaften Verlauf, bedürfen sie einer Behandlung (Sigusch 2007). Interessanterweise wurden bisher nur sehr selten Therapien von Zoosexuellen gewünscht. Offenbar verlief die Zoosexualität bisher in unserer Kultur selten im Sinne einer herkömmlichen behandlungsbedürftigen Perversion beziehungsweise einer Paraphilie (von der Norm abweichendes sexuelles Verhalten) oder Präferenzstörung. In den meisten Fällen war sie ganz offensichtlich ein Surrogat für nicht erreichbare Mensch-zu-Mensch-

Sexualität, wie es der berühmte Kinsey-Report (1948, 1953) am Beispiel der sogenannten Farmjungen empirisch belegt. Von diesen auf dem Land lebenden Jugendlichen hatten seinerzeit kumulativ 17 % einen sexuellen Höhepunkt beim Kontakt mit einem Haus- oder Hoftier. Insgesamt hatten damals vor der Pubertät 1,5 % der Mädchen und 3 % der Jungen sexuelle Kontakte zu Tieren. Im Erwachsenenalter waren es 3,6 % der Frauen und 8 % der Männer. Bei vielen Handlungen an und mit Tieren geht es nicht in erster Hinsicht um Zoosexualität im engeren Sinne, sondern um andere Vorlieben, vor allem fetischistische und sadomasochistische, die heute als sogenannte Zoomimik, als Animal Play oder Petplay in Erscheinung treten. Außerdem gibt es die sogenannte Lykanthropie (von altgriechisch *lýkos* für Wolf und *ántropos* für Mensch) oder Therianthropie (von altgriechisch *therion* für wildes Tier), das heißt wahnhafte oder spirituelle Verwandlungen in Tiere oder Mischwesen, in Nordeuropa bisher vor allem in einen Wolf, in Griechenland in einen wilden Eber, in China in einen Tiger, in Südamerika in einen Jaguar, in Ostafrika in eine Hyäne und so weiter. Schließlich seien die gegenwärtigen Furries (von englisch *furry* für pelzartig) erwähnt, menschenähnliche Wesen in Bild, Schrift und Ton wie die Cartoonfigur Roger Rabbit, die von Ferne an unsere alten Fabelwesen erinnern.

Heute ist das zoophile Verhalten von Menschen in den reichen Ländern des Westens so allgemein und selbstverständlich, dass Besucher zum Beispiel aus Afrika die Welt nicht mehr verstehen, wenn sie einen Hund im Auto neben seinem Herrchen sitzen sehen – auf der Fahrt in den gemeinsamen Urlaub, während in ihrem Herkunftsland Hunde nur auf der Straße leben und sich von Abfällen ernähren müssen. Die Entwicklung, die in unserer Kultur Tiere zu Haustieren und schließlich irgendwie zu Familienmitgliedern machte, begann im Mittelalter. Damals erhielten Haustiere sogar den Status einer Rechtsperson, die als Zeuge oder Angeklagter vor ein Gericht gerufen werden konnte (von Hentig 1962). In den letzten Jahrzehnten ist das Verhältnis von Mensch und Haustier in unserer Kultur im Zuge einer „neosexuellen Revolution" (Sigusch 1998), die Neogeschlechter, Neosexualitäten und Neoallianzen (von altgriechisch *neos* für neu) hervorgebracht hat, extrem vermenschlicht worden. Viele alleinstehende und einsame Menschen leben heute mit einem Tier, vor allem mit einem Hund oder einer Katze, wie mit einem menschlichen Lebensgefährten zusammen. Diese „Kultursodomiten" respektive „Neozoophilen" (Sigusch 2005, 2013) lieben den tierischen Partner mehr als alles andere, verwöhnen ihn mit Leckereien, bringen ihn zum Friseur, Schönheitschirurgen oder Psychotherapeuten, reisen mit ihm in teure Hotels, wollen sich mit ihm vermählen, setzen ihn als einzigen Erben ein und lassen ihn wie einen Menschen von einem Geistlichen zu Grabe tragen. Als der Verfasser dieser Zeilen vor Jahren halb im Scherz öffentlich sagte, nach der gleichgeschlechtlichen wird es demnächst wahrscheinlich offiziell auch die „sodomitische Lebenspartnerschaft" geben, berichtete das die Zeitung mit den großen Buchstaben auf Seite eins, und das Institut des „Wahrsagers" wurde tagelang mit Anfragen überhäuft: „Wann kann ich denn endlich meinen Liebling heiraten?"

Die Sexualwissenschaft nach Alfred Kinsey konnte bisher nicht verlässlich empirisch feststellen, wie viele Neozoophile auch Neosexuelle sind. Gesagt werden kann aber: Ruft man/frau heute im Internet „animal sex" auf, erscheinen 280 Millionen Einträge. Außerdem sind die Deutschen offenbar eher ihren Haustieren als im Stich gelassenen Kindern hilfreich zugeneigt. Jedenfalls hat der Deutsche Kinderschutzbund zurzeit 50 000 Mitglieder, der Deutsche Tierschutzbund hingegen 800 000. Natürlich machte die neosexuelle Revolution auch die Organisation früher verfolgter und verpönter Sexualformen möglich. So kümmert sich beispielsweise ein Verein namens Zeta um Zoophile und Zoosexuelle, wobei Kultursodomiten wissen, dass der sechste Buchstabe des griechischen Alphabets ihr Erkennungszeichen ist. Insgesamt ist es in unserer Kultur wie in vielen anderen Bereichen auch beim Umgang des Menschen mit Tieren paradox bis zum Zerspringen: einerseits liebevolle Behandlung im Privaten, andererseits qualvolle Verwertung im Ökonomischen. Gegen Qualzüchtungen der Massentierhaltung, Verstümmelungen von Tieren ohne Betäubung und so weiter fehlen nach wie vor wirksame Sanktionen. Alles in allem sind aus den alten Sodomiten zoophile Zooklasten geworden (von altgriechisch *zoon* für Tier, *philos* für Freund und *klaein* für zerbrechen).

Volkmar Sigusch, Arzt und Soziologe, ist emeritierter Professor für Sexualwissenschaft der Universität Frankfurt am Main.

Literatur:

- Hentig, Hans von: Soziologie der zoophilen Neigung. Beiträge zur Sexualforschung. Heft 25. Ferdinand Enke, Stuttgart 1962
- Kinsey, A. C.; Pomeroy, W. B.; Martin, C. E.: Sexual behavior in the human male. Saunders, Philadelphia 1948
- Kinsey, A. C.; Pomeroy, W. B.; Martin, C. E.; Gebhard, P. H.: Sexual behavior in the human female. Saunders, Philadelphia 1953
- Lang, Dominik: Sodomie und Strafrecht. Geschichte der Strafbarkeit des Geschlechtsverkehrs mit Tieren. Europäische Hochschulschriften. Reihe 2, Band 4750. Lang, Frankfurt 2009
- Masters, R. E. L.: Sex-driven people. Sherbourne Press, Los Angeles 1966
- Schmidt, Alfred: Die Sittlichkeitskriminalität im Kurfürstentum Sachsen zur Zeit Carpzows. Universität Bonn 1949
- Sigusch, Volkmar: Die neosexuelle Revolution. Über gesellschaftliche Transformationen der Sexualität in den letzten Jahrzehnten. Psyche – Z. Psychoanal. 52, 1192–1234, 1998
- Sigusch, Volkmar: Stichwort „Sexualität". In: Der Brockhaus Psychologie. Mannheim 2001, Seite 548–551
- Sigusch, Volkmar: Kultursodomie als Neoallianz. In: Neosexualitäten. Über den kulturellen Wandel von Liebe und Perversion. Campus, Frankfurt 2005, Seite 56–65
- Sigusch, Volkmar (Hrsg.): Sexuelle Störungen und ihre Behandlung. Georg Thieme, Stuttgart 2007
- Sigusch, Volkmar: Geschichte der Sexualwissenschaft. Campus, Frankfurt 2008
- Sigusch, Volkmar: Sexualitäten. Eine kritische Theorie in 99 Fragmenten. Campus, Frankfurt 2013

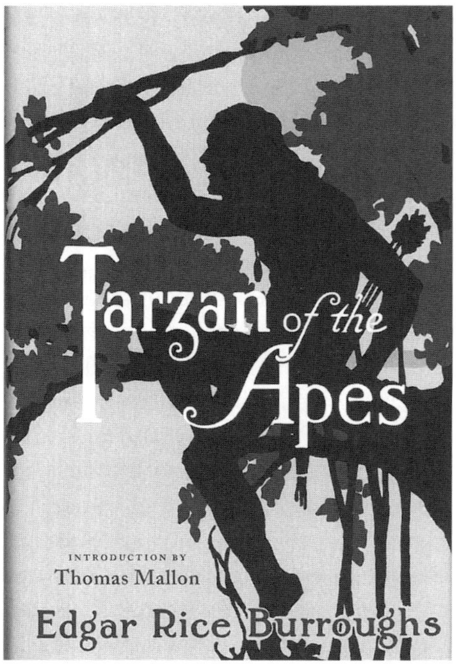

Abbildung:
„Tarzan of the Apes" von Edgar R. Burroughs
Umschlag der gebundenen Erstausgabe von 1914, Verlag A. C. McClurg, Chicago. Titelbild: Fred J. Arting

Tarzan

von Edgar Rice Burroughs (1875–1950) in *Tarzan of the Apes* (1912) im *All-Story Magazine* eingeführter Eigenname im Rahmen der von ihm erfundenen Affensprache, wörtlich: „weiße Haut".

In seinem Roman erzählt Burroughs die Geschichte eines weißen Mannes, die im Deutschen etwa mit *Tarzan, der Affenmensch* und *Tarzan bei den Affen* überschrieben wurde. Damit ist bereits auf den Sinnhorizont einer Zeit verwiesen, zu der die von Charles Darwin begründete Evolutionstheorie sowie deren wissenschaftliche und fiktionale Grenzfiguren einen Höchststand an Popularität erreicht hatten. Dennoch gilt es festzuhalten, dass es *den* Tarzan nicht gibt. Bereits Burroughs ließ den beliebten Helden in 23 weiteren Tarzan-Geschichten und in einigen anderen Serien-Romanen auftauchen, die während seiner Lebzeiten über 30 Millionen Mal in vielen Sprachen verkauft wurden. Durch Burroughs' Geschick in Management und Marketing ist der Affenmensch zur Popikone geworden. Als Multimediaphänomen wurde er in verschiedenen Printmedien, in Stumm- und Tonfilmen sowie Radiosendungen verwertet. Die Figur hat in ihren Grenzgängen zwischen unterschiedlichen Autorengruppen, Zielgruppen, Genres und Medien mit der Zeit enorme Wandlungen erfahren – gerade in ihrer Fruchtbarmachung für die Mensch-Tier-Grenze.

Tarzan betritt am Ende des 19. Jahrhunderts die Bühne der Kulturgeschichte. In seiner Rolle als Affenmensch ist er Ausdruck einer Entwicklung, die den Durchbruch der evolutionären Schau und die Herleitung des Menschen aus einer äffischen Vorstufe mit sich brachte. Nebst dem überlieferten Stufenleiterprinzip, demzufolge sich die Lebewesen in einer hierarchischen Rangfolge anordnen lassen, schien die Stammesgeschichte auch aufgrund der Analogie zur Individualentwicklung eine mehr oder minder vorgegebene Richtung zu haben. Die Vorstellung, dass alle Menschen denselben Pfad der biologischen und kulturellen Entwicklung durchlaufen müssten und dass die westlichen Zivilisationen darauf am weitesten fortgeschritten seien, ermöglichte es, sogenannte Wilde oder Primitive als Bindeglieder zum Affen zu erachten. Der deutschstämmige Schweizer Anatom Carl Vogt etwa betrachtet durchaus auch „Schwachsinnige" und Frauen in diesem Licht. Durch die Parallelisierung von Individual- und Stammesentwicklung kam auch Kindern eine besondere Rolle zu. „Lebende Fossilien" waren insbesondere von wissenschaftlicher Relevanz, solange kaum unbestrittene fossile Menschenknochen bekannt waren; jedenfalls keine, die als anatomisches Bindeglied die menschliche Stufenreihe mit den höchsten Affen hätten verbinden können.

Tarzan und seine Kollegen sind Ausdruck dieser historischen Entwicklung, indem sie die konzeptionelle Grauzone zwischen Mensch und Tier mit hierarchischen Serien von Menschentypen beleben. So hatte etwa die Figur des Atavismus (Wiederauftreten von entwicklungsgeschichtlich „überwunden" geglaubten Merkmalen oder Verhaltensweisen, die den direkt vorangegangenen Generationen fehlten) oder des evolutionären Rückschritts, wie sie sich in Jack Londons *Before Adam* findet, Konjunktur in der populären Literatur. Und Burroughs besiedelte seine verlorenen Welten neben Tarzan mit zahlreichen fossilen Menschenformen. Er beweist großes Geschick in der Ausübung des anthropologischen Blicks, wenn er in den Caspak-Geschichten (Caspak: von Burroughs erfundenes eisfreies Land in der Antarktis) die Entwicklungsreihe von *Pithecanthropus erectus* über die Neandertaler bis zu *Cro-Magnon*-artigen Völkern beschreibt. Tarzan ist damit auch ein spezifisches Geschöpf des frühen 20. Jahrhunderts. Kapiteltitel wie *Heredity* (englisch für: Herkunft) im ersten Tarzanroman verweisen auf die Neugierde und das Begehren, die Burroughs mit der Anthropologie (Lehre vom Menschen), der jungen Genetik und der Öffentlichkeit seiner Zeit teilt. Gemeinsam mit der Kapitelüberschrift *The Call of the Primitive* (Der Lockruf des Naturmenschen) greifen diese einen dominanten Topos aus Burroughs' Gegenwart auf.

Denn Tarzan ist gerade kein primitives *Missing Link* (hier: unentdeckte Übergangsform), das den hochentwickelten Menschen mit dem Affen verbindet. Vielmehr steht der burroughssche Tarzan für den amerikanischen Mythos des weißen Mannes angelsächsischer Abstammung. Denn Burroughs machte mit seiner Tarzan-Figur ein imaginäres Experiment. Er nahm einen Sprössling bester Herkunft und verpflanzte ihn, einem Laborexperiment ähnlich, in eine Umwelt, die der Kultur dieser feinen Herkunft völlig entbehrte. Hier sollte sich die wahre Natur des edlen Menschen zeigen und es sollte sich offenbaren, was den ausgesetzten Menschen aufgrund des Mangels an Kultur in seiner Umgebung von seinen hochzivilisierten Zeitgenossen unterscheiden würde. Das Resultat von Burroughs' Versuchsanlage im Tarzanroman mag heutige Leser erstaunen. Die typischen Merkmale des englischen Edelmanns wie Mut und Ehrenhaftigkeit sind Tarzan angeboren. Kultur im heutigen Sinn ist bei Tarzan durchaus in den Genen verankert. Aber auch der Jagdinstinkt und das Töten. Durch seine scheinbar optimale Balance zwischen Intelligenz, Moral und Instinkt ist Burroughs' Tarzan der erfolgreichste Wettstreiter im Kampf ums Überleben in der Wildnis.

Man könnte also sagen, der burroughssche Tarzan steht dafür, dass der Mensch in seiner am weitesten entwickelten Form sich grundlegend vom Tier unterscheidet und dass der weiße Mann die Spitze des evolutionären Fortschritts einnimmt. Gleichzeitig ist die tierische Herkunft aber integraler Bestandteil auch dieser höchst entwickelten Form. Der weiße Mann edler Abstammung muss dem Affen in sich Gehör schenken. Wie viele seiner Zeitgenossen fürchtete Burroughs, dass ein unnatürlicher Lebensstil den Amerikaner zusehends verweichliche und den Typ der Entartung preisgebe. Das amerikanische Männlichkeitsidol des Pioniers schien durch eine zunehmende Verstädterung und ein Übermaß an Kultiviertheit gefährdet. Burroughs zeigt, was urwüchsige Männlichkeit bedeutet. Tarzan ist ein Plädoyer für ein Leben in Harmonie mit „unserer Natur" und in der Natur – er ist einer der zahlreichen Versuche, das evolutionäre Erbe und eine fortschrittliche Zukunft beziehungsweise die tierische Herkunft und die Eigenständigkeit des Menschen gleichzeitig zu denken.

Aber wie andere Figuren des Dazwischen hat auch Tarzan eine bunte Geschichte nach Borroughs. Unter dem Einfluss der über hundert Verfilmungen traten die Details der Originalgeschichte hinter den ikonischen Attributen der Figur Tarzan zurück. So wird Tarzan heute in erster Linie mit dem Schrei, der Liane und dem Getrommel auf der Brust assoziiert. Diese Tendenz der Vereinfachung der Figur lässt sich bereits in der Verfilmung von 1932 feststellen, obwohl diese dem burroughsschen Tarzan näher kommt als spätere Inszenierungen, die ihn nurmehr als primitiven Kraftprotz vorführen. Es zeigt sich in der Filmgeschichte nicht nur eine Entwicklung im Körperkult, sondern die Verschiebung in der Vorstellung des Menschen (beziehungsweise des Mannes) zum Killeraffen. Es zeigt sich aber auch der Wandel im Bild vom Affen selbst. Denn Tarzan ist in einer ganz spezifischen Weise ein Affenmensch. Vor allem aber ist er ein Mensch bei den Affen. Auch die Menschenaffen sind dabei Figuren des Dazwischen, die von der Tierseite her die vermeintliche Kluft zum Reich des Menschen verringern. Die Grenze zwischen Tier und Mensch ist immer wieder am perfekt aufrechten Gang, an der echten Sprache an der Fähigkeit der Selbsterkenntnis, der Herstellung komplexer Werkzeuge und der Kunst festgemacht worden und die Menschenaffen wurden nach diesen Merkmalen beforscht. So hat der Philosoph Raymond Corbey beobachtet, dass die Geschichte der anthropologischen Wissenschaften weitgehend aus einem Wechselbad zwischen Humanisierung und Bestialisierung von sowohl Affen wie Menschen besteht.

Die Verfilmung *Greystoke: The Legend of Tarzan, Lord of the Apes* von 1984 markiert eine solche Pendelbewegung hin zur Humanisierung des Affen, die durch die Langzeitfeldstudien der Primatologinnen Jane Goodall, Dian Fossey und Biruté Galdikas angestoßen wurde. Wie der Neandertaler entwickelten sich auch die Menschenaffen von einst wilden Bestien zu nächsten und lieb gewordenen Verwandten. So imitiert Christopher Lambert als Lord Greystoke den Schimpansen nach den neuesten Erkenntnissen der Wissenschaft, wohingegen die weißen Eindringlinge im Dschungel Afrikas die ausbeuterischen Kolonialherren sind. Der Affe selbst ist nun der edle Wilde und Tarzan drückt das Verlangen des zivilisierten Menschen nach einer verlorenen Unschuld aus. Aber bald wurden die dunklen Eigenschaften der Menschen beim Affen wiederentdeckt und der Mensch genetisch beinahe zum Schimpansen. Damit ist das Seilziehen selbstverständlich nicht entschieden. Denn gerade beginnt die Bedeutung der kleinen genetischen Unterschiede mit der epigenetischen Forschung zuzunehmen (Epigenetik: moderne Forschungsrichtung der Genetik, die sich mit den Mechanismen und Konsequenzen vererbbarer Merkmale beschäftigt, welche nicht auf Veränderungen in der DNS-Sequenz beruhen). Tarzan verspricht als Sinnbild des Affen in uns und des Menschen unter Affen eine lebendige Figur zu bleiben.

Marianne Sommer ist Professorin für Kulturwissenschaften sowie SNF-Professorin für Wissenschaftsgeschichte und Wissenschaftsforschung an der Universität Luzern.

Literatur:

- Corbey, Raymond: The Metaphysics of Apes. Negotiating the Animal-Human Boundary. Cambridge University Press 2005
- Sommer, Marianne: Foremost in Creation. Anthropomorphism and Anthropocentrism in National Geographic Articles on Non-Human Primates. Verlag Peter Lang 2000
- Sommer, Marianne: Bones and Ochre. The Curious Afterlife of the Red Lady of Paviland. Harvard University Press 2007
- Krüger, Gesine; Mayer, Ruth; Sommer, Marianne (Hrsg.): „Ich Tarzan." Affenmenschen und Menschenaffen zwischen Science und Fiction. transcript Verlag 2008

Tieropfer

von althochdeutsch *opfar,* rückgebildet aus *opharon* für „eine Arbeit verrichten, etwas Gott als Opfergabe darbringen", aus dem (Kirchen-)Lateinischen *operari* für „einer Gottheit durch Opfer dienen, Almosen spenden" (lateinisch: beschäftigt sein, arbeiten, wirken) und althochdeutsch *tior* für „atmendes Wesen".

1993 entfachte der kulturkonservative deutsche Schriftsteller Botho Strauß einen öffentlichen Sturm der Entrüstung, weil er in seinem Essay *Anschwellender Bocksgesang* im *Spiegel*-Magazin den rechtsradikalen Übergriffen und Gewalttaten der frühen 1990er-Jahre die Weihe eines antiken Rituals verlieh. Denn Strauß' gesamte Argumentation zielt darauf, die Jagd auf ausländische Mitbürger durch glatzköpfige Jugendliche auf den Straßen ostdeutscher Kleinstädte mithilfe des Opfer-Begriffs zu rechtfertigen: „Rassismus und Fremdenfeindlichkeit sind ‚gefallene' Kultleidenschaften, die ursprünglich einen sakralen, ordnungsstiftenden Sinn hatten ... Der Fremde, der Vorüberziehende wird ergriffen und gesteinigt, wenn die Stadt in Aufruhr ist. Der Sündenbock als Opfer der Gründungsgewalt ist jedoch niemals lediglich ein Objekt des Hasses, sondern ebenso ein Geschöpf der Verehrung: Er sammelt den einmütigen Haß aller in sich auf, um die Gemeinschaft davon zu befreien. Er ist ein metabolisches Gefäß." Knapp zweihundert Jahre zuvor hatte bereits Friedrich Hölderlin in seiner Theorie der Tragödie das „Opfer" des Helden als den zentralen Angelpunkt des tragischen Geschehens markiert. Dabei besteht Hölderlin vor allem darauf, dass im Opfer gerade das *Lösungspotenzial* von Konflikten zwischen Gott und Mensch, Altem und Neuem bezeichnet sei.

Die Praxis des Opferns verbindet demgemäß im metaphysischen Horizont der Tötung eines Opferlebewesens die Zerstörung von Leben mit der Hoffnung beziehungsweise der Bitte um die Sicherung des Weiterlebens für die opfernde Gemeinschaft. Töten soll Leben ermöglichen, Leben sich aus der Tötung speisen: Das Opfern ist ein Kommunikationsakt, mit dem ein Adressat (gewöhnlich die entsprechende Gottheit) durch den Kontext des Ritus eine immer gleiche Botschaft zugestellt bekommt, die allerdings nicht sprachlich codiert, sondern im „natürlichen Zeichen" der Tötung gegeben ist. Der Tod eines Stellvertreters soll die Bedrohung der Opfergemeinschaft abwenden, weil seine Tötung die natürliche oder göttliche Forderung nach Zerstörung auf sich nimmt und so die anderen temporär davon befreit. Damit ist das Opfer zugleich das Urbild tropischer, das heißt sprachbildlicher Ersetzung: das Opfer *steht für* alle, die sich in der Gabe des Opferns auf den Gott beziehen (Metonymie); das Opfer *steht für* das Leben, dessen Geltung sein Tod verlängern soll (Antithese). Die Logik hinter jeder Art der Opferung scheint dabei unter anderem zu sein, die (zumindest in den monotheistischen Religionen) von Gott gewährte Gabe des Lebens zu einer Gabe an den Gott zu machen, sozusagen geschenktes Leben zu verschenken. Der Wert des von Gott geschenkten oder zumindest gesicherten Lebens wird dadurch hervorgehoben, dass es als höchstmögliches Geschenk an diesen zurückgegeben wird, um ihn so günstig zu beeinflussen, seine Stiftungs- und Aufrechterhaltungsfunktion des Lebens weiterhin wahrzunehmen. In paradoxer Umkehrung wird so das Geschenk durch seine Zerstörung gedankt und damit um seine weitere Gewährung gebeten; wohlgemerkt vor allem durch die Zerstörung eines *anderen* Lebens. (Gemeinschaften, die sich wie in manchen Sekten kollektiv opfern, stellen den Grenzwert des Opfergeschehens dar, der das weltliche Ziel des Opferns im engen Sinne aufhebt.)

Die hochkomplizierte Ritualisierung aller mit der Opferung verbundenen Räume, Kulthandlungen, Opferteile und sozialen Hierarchien nimmt die Stiftung beziehungsweise Aufrechterhaltung einer Gemeinschaft zwischen Mensch und Gott vorweg, die im Opferritus immer schon als bereits funktionierend vorgeführt wird. Die dem Opferungsgeschehen dabei zugrunde liegende ontologische (ganz allgemein und grundsätzlich das Seiende überhaupt betreffende) „Norm" kann anhand eines überlieferten Ausspruchs des Vorsokratikers Anaximander spekulativ etwa so erläutert werden: „Und was den seienden Dingen die Quelle des Entstehens ist, dahin erfolgt auch ihr Vergehen ‚gemäß der Notwendigkeit; denn sie strafen und vergelten sich gegenseitig ihr Unrecht nach der Ordnung der Zeit'." Anaximander lehrt, dass alles Seiende durch sein Ins-Leben-Treten schuldig wird an dem, was es durch seinen eingenommenen Platz am Leben hindert. Diese Schuld könne nur durch den Preis des Todes abgeglichen werden. Die Schuld jedes Lebenden gegenüber dem Sein, das es durch seine Existenz an der Schaffung neues Seienden hindere, weil es gewissermaßen einen Platz innerhalb des begrenzten Raums des Lebendigen besetze, werde erst und nur durch den Tod beglichen.

Die Übertragung des Schuldausgleichs, seine Aussetzung und die Verlängerung des Wechsels ist in der Logik des Opfers temporär auch durch den Tod anderer, niederer Geschöpfe möglich: Der Kreditrahmen des Lebens wird so nochmals verlängert, indem eine Bürgschaft des Tiers für den Menschen in Kraft tritt. Das Tier als klassischerweise die Mitte zwischen unbelebter beziehungsweise rein vegetativer und beseelter, menschlicher Geist-Natur vertritt so das reine Leben in seiner Flüchtigkeit. Durch dessen willentliche Zerstörung ist die Zerbrechlichkeit und Abhängigkeit des menschlichen Lebens gegenüber dem absoluten göttlichen Grund, in dem es unvordenklich wurzelt und dem es beständig ausgeliefert ist, zugegeben und sozial manifestiert.

Im religiösen Tieropfer ist das Tier in extremer Ambivalenz behandelt: Zum einen wird ihm der höchste mögliche Symbolwert zugesprochen, nämlich für die jeweilige menschliche Gemeinschaft als ganze zu ste-

Abbildung:
Pieta
Thomas Duttenhoefer, 2006;
Eisen, Höhe 33 cm.
www.thomas-duttenhoefer.de

hen und die menschliche Lebendigkeit überhaupt zu vertreten. Sowohl als Stellvertreter des menschlichen Lebens überhaupt als auch in der Anerkennung als wichtigste menschliche Nahrungsgrundlage ist das Tieropfer Ausdruck einer Gabe an den Gott, durch die dem Tier eine hochgradige symbolische Würde zuwächst, den Bund Gottes mit dem „höchsten' Lebewesen Mensch beständig zu erneuern. Zum anderen aber wird das Tier unter der Hand des Opferkults zum Gegenstand schlechthin: dem symbolisch wie materiell völlig verfügbaren Eigentum der menschlichen Gemeinschaft, indem das Tier seiner vitalen Würde der Selbstbewegung entfremdet und sein Tod zum Zeichen einer Verbindung mit den unbeherrschbaren Gründen des Daseins wird.

Deshalb ist die Komponente der Machthaltigkeit beziehungsweise Machtwirkung des Opfertieres, den die Theorien des Opfers immer wieder betonen, nicht einfach beim Wort zu nehmen: Wenn auch das Opfertier symbolisch eine bestimmte Macht verkörpern soll, durch deren Opferung wiederum eine höhere Macht beeinflusst werden kann, so ist doch faktisch gerade die Machtlosigkeit des Tiers in sozial auf Dauer gestellten Opferriten Bedingung seiner Verfügbarkeit. Der kulturgeschichtliche Prozess der Herausbildung der ethischen Entkörperlichung des Opfers und der symbolisch ins bloß Zeichenhafte verschobenen Opferpraktiken bis hin zur völligen Entsubstanzialisierung des Opfers im Rahmen der Eucharistie im Protestantismus zeugt möglicherweise von einem im Opferritus eingebrannten kollektiven Schuldbewusstsein, das nur noch Opfer im übertragenen Sinn anerkennt. Entsprechend ist für Luther die Selbsthingabe des Einzelnen im Dienst Gottes das einzige legitime Opfer religiöser Riten. Damit ist die Stellvertreteropferung von Tieren endgültig keine Option mehr, um mit dem christlichen Gott eine Vereinbarung über das Bleiberecht im Dasein und die Aussicht auf Schuldbefreiung einzugehen.

Offen bleibt die Frage, ob das Opfer eine derartige anthropologische (dem Menschen wesenhaft eignende) beziehungsweise psychologische Konstante des Menschen als Mängelwesen darstellt, der sich höheren Mächten gegenüber so sehr in der Rolle des ewigen Bittstellers und Besänftigers glaubt, dass es auch in säkularen Gesellschaften in verwandelter Form überlebt. Gerade aber am Beispiel des Tiers und des Umgangs mit diesem zeigt sich in jedem Fall, dass die menschliche Universalverfügung über dieses zum Zweck des eigenen Überlebens in säkularer Form in der Massentierhaltung und überhaupt der Tierschlachtung sich fortzeugt. Verloren gegangen sein mag auf breiter gesellschaftlicher Basis der symbolische Nährwert des Opfertiers als Versicherungspolice des Umgangs mit Gott. Erhalten geblieben ist einzig der materielle Nährwert der Opferung und das bloße Skelett eines Ritus' in Form einer nun maschinell durchregulierten Tötungsmaschinerie. Überlebt hat der symbolische Respekt vor dem Tier vielleicht noch in den Praktiken von Jägern und Jagdgesellschaften, deren hochgradig sinnbesetzte und durchregulierte Abfolge von Zeichenhandlungen zumindest *pars pro toto* (lateinisch für: einen Teil für das Ganze nehmen) an die überkomplexen Opferzeremonien der Vorzeit erinnert. Allerdings ist zugleich das sprichwörtliche „Jagdvergnügen" Ausdruck eines zumindest partiellen Sport- und Freizeitcharakters des Tötens in der Jagd, der auch mit Hinweis auf den Schutz- und Bewahrungscharakter der Natur und des Wildbestands durch die Jagd nicht nur für viele Tierschützer einen unangenehmen Beigeschmack hinterlässt.

Die absolute Ernsthaftigkeit des Tieropferrituals zumindest in seiner Idee, nach der im Vollzug des Opfers das Weiterleben der gesamten Gemeinschaft auf dem Spiel steht, und die Nicht-Zufälligkeit der Auswahl des Opfertiers, das durch bestimmte Eigenschaften und Eigenarten den jeweils betreffenden Gott singulär ansprechen soll, sind in der säkularisierten Tiertötung unserer Tage definitiv einer maschinellen oder in emphatischer Bedeutung sinnlosen Vernichtung tierischen Lebens gewichen. Verquaste Rettungsversuche wie der von Botho Strauß, dem Töten eine religiöse und gemeinschaftserhaltende Ernsthaftigkeit zurückzugeben, scheinen heute einzig noch für das Selbstopfer des Märtyrertodes und dessen Konjunktur in terroristischen Zusammenhängen, inklusive der dabei erzielten Kollateralschäden „fruchtbar" zu sein. Dem Töten von Tieren ist diese zweifelhafte „Würde" abhandengekommen: Ehrlicherweise ist es auf die bloße Verfügbarmachung von materiellen, nicht mehr symbolischen oder religiösen Lebensmitteln reduziert.

Jan Urbich lehrt als Literaturwissenschaftler und Philosoph an der Technischen Universität Braunschweig.

Abbildung:
Fascinans et tremendum II
Aus der Serie „Bischof und Stier".
Thomas Duttenhoefer, 2006; Eisen, Höhe 46 cm.
www.thomas-duttenhoefer.de

Stefan Baur

Bücherrätsel

Das heutige Rätsel segelt, jedenfalls was den Ausgangspunkt der Suche betrifft, *Philosophie und Tiere*, im Schatten einer derzeit ziemlich populären Debatte. Es ist erstaunlich, wie viel Interesse diesem Thema gerade jenseits der Fachphilosophie entgegengebracht wird. Nicht nur *der blaue reiter* geht der Sache nach, sie ist ein Gegenstand für's Feuilleton geworden.

Das mag daran liegen, dass der westliche Durchschnittsbürger kaum mehr mit Tieren zu tun hat. Jedenfalls nicht im althergebrachten Sinn von Nutztieren, schon gar nicht mit wilden Tieren. Wenn überhaupt, so hält er sich Haustiere, die nicht selten zum Familienmitglied erhoben werden. Dazu noch der ein oder andere Zoobesuch und gelegentlich ein Tierfilm: Kein Wunder, dass die robuste und auf einer kategorischen Unterscheidung zwischen Mensch und Tier basierende Einstellung zu Tieren aus früheren Tagen infrage steht. Noch dazu hält eine solche kategorische Unterscheidung einer wissenschaftlichen Betrachtung immer weniger Stand; die religiös verfügte wiederum überzeugt kaum mehr jemanden. Aber auch unser aller schlechtes Gewissen wird eine Rolle spielen: Denn so sehr die allgemeine Tierliebe um sich zu greifen scheint, so ist die industrielle Behandlung von Nutztieren als bloßer Rohstoff auf einem Tiefpunkt angelangt; und jeder kennt seinen Teil Verantwortung an dieser Barbarei. Grund genug also, das durchaus alte Thema neu zu beleuchten. Die meisten Überlegungen dazu scheinen auf die Frage hinauszulaufen, ob Tiere Rechte hätten, und wenn ja welche. Häufig wird dabei angenommen, dass dies eine ganz neue Überlegung sei, und die Altvorderen der Philosophie sich bestenfalls abfällig oder überheblich über andere Kreaturen geäußert hätten. Das stimmt aber nicht, wie sich am heute zu erratenden Werk zeigt.

Der Autor des gesuchten Buchs erfüllte zunächst ein Versprechen, indem er für seinen Vater eine heute kaum mehr bekannte Schrift übersetzte. Dabei fand er großen Gefallen an derselben und schrieb Jahre später eine wohlwollende Verteidigung dieser Schrift. Dabei wiederum, und das ist typisch für diesen Klassiker, geriet er in weitschweifige, ebenso gelehrte wie skeptische allgemeine Betrachtungen zu seinen Lieblingsthemen: der Begrenztheit unserer Erkenntnis und unseres Verstands, der Unsicherheit allen Wissens, letztlich zur Verherrlichung einer Art Skepsis, die seine Schriften ein gutes Jahrhundert später auf die Liste der verbotenen Bücher brachte – und in den intellektuellen Olymp (ersteres ist einigermaßen kurios, immerhin wollte er in der gesuchten Schrift auch den katholischen Glauben gegen den Atheismus verteidigen).

Wo aber kommen die Tiere ins Spiel? Es geht dem Autor darum, „Hochmut und Stolz des Menschen zuschanden zu machen und zu zertreten“. Unter den vielen Ansatzpunkten, die im gesuchten Buch dafür gefunden und genutzt werden, ist auch ein umfangreicher Abschnitt über die Tiere, der mit Hinweis auf den Stolz des Menschen eingeleitet wird: „Aus ebendieser hohlen Einbildung ... sondert er sich als vermeintlich Auserwählter von all den anderen Geschöpfen ab, schneidert den Tieren, seinen Gefährten und Mitbrüdern, ihr Teil zurecht und weist ihnen soviel Fähigkeiten und Kräfte zu, wie er für angemessen hält.“

Das will dem Autor nicht einleuchten, und wie überraschend radikal dieser vornehme Herr aus dem Zeitalter der Reformation denkt, zeigt gleich im Anschluss eine Überlegung zur Kommunikation mit Tieren: „Es bleibt eine offene Frage, wessen Fehler es ist, daß wir uns nicht verstehen, denn wir verstehen sie (die Tiere) keineswegs besser als sie uns! So können sie uns mit gleichem Recht für vernunftlose Tiere halten als wir sie. (Und daß wir sie nicht verstehen, braucht uns kaum zu wundern – verstehn wir doch nicht einmal die Basken und die Triglodyten!)“

Im weiteren Verlauf bietet der ungemein belesene Autor eine Fülle von Quellen auf, um zu belegen, dass es nichts gibt, was uns fundamental von den Tieren unterscheide. Es folgt ein Potpourri von Quellen, Belegen, Geschichten und Beobachtungen von und über Tiere, an welchem der alte Brehm seine Freude gehabt hätte

Lösungen der Bücherrätsel der 33. Ausgabe

1. Gesucht war das Hauptwerk von Rosa Luxemburg: *Die Akkumulation des Kapitals. Ein Beitrag zur ökonomischen Erklärung des Imperialismus*. Vorwärts, Berlin 1913. Darin wird eine marxistische Deutung des Imperialismus gegeben.

2. Gesucht wurden die Briefe von Liselotte von der Pfalz. In vielerlei Auswahlen sind Briefe der Autorin erschienen, die 1671 von Heidelberg nach Paris verheiratet wurde und als Herzogin von Orléans einen ausgedehnten, das Hofleben der Zeit im Detail beschreibenden Briefwechsel führte – unter vielen anderen auch mit Gottfried Wilhelm Leibniz.

(jedenfalls bis zur zweiten Auflage): Es geht dabei von der Kommunikation der Tiere untereinander über die Zweckmäßigkeit ihrer Interaktionen hin zur Staatenbildung, von ihrer Geschicklichkeit im Werkzeuggebrauch bis zu Experimenten zur Intelligenz von Hunden, von der zweckmäßigen Position der Tiere beim Geschlechtsverkehr über ihre Kenntnis der Mathematik bis hin zu sämtlichen Tugenden, zu denen reichlich Beispiele aus der Tierwelt gegeben werden. Die Frage, ob Tiere im Gegensatz zum Menschen manche verblüffende Leistung nur aus Instinkt vollbringen, wird ebenso behandelt wie religiöse Meditationen von Elefanten, von denen der Autor gelesen hat. Mimikry und Symbiose finden ihren Platz zwischen Legenden und Vermutungen.

In dieser faszinierenden Mischung von Fabelhaftem, Tiefsinnigem, Derbem und Feinsinnigem lässt sich nicht nur vortrefflich schmökern. Es ist auch eine Fundgrube noch heute relevanter Einsichten; nicht zuletzt auch Mahnmal dafür, dass wir Postmodernen den Respekt vor Tieren gewiss nicht erfunden haben – heißt es doch im gesuchten Werk zusammenfassend über die Tiere: „Daraus erhellt, daß wir uns nicht kraft wahrhaft vernünftiger Überlegung, sondern eines uneinsichtigen, hirnverbrannten Stolzes für höherrangig als die andren Lebewesen halten und von ihrer Daseinsweise und Gesellschaft absondern.“

Dr. B. Reiter

Haben Sie Probleme philosophischer Art?

Dr. B. Reiter sorgt für Aufklärung!

Es gibt keine Frage, zu der er nicht die passende Antwort hätte. Wenden Sie sich vertrauensvoll an unseren Spezialisten für philosophische Aufklärung.

Sehr geehrter Herr Dr. B. Reiter,

... kann man den „Burkini" als Musterbeispiel hegelscher Dialektik begreifen?

K. Wilbert, Frankfurt

Sehr geehrter Herr Wilbert,

die Frage nach der Dialektik ist eine nach dem am schwersten zu bestimmenden und zugleich grundlegendsten Begriff des Denkens – zumal bei Hegel.

Der neudeutsche Begriff „Burkini" für den Ganzköperbadeanzug muslimischer Mädchen und Frauen, der außer dem Gesicht den gesamten Körper bedeckt, zählt jedoch nicht zu den dialektischen Begriffen. Auch wenn im Burkini das denkbar verhüllendste Kleidungsstück, die Burka, mit dem denkbar knappsten der Bademode, dem Bikini, zwei scheinbar widersprüchliche Weltansichten in einem Begriff, respektive einem Kleidungsstück, eine Synthese bilden, ist Dialektik eben doch mehr, als der oft fälschlicherweise Hegel zugeschriebene Dreischritt aus These, Antithese und sich daraus ergebender Synthese. Die Reaktionen aller Beteiligten zeigen hinreichend, dass beim „Burkini" von einer solchen Auflösung eines vermeintlichen Widerspruchs in einem Dritten keine Rede sein kann.

Bezogen auf Ihre Frage wäre wahrhaft „positive" Dialektik zum Beispiel eine Burka mit aufgemaltem nackten Männerkörper oder die Verwendung einer Latex-Burka als sexuellem Fetisch, wie sie vom schwulen Comiczeichner Ralf König einer seiner männlichen(!) Figuren angedichtet wird.

Sehr geehrter Herr Dr. B. Reiter,

im Journal für Philosophie zum Thema „Freiheit" 2006, Seite 10, ist im Artikel von Herrn Jörg Seidel „Freiheit ist eine Entscheidung" hervorgehoben abgedruckt. Kann man diese Aussage Diogenes zuordnen? Gerne würde ich diese Zeile als „Zitat" beziehungsweise als Gedankenimpulsgeber verwenden zum Thema „Freiheit" auf dem Besinnungsweg in Fellbach. Zur Information: www.besinnungsweg.de.

C. Ebner, Fellbach

Sehr geehrte Frau Ebner,

Besinnung täte in Zeiten der Generation Burn-Out, der ausgebrannten, von Arbeitswahn und Erlebnishunger getriebenen Dauererschöpften wahrlich Not. Vor lauter Zielfixiertheit, Fokussierung auf die Nutzbarmachung unerschlossener Potenziale und dem beständigen Ausloten der Grenzen des Selbst wird unsere Gesellschaft zunehmend zur Wettkampf- respektive Konkurrenzgesellschaft. Wir befinden uns in einem beständigen gesellschaftlichen Überbietungswettlauf der Steigerungen von schnell, schneller am schnellsten, schön, schöner am schönsten, reich, reicher am reichsten mit unseren Mitmenschen und mit uns selbst. Komparativ reiht sich an Komparativ, nur um vom nächst besten Superlativ überholt zu werden, der, kaum erreicht, schon wieder von einem ebenfalls nur kurzzeitig gültigen Ultimativ hinter sich gelassen wird, dem auch nur für kurze Zeit aktuell wichtigsten, erstrebenswertesten, totales Lebensglück verheißenden Hyper-Mega-Giga-Ultra-Ding.

Diesbezüglich war Diogenes von Sinope in der Tat ein frühes Vorbild. Nahm er sich doch die Freiheit, Bedürfnislosigkeit zur Tugend zu erheben. Es wird er-

Abbildung: CANIA

der blaue reiter

zählt, dass er, als er einen Jungen seine Linsensuppe aus einem aufgebrochenen Brot essen sah, mit dem erfreuten Ausruf „Er hat mich gelehrt, was man wirklich braucht!“, sein Essgeschirr wegwarf. Das heute allgegenwärtige olympische Motto „höher, schneller, weiter“ war ihm fremd. Seine Behausung, ein altes Fass anstelle eines Palasts, wurde zum Sinnbild für ein erfülltes Leben durch Verzicht.

Allerdings sollte man vorsichtig sein, Diogenes auch noch heute zum Vorbild zu erheben. Hatte er doch ein anderes Verständnis von Freiheit und Individualität als wir heute. Wer von Freiheit als Entscheidung spricht, muss im Kleingedruckten nämlich immer auch angeben, welche Voraussetzungen und Möglichkeiten im Moment der Entscheidung tatsächlich gegeben sind. Auch wenn manch europäischer Wohlfühlbuddhist von den Höhen seines 800 Euro teuren, seidenüberzogenen Meditationskissens herab die Bedürfnislosigkeit predigt und es im armen Indien tatsächlich aus freien Stücken als Bettelmönch lebende Menschen gibt, ist freiwillig gewählte Armut, die freie Entscheidung zum Verzicht, doch nur für den aller geringsten Teil der Weltbevölkerung ein Königsweg zu geistiger Erleuchtung. Will sagen: Hat man die Leere des gesellschaftlichen Olymps erst mal genossen, steigt man leichter in die Niederungen des beglückenden Verzichts herab, als wenn man bisher nur vom Himmel träumen durfte. Es ist immer leichter, aus den Lederkissen eines Mercedes heraus auf ein Fahrrad zu steigen und sich an der körperlichen Betätigung zu erfreuen, denn keine andere Möglichkeit zu haben, als bei Wind und Wetter mit dem Fahrrad zu fahren. Nur wer die Last des Besitzes kennt, kann auch die Freuden der Besitzlosigkeit genießen, wie Diogenes von Sinope es tat. In diesem Sinne würde ich auch bezweifeln, dass Diogenes von Sinope besagten Satz unkommentiert unterschreiben würde.

Doch zurück zu Ihrer Frage des Zitatnachweises: In Zeiten zahlloser Plagiatsfälle ist es aus Sicht eines Wissenschaftlers naturgemäß löblich, dass Sie die Herkunft der Zitate, die Sie Spaziergängern zum Nachdenken auf Ihrem Besinnungsweg vorstellen, angeben möchten. Auch Verleger und Autoren freuen sich über Ihren respektvollen Umgang mit geistigem Eigentum. Aber: Wird der Satz „besinnlicher“ oder gar „wahrer“, wenn der Name eines großen Philosophen daneben steht und nicht zum Beispiel Jörg Seidel, der Name des Autors des Textes im *blauen reiter*?

Wenn Sie die Menschen zum Nachdenken anregen möchten, sollten Sie sie nicht durch die Vorbildfunktion vorgeblicher Berühmtheiten vor dem Selberdenken abschrecken. Denn die einzigen Freiheiten, die dem Menschen nicht zu nehmen sind, sind die des Selber- und Andersdenkens! „Es könnte immer alles auch anders sein“, oder anders formuliert: „Man kann immer alles auch anders denken“ – welcher Gedanke könnte besinnlicher sein, welcher mehr verlohnen? Gerne dürfen Sie diesen Satz mit oder ohne meinen Namen für Ihren Besinnungsweg kostenfrei verwenden!

Noch Fragen? Fragen Sie Dr. B. Reiter!

Stefan Reusch

Mensch, Tier, Kirche

Haben Tiere Vernunft? Haben Tiere Seele? Oder sind sie genauso wie wir? Gute Fragen.

Deutschland ist eine Hundesrepublik. Es gibt in Deutschland mehr Haustiere als Kinder, der Deutsche ist sehr tierlieb. Heißt nicht, er liebt alle Tiere. Holzbock, Wasserfloh, Kellerassel – da fährt er die Streichelhand nicht für aus, und auch „Bruder“ Bandwurm, den integriert er zwar, aber ungern.

Seit Neuestem darf die kosmetische Industrie hierzulande keine Tierversuche mehr machen. Gut. Hat der Mensch durchgesetzt. Jetzt aber: wohin mit den Überlebenden? In der Lasagne ist kein Platz mehr.

Das Tier, es macht mancherlei Beschwer. Aber der Mensch findet immer Lösungen. Das ist seine Art. Er hat Vernunft, er hat Überzeugungen. Und die nächste Überzeugung, die durchs Dorf getrieben wird, wird wieder die seine sein.

„Man kann keinen allgemeinen Vorrat an Überzeugungen der Art haben, die nötig ist, um überhaupt Überzeugungen haben zu können, ohne Überraschungen ausgesetzt zu sein, die Überzeugungen über die Richtigkeit der eigenen Überzeugungen involvieren.“ So schreibt der englische Philosoph Donald Davidson in seinem Essay *Vernünftige Tiere.* Und stellt fest: „Manche Tiere ... erwägen, prüfen, verwerfen und akzeptieren Hypothesen. Sie handeln aus Gründen, und dies tun sie manchmal, nachdem sie nachgedacht, sich die Folgen ausgemalt und Wahrscheinlichkeiten gegeneinander abgewogen haben.“

Abbildung: **ohne Titel** Hans Beck

Dazu – nach sorgfältiger Abwägung – die folgende Geschichte: Im Hochsommer 2010 begegnete mir das Tier. Ich war mit den Hühnern aufgestanden, weil das Telefon klingelte. *High Huhn,* 12 Uhr mittags, mein Redakteur. Ein Großereignis stünde an, sagte er, das dennoch bloß in Dortmund stattfinden solle. Sehr verdächtig dünkte mich das, indes mir ging es nicht gut, mir war schlecht. „Bist du noch dran“, sagte mein Redakteur, es klang wie frisch gewaschen. Ich sagte nichts, nahm erst mal den Finger aus dem Hals. Wir Journalisten sind harte Hunde.

„Du“, sprach der Mann, „in Dortmund gibt es jetzt den *1. Kirchentag für Menschen und Tiere.*“ – „Du willst mich verarschen?“ „Nein“, sagte er traurig. Und er sagte: „Wusstest du, dass es in Münster ein Institut für sage und schreibe ‚Theologische Zoologie‘ gibt?“ Ich sagte „Nein“. Er sagte traurig: „Tja“ und: „Bitte, bitte mach was drüber, pranger's an, bitte!“ Er weinte und legte auf.

Ich bin Profi, ich habe keine Angst vor Christen, also putzte ich mir den Mund ab und losgeschrieben: „Der eine bremst für Kinder, der andere hat ein Herz für Tiere, ein dritter spricht mit Steinen. All das ist löblich, für ein Zusammenleben wichtig, zeugt von Respekt gegenüber der Schöpfung, aber man muss es nicht an die große Glocke hängen. Nun seufzen viele Christen: ‚Wozu? Wozu haben wir eigentlich noch die ganzen schönen großen Glocken? Wir haben ja nix mehr zum Dranhängen. Auf der einen Seite trunkene Bischöfinnen und auf der anderen gestandene Hirten, denen im hohen Alter plötzlich so bitter schmeckt das Knabenbrot.‘ Doch wo der gewohnte Verkündigungs-Mainstream einmal lahmt, hüpfen andere in die Bresche, die sonst den Rand halten, die Randgruppen.“

Ich nippte hastig an meinem Franzbranntwein, ich hatte einen Flow:

„Zum ökumenischen *1. Kirchentag Mensch und Tier* sind beide Sorten Lebewesen eingeladen, man erwartet – mit Segen der Amtskirche – 5000 mehrbeinige Besucher, also: Hund und Herrchen, Schneiderlehrling und Weberknecht, Gottesanbeterin und, tja, Gottesanbeterin.

Alles wird garantiert weggesegnet. Ob Mensch, ob Schildkröte oder beider Panzer. Trotzdem gilt eisern und daran ändert auch ein religiöser Ringelpiez mit Ankläffen nichts: Tiere sind nicht gebenedeit. Tiere haben keine Seele. Und überhaupt: Wir sind ihnen in allen Belangen überlegen, den Tieren. Wir Menschen können leichten Herzens verzichten beispielsweise auf Hühneraugen, Hühner haben keine anderen. Da kann man mal sehen beziehungsweise eben nicht.“

Mr. Davidson, bitte: „Weder ein Säugling, der erst eine Woche alt ist, noch eine Schnecke ist ein vernünftiges Wesen. Wenn der Säugling lange genug lebt, wird aus ihm wahrscheinlich ein vernünftiges Wesen werden, während das für die Schnecke nicht gilt."

Und nun ich wieder (der mit dem Flow): „Ein Gottesdienst mit Tieren ist definitiv für die Hühner. Der Punkt ist: Der Mensch ist die Krone der Schöpfung. Also: Frauen ja – Tiere nein. Darüber kann man streiten. Aber es nutzt nichts. Der Mensch ist die Spitze des Fleischbergs. Esse ich ein Schinkenbrötchen dann mag die religiös verwurzelte Veganerin keifen: ‚Du isst den Todesschrei des Tieres mit', es ändert nichts, dann ess ich den eben mit. Soll das Tier halt aufhören zu schmecken.

Da ändert kein heiliger Zorn, kein christlicher Zuwendungsterror etwas dran. Da kann der Dackel wackeln und die Pfoten falten. Keine Seele. Punkt. Gleichnishaft gesagt: Eher geht ein Reicher durchs Nadelöhr, als dass ein Kamel ins Reich Gottes komme. Beziehungsweise wie der Dichter sagt:

Und endet mal alles in flüssiger Lava,
bleibt vom Menschen die Seele und vom Tier der Kadava."

So ist es recht. Auch wenn es herzlich wurscht ist.

Bitte, Herr Dostojewski: „Wie vernünftig, wie herrlich, wie gerecht und Heilig die Menschheit auf Erden sich auch immer einrichtete – es wird morgen doch alles dieselbe Null sein."[1]

Klingt vernünftig.

Stefan Reusch ist freier Autor für Funk und Bühne. Zu hören ist er unter anderem auf SWR3 (*Reuschs rigoroser Rückblick*) und beim DLF (*Is' was? – Kulturrückblick*). Auf WDR5 moderiert er die Sendung *Spielart*. Soeben ist von ihm das Buch *Zusammenstöße* erschienen (Entenfuß-Verlag, Berlin). www.stefanreusch.de

P. S.:
Zu einem weiteren ökumenischen *Kirchentag Mensch und Tier* ist es meines Wissens nicht gekommen.

Anmerkung:

1. Fjodor M. Dostojewski: Tagebuch eines Schriftstellers

Jutta Heinz

Katzen-Philosophie

In der Philosophie wimmelt es nur so von Tieren: Berühmt sind zum Beispiel Platons Huhn, Schopenhauers Pudel und Thomas Nagels Fledermäuse, die zur Illustration der unterschiedlichsten philosophischen Thesen herhalten mussten. Wahrhaft philosophische Wesen sind jedoch nur die Katzen. Nicht von ungefähr wurden sie von den alten Ägyptern als heilig verehrt.

Minka würde sich niemals als Philosophin bezeichnen. Sie würde mich aus ihren großen grünbraunen Katzenaugen anschauen, vielleicht, wenn sie gut gelaunt wäre, ein wenig verschwörerisch blinzeln – und dann das weiter tun, was sie sowieso tut: Katze sein nämlich. Kein Existenz-Philosoph muss ihr erläutern, was das ist, kein Metaphysiker für sie über das Wesen der Katzenhaftigkeit spekulieren, kein Ethiker sie über die Moral des Mäusefangens oder den kat(z)egorischen Imperativ aufklären. Gleichwohl staunt der Ästhetiker, mit welcher Grazie sie allen philosophischen Ballast im wohligen Dehnen ihrer Glieder abwirft; wie genau sie den Halbkreis abzirkelt, den ihr Schwanz beschreibt; den absoluten Gleichklang der parallel gesetzten Vorderpfoten, die klare Schönheit der Silhouette – eine Katze, nichts als eine Katze, und doch ein Inbild entspannten Weltvertrauens, stoischer Gelassenheit und ästhetischer Vollendung.

Tatsächlich kann kein Katzenkenner abstreiten, dass Katzen eigentlich über all das verfügen, was seit den Alten einen ordentlichen Lebensphilosophen ausmacht (wenn auch vielleicht keinen philosophischen Leitwolf). Geht man von der Prämisse aus, dass alle Erkenntnis in den Sinnen ihren Anfang nimmt, sind Katzen dem Instinkt- und Sinnen-Mängelwesen Mensch im Allgemeinen weit voraus (von asketischeren Philosophen-Spezies im Besonderen ganz zu schweigen). Sie hören feiner – eine philosophisch mit Sicherheit wertvolle, wenn auch eher wenig praktizierte Eigenschaft; sie sehen besser, und das sogar in der Nacht, was sie zu Aufklärern im Wortsinn macht. Ihr ausgeprägter Geruchssinn leitet sie traumwandlerisch dort, wo uns nur eine grobe Palette zwischen Ekelgerüchen und den erotischen Versprechungen der Parfum-Industrie zur Verfügung steht – obwohl, so versichern uns zumindest die Neurowissenschaftler, wir unsere Partner in erster Linie ihres Geruchs und nicht etwa ihrer philosophischen Kernkompetenzen wegen wählen. Für Katzen gilt das Credo der Empiristen: „Sein ist Wahrnehmen", in einem weit wörtlicheren Sinne, als es sich deren Vordenker George Berkeley jemals vorgestellt hatte.

Dass Katzen Gefühle haben, steht ebenfalls kaum infrage. Zwar haben Generationen vergeistigter Philosophen das Gefühl mehr oder weniger als zu überwindendes Hindernis für den Denkenden disqualifiziert; nichtsdestotrotz erscheint es zumindest als Spezifikum des Menschen, dass er sich in ein positives oder negatives Verhältnis zu seinen Wahrnehmungen setzt und sein Handeln an, philosophisch gesprochen, den Gefühlen „Lust" und „Unlust" orientiert. Katzen sind Unlust-Vermeider im Extrem und aus Prinzip; ihr ganzes Verhalten scheint derart auf pure und simple Lustmaximierung ausgerichtet, dass es einem Epikur den Neid ins Gesicht treiben würde. Gleichzeitig halten sie es jedoch auch mit den Stoikern: Sei die Situation noch so widrig, die Umstände miserabel, das Personal schlecht und die Mäusequalität auch nicht mehr das, was sie einmal war, eine Katze lebt immer im Zustand größtmöglicher Übereinstimmung mit der Allnatur, sogar wenn diese durch reichlich seltsame, ungeschickte Zweibeiner vertreten wird. Ja, sie bringt sogar ein wenig Mitleid für diese auf, wenn sie sich beispielsweise mucksmäuschenstill auf einem Krankenbett niederlässt, um eine kleine Weile dabei zu sein. Menschenkenntnis ist einer erwachsenen Katze sowieso selbstverständlich, und dass gesunde Leute anders riechen als kranke, Männer anders als Frauen, Kinder anders als alte Menschen wird sofort in Verhalten umgesetzt. Im Übrigen, und bevor wir zu sentimental werden: All die katzenhafte Freundlichkeit wird dann und wann – und erst das macht sie wahrhaft philosophisch – durch eine spontane Kratzattacke oder einen energisch angedeuteten Tötungsbiss ins Handgelenk konterkariert. Auch das gehört zur Allnatur!

Allerdings könnten Katzen niemals einen Text darüber schreiben, dass sie keine Philosophen sind (oder eben doch!); sie könnten auch nicht darüber sprechen, jedenfalls nicht in unserer menschlichen Symbolsprache. Katzen kommunizieren in einer komplexen Ganzkörpergrammatik. Der Schwanz zuckt nur ein wenig mit der Spitze – oder fegt mit der weit ausholenden Bewegung eines Scheibenwischers empört von rechts nach links. Die Augen kennen jede Stellung zwischen unschuldig-kindlich-riesengroß über konzentriert-fixiert bis hin zu einem kumpelhaften Zuzwinkern mit kaum mehr sichtbaren Pupillen. Häufig verwendet werden weiterhin der giftige Katzenbuckel („du kannst mich mal!"), die angespannte Sprungposition („ich krieg dich doch!") und die geradezu obszöne Rückenlage mit entblößtem Bauchfell und bizarr in die Luft gereckten Pfoten („mir ist alles egal, krusch mich gefälligst!"). Wenn man die Feinheiten der möglichen Körperhaltungen dann noch multipliziert mit den möglichen Positionen zum Gesprächspartner – Frontal-,

Der Mangel an Begabungen
ist der Effekt einer Erziehung,
die den Heranwachsenden
alles geben will.

Die beglückendsten Berufe
sind jene, die Berufene eigens
für sich erfunden haben.

Um den Genuss ertragen zu
können, muss ihn der Puritaner
zur Sünde ernennen.

Jürgen Große

Profil- oder Rückansicht samt allen Winkeln dazwischen – sowie der physischen Entfernung (auf dem Schoß, näher am Fressnapf, in Sichtweite der Tür, gar nicht mehr in Sichtweite, aber gefühlt irgendwie doch), kommt ein Alphabet zusammen, das es jederzeit mit einer einfachen Symbolsprache aufnehmen kann.

Die Katze kommuniziert dabei keine konkrete Aussage – diesbezüglich ist das Repertoire einigermaßen beschränkt auf „Gib mir Brekkies", „Mach die Tür auf", „Kraul mir den Bauch" –, sondern eine ganze Situations- und Beziehungsanalyse. Menschen machen das im Prinzip genauso; wir haben im Lauf der kulturellen Evolution allerdings verlernt, die Zeichen auf dieser Ebene zu deuten. Das Überhandnehmen virtueller Kommunikationsformen wird nicht dazu beitragen, diese Entwicklung umzukehren: Eine Katze und ein Handy sind eben zwei verschiedene kommunikative Universen. Und natürlich, Katzen miauen auch, klar. Aber meistens haben sie das nicht nötig, denn wovon man nicht reden kann, das kann man immer noch in eine fein justierte Körperhaltung übersetzen (der Mensch hat das Training ja schließlich bitter nötig!).

Damit nähern wir uns langsam dem heiklen Punkt aller Katzenphilosophie: Wie steht es denn mit der philosophischen Königsdisziplin, unserem ganzen Stolz im Angesicht der Evolution, dem menschlichen Glanzstückchen schlechthin: dem Geist? Beginnen wir auch hier mit den kleinen Dingen. Zweifellos können Katzen spielen: Nur wo die Katze spielt, ist sie ganz Katze, um Friedrich Schiller zu variieren, für den eben dieses Spiel nicht nur das Humanum schlechthin, sondern auch ein wesentlicher Bestandteil der am Ende nicht nur ästhetischen Erziehung des Menschen war. Davon ist wahrscheinlich, genau wie bei uns, ein Gutteil der evolutionären Notwendigkeit des Verhaltenstrainings geschuldet – der offensichtliche Spaß dabei jedoch nicht ganz. Und dass der Teppich sich erstaunlich wenig bewegt für eine ordentliche Ratte oder der Laserstrahl dann doch schneller ist als der flinkste Vogel merkt wahrscheinlich auch die dümmste Katze irgendwann: Macht nichts, macht Spaß!

Im Bereich der Ethik bringen Katzen es mindestens zu Sekundärtugenden, deren sozialethischer Wert häufig gröblich unterschätzt wird: Sie sind außerordentlich reinlich und – meistens – mäßig. Ganz ohne Navi oder GPS sind sie jederzeit voll in Raum und Zeit orientiert, den kantischen Anschauungsformen a priori (vor aller Erfahrung gegeben). Sie haben darüber hinaus – aber nun kommen wir auf schlüpfriges philosophisches Terrain, die Katzen-Grauzone, sozusagen – ein rudimentäres Verständnis einer logischen Hauptkategorie schlechthin, der Kausalität nämlich. Das ermöglicht ihnen nicht nur die Etablierung von Handlungsroutinen – „stelle ich mich vor die Tür, wird sie mir geöffnet werden" –, sondern auch die Zuordnung von entfernteren Wirkungen zu Ursachen: Wenn alle Bewohner auf einmal anfangen, Dinge durchs Haus zu tragen und seltsame rechteckige Behältnisse vom Dachboden zu holen, wird es Zeit, große Unruhe zu entwickeln, sich möglichst häufig in den Weg zu stellen und/oder auf einen Koffer zu setzen, um an die eigene Existenz zu erinnern; wenn all das nichts nützt, notfalls auch ganz zu verschwinden („sie werden schon sehen, was sie davon haben!"). Das mögen Skeptiker Konditionierung nennen; aber das Gleiche widerfährt auch unseren Gehirnen, wenn wir lernen, schließen und Zusammenhänge herstellen, die schon für David Hume nur bessere Gewohnheiten waren. Letztlich ist das wohl der Kern der Katzen-Philosophie: Durch die Katze hindurch sehen wir auf einmal klarer auf das Tier in uns. Das könnten wir zwar auch bei einer Reihe von anderen Tieren, aber die Katze macht es uns besonders leicht: Schließlich ist sie auf uns zugekommen, hat sich all unseren zivilisatorischen Seltsamkeiten angepasst und ist von einem wilden Mini-Tiger zu einem kuscheligen Haus-Tier geworden.

So war das nämlich auch bei Minka. An einem regnerischen Sonntag vor einigen Jahren saß eine völlig durchnässte Katze am Wegesrand beim Sportplatz, wo bei diesem Wetter noch nicht einmal die Dorfkinder kicken wollten. Sie schaute mich an bei meinem Weg ins Dorf, und sie schaute mich an auf meinem Weg zurück. „Arme Katze" sagte ich, oder etwas ähnlich Tiefgründig-Menschliches, ging nach Hause und machte weiter, mit was auch immer.

Nach zehn Minuten ging ich zurück zum Sportplatz – es regnete immer noch – und sagte sehr deutlich (und aus menschlicher Gewohnheit auch in Worten, obwohl das wirklich nicht nötig gewesen wäre): „Dann komm halt mit!"

Die Katze kam.

Und blieb.

Schließlich ist sie eine Katze und hat einen freien (Katzen-)Willen.

Dr. phil. habil. Jutta Heinz ist Literaturwissenschaftlerin.

Thomas Bach

Alle wahre Wissenschaft ist Naturphilosophie

Der Naturforscher und Philosoph Ernst Haeckel im Portrait

Mit der Evolutionslehre von Charles Darwin verlieren 1859 die überlieferten Grenzziehungen zwischen Mensch und Tier ihre Gültigkeit, und die Frage nach der Stellung des Menschen in der Natur verlangt nach einer neuen Antwort. Doch ausgerechnet Darwin hält sich in dieser Sache zunächst bedeckt. Ganz anders Ernst Haeckel: Wie kein Zweiter nimmt er sich als Zoologe und Philosoph genau dieser Frage an. Und dies hat Folgen: In seinem System der Philosophie ist die Lehre vom Menschen oder die Anthropologie nur noch als Teil der Zoologie möglich.

Ernst Haeckel, geboren am 16. Februar 1834 in Potsdam, gestorben am 9. August 1919 in Jena, war eines ganz bestimmt nicht: ein unbeteiligter und stiller Beobachter seiner Zeit. Als Zoologe, Darwinist, Wissenschaftspopularisator, Religions- und Kirchenkritiker, Monist und Philosoph war er Zeit seines Lebens ein unerschrockener und ausdauernder Streiter für seine Überzeugungen.

Zu Beginn seiner wissenschaftlichen Laufbahn erwarb sich Haeckel mit seiner ersten Monografie über die *Radiolarien* (1862) einen Namen als Systematiker der wirbellosen Meerestiere; als überzeugter Darwinist setzte er sich in seiner Rede *Über die Entwicklungstheorie Darwins* (1863) als einer der ersten Biologen für Charles Darwin ein und führte in seiner *Generellen Morphologie der Organismen* (1866) die weltanschaulichen Konsequenzen der Evolutionstheorie aus; als Wissenschaftspopularisator machte er mit seiner *Natürlichen Schöpfungsgeschichte* (1868) und *Anthropogenie* (1874) auch außerhalb der Universität auf sich aufmerksam; als Religionskritiker polemisierte er gegen die christliche Weltanschauung und bezeichnete den Schöpfergott der Gläubigen als „gasförmiges Wirbeltier"; als Kirchenkritiker spielte er zwischen 1906 und 1914 eine nicht unbedeutende Rolle in der Kirchenaustrittsbewegung; als bekennender Monist (siehe Erläuterung) bot er den Sinnsuchenden mit seiner Rede über den *Monismus als Band zwischen Religion und Wissenschaft* (1892) eine Alternative zur traditionellen christlichen Glaubenslehre an; als Philosoph schließlich legte er mit der schon zu seinen Lebzeiten in etwa dreißig Sprachen übersetzten Schrift *Die Welträthsel* (1899) einen Weltbestseller vor, der freilich von den Philosophen überhaupt nicht gut aufgenommen wurde: Für den Kantforscher Erich Adickes war Haeckel als Philosoph eine Null.[1] Ernst Haeckel war also vieles, nur eines war er nicht: unumstritten. Denn dort, wo die einen in ihm den großen Denker verehrten, sahen die anderen nur einen Scharlatan. Und dabei fing alles so harmlos an.

Ernst Haeckel wurde in eine angesehene Beamtenfamilie hineingeboren: Sein Vater Carl Gottlob war Oberregierungsrat, seine Mutter Charlotte entstammte einer Familie von Juristen. Die Trauung der Eltern vollzog kein Geringerer als der protestantische Theologe und Platonübersetzer Friedrich Schleiermacher. Kindheit und Schulzeit verbrachte der im Sinne eines liberalen Christentums erzogene und stark an Botanik interessierte Haeckel in Merseburg. Auf Drängen des Vaters, aber zugleich von diesem großzügig unterstützt und gefördert, studierte er von 1852 bis 1857 in Berlin, Würzburg und Wien Medizin. Als staatlich zugelassener Arzt eröffnete er für kurze Zeit eine Arztpraxis, vielleicht nicht zuletzt zur Beruhigung seines Vaters, und verlobte sich mit seiner Kusine Anna Sethe. Nach fünfzehnmonatiger Italienreise samt Forschungsaufenthalt in Messina habilitierte sich Haeckel 1861 als Privatdozent für vergleichende Anatomie an der Universität Jena. Die Forschungsergebnisse von Messina publizierte er 1862 in seiner Radiolarienmonografie, im selben Jahr wurde er zum außerordentlichen Professor ernannt und konnte endlich heiraten. Doch schon zwei Jahre später, am 16. Februar 1864, seinem dreißigsten Geburtstag, starb seine Frau. Haeckel datierte im Rückblick auf diesen Schicksals- und Unglückstag seinen endgültigen Bruch mit dem Kirchenglauben und mit der dualistischen Weltanschauung (siehe Erläuterung). Dass er am selben Tage mit der goldenen Cothenius-Medaille der Deutschen Akademie der Naturforscher Leopoldina seine erste wissenschaftliche Auszeichnung verliehen bekam, wird ihm damals kein Trost gewesen sein. Emotional verzweifelt, aber wissenschaftlich höchst motiviert, stürzte er sich in den nächsten Jahren in Arbeit, und es zahlte sich aus: 1865 richtete die Universität Jena in der philosophischen Fakultät einen Lehrstuhl für Zoologie ein und berief Haeckel als ordentlichen Professor auf diese Stelle.

Monismus
von altgriechisch *monos* für einzig, allein; erklärt die Welt aus einem einzigen Prinzip. Für Haeckel ist dabei nicht nur die Welt einheitlich, sondern auch die Erkenntnis der Welt. An die Stelle des Dualismus (von lateinisch *duo* für zwei) von Materie und Geist tritt bei Haeckel eine einheitliche Substanz, in welcher der Gegensatz von Materie und Geist aufgehoben ist. Mit Goethe und Baruch de Spinoza behauptet Haeckel, dass es keine Materie ohne Geist und keinen Geist ohne Materie gibt.

der blaue reiter

Den Reigen seiner zahlreichen Schriften eröffnete die 1866 publizierte und über 1200 Seiten starke zweibändige *Generelle Morphologie* mit ihrem trotzigen *E pur si muove!* (Und sie bewegt sich doch!) auf dem Titelblatt. Mit der Welt drehte sich aber auch das Lebensrad Haeckels weiter: Den Wiedereintritt in die Normalität des Lebens zeigt seine Heirat mit Agnes Huschke an, die er 1867 nach der Rückkehr von seiner Reise nach den Kanarischen Inseln heiratete und mit der er dann drei Kinder hatte. Mit dem Einzug in seine im italienischen Stil erbaute „Villa Medusa" und der Vollendung des ebenfalls neu errichteten Zoologischen Instituts betrachtete Haeckel gegen Mitte der 1880er-Jahre seine „wesentlichen Lebenswünsche ... als erfüllt". Dies hielt ihn aber nicht von weiterer Arbeit ab. Ganz im Gegenteil: Die Bearbeitung der von dem Forschungsschiff H. M. S. Challenger gesammelten Tiefseeproben füllt drei Bände im Quartformat und ist ein kleines Lebenswerk für sich. Allein in dem zweiteiligen Bericht über die Radiolarien, auch Strahlentierchen genannte, ca. 0,05–0,5 mm große Einzeller, beschreibt Haeckel auf gut 1800 Seiten über 3500 neue Arten. Sein wissenschaftliches Werk in der Biologie krönte er mit der dreibändigen *Systematischen Phylogenie* (1894–96), nach deren Erscheinen er den Schwerpunkt seiner Aktivitäten auf die Naturästhetik und den Monismus verlagerte: 1899 erscheinen sowohl die *Kunstformen der Natur* (1899–1904) als auch die *Welträthsel*, denen 1904 die *Lebenswunder*, 1914 die *Gott-Natur* (Theophysis) und 1917 als letztes gedrucktes Werk die *Kristallseelen* nachfolgten. Aber auch öffentlich setzte er sich für die monistische Weltanschauung ein: so nahm er 1904 in Rom an dem Internationalen Freidenkerkongress teil, wo er beim festlichen Frühstück prompt zum Gegenpapst ausgerufen wurde. Zwei Jahre später wurde auf seine Initiative hin in Jena der Deutsche Monistenbund gegründet. Als Haeckel am 9. August 1919 in Jena starb, schied er als ordentlicher Universitätsprofessor der Zoologie, Dr. med., Dr. phil. h. c., Dr. jur. h. c., Wirklicher Geheimer Rat und Excellenz aus dem Leben.

Abbildung:
Ernst Haeckel
Antje Seemann, 2013; Linolschnitt, 44x28 cm.
www.antjeseemann.de

Dieser gedrängte Lebensabriss zeigt, dass Haeckel weder von seiner Ausbildung noch von seiner Anstellung her Philosoph war. Sein Doktor der Philosophie ist ein „Dr. phil. h. c." und wurde ihm 1865 *honoris causa*, sprich: ehrenhalber verliehen, und das auch nur, weil die an der Jenaer Universität neugeschaffene Professur für Zoologie an die philosophische Fakultät angebunden war. Eine naturwissenschaftliche Fakultät gab es damals noch nicht. Allerdings musste Haeckel im Rahmen seines Medizinstudiums mit dem *Tentamen philosophicum*, also der philosophischen Vorprüfung, Zeugnis über seine Kenntnisse der Weltweisheit ablegen. Bekannt ist auch, dass er im Sommer 1862 bei Kuno Fischer eine Vorlesung über Immanuel Kant hörte, dessen *Kritik der reinen Vernunft* seiner Ansicht nach von besonderer Bedeutung für Naturwissenschaftler ist. Aber von diesen Episoden abgesehen, gibt es kaum Hinweise auf ein gründliches und systematisches Studium der Philosophie. In dem Verzeichnis von Haeckels Jugendbibliothek sind jedenfalls keine philosophischen Werke aufgeführt. Der einzige hier vertretene Philosoph ist Kant, aber von diesem besaß Haeckel nur die *Physische Geographie*. Dafür strotzt diese Bibliothek nur so vor Naturgeschichten, Reisebeschreibungen und naturwissenschaftlicher Fachliteratur, und über diese Fachliteratur kommt Haeckel auch in Kontakt mit der Philosophie, die für seine Forschungen über den Ursprung des Lebens bedeutsam wurde.

Einer der gut vertretenen Autoren ist Matthias Jakob Schleiden, bei dem Haeckel ursprünglich Botanik studieren wollte. Letzterer erörtert in der Einleitung seiner *Grundzüge der wissenschaftlichen Botanik* (1842/43) die Frage, wie Botanik als Wissenschaft möglich ist. Mit dieser Frage greift er eine Problemstellung auf, die in der Tradition von Kant steht. Dieser hätte allerdings die Frage nicht für die Botanik gestellt, das heißt, gestellt vielleicht schon, aber ganz bestimmt nicht positiv beantwortet. Denn Kant glaubt nicht, dass die Botanik auch einmal einen „Newton des Grashalms" bekommt, der die Entstehung der Pflanzen rein mechanisch erklären könnte.

Schleiden sieht das natürlich auch: Aber er lässt sich dadurch nicht entmutigen! Da es in der Botanik keine Gesetzmäßigkeiten gibt, aus denen sich etwas ableiten ließe, entwirft er diese kurzerhand als induktive Wissenschaft. Der Botaniker soll mittels Induktion, das heißt dem Schluss vom Einzelnen auf das Allgemeine, auf allgemeine Regeln schließen und nichts aus diesen ableiten (deduzieren). Die Botanik selbst verfährt dabei entwicklungsgeschichtlich. Hier bringt Schleiden die Morphologie, die Lehre von der Gestalt (von altgriechisch *morphé* für Gestalt und *logos* für Lehre), ins Spiel, die wir heute vor allem mit Goethe in Verbindung bringen. Die botanische Morphologie hat sich dabei um eine vollständige Kenntnis der Entwicklungsreihen der Pflanzen zu bemühen: „Die einzige Möglichkeit, zu wissenschaftlicher Einsicht in die Botanik zu gelangen, und somit das einzige und unumgängliche methodische Hülfsmittel, welches aus der Natur des Gegenstandes sich von selbst ergibt, ist das Studium der Entwickelungsgeschichte."[2] Mit diesen Reihen sind die individuellen Entwicklungen der Pflanze vom Samen bis zur fertigen Pflanze gemeint. Als Begründer der Zelltheorie wird Schleiden diese Entwicklungen auch auf der Ebene der Zellen betrachten. Das alles leuchtet Haeckel ein. Der entwicklungsgeschichtliche Ansatz fällt bei ihm auf fruchtbaren Boden, auch er ist später der Ansicht, dass jedes Sein „nur durch sein Werden erkannt"[3] wird.

Ein weiterer von Haeckel verehrter Naturforscher ist Johannes Müller, bei dem Haeckel in Berlin studiert hatte und der ihn zum Studium der Meeresbiologie anregte. Auch Müller möchte mit seinem *Handbuch der Physiologie des Menschen* (1834) zur Erkenntnis einer „Physik des Lebens" beitragen. Dabei steht er der Naturphilosophie seiner Zeit kritisch gegenüber: „Es ist wahr, die empirische Physiologie löst die letzten Fragen über das Leben nicht, aber die Philosophie löst sie auch nicht auf eine solche Art, dass wir von dieser Lösung in einer Erfahrungswissenschaft Gebrauch machen könnten."[4] Diese letzten Fragen über das Leben betreffen einmal den Unterschied zwischen anorganischen und organischen Körpern und dann die Frage, ob es für die organischen Körper besondere Lebenskräfte gibt. Für Müller ist der Unterschied noch ein Argument, für die organischen Körper nichtmechanische Kräfte anzunehmen. Seine Physik des Lebens kennt also noch besondere Lebenskräfte. Bei seinen Schülern sieht das schon anders aus.

Leben ist seinem Wesen nach Zelltätigkeit.

Rudolf Virchow, 1845

Von besonderer Bedeutung für Haeckel ist dabei sein Würzburger Lehrer Rudolf Virchow, der Haeckel durch seine Zellularpathologie in seinen Bann zieht, mit der er die Krankheiten auf der Ebene der Zellen erklärt. Dabei schließt er sich an die von Theodor Schwann erweiterte Zelltheorie an, nach der alle Lebewesen aus Zellen aufgebaut sind. Die Bildung organischer Körper lässt sich mit dieser durch das Wachstum und die Vermehrung von Zellen erklären. Die Zelle wird somit zum allgemeinen Prinzip des Lebens. Virchow verallgemeinert dies in dem Satz: „Leben ist seinem Wesen nach Zelltätigkeit."[5] Auch wenn Haeckel als Wissenschaftler dem zustimmt, macht dem zu diesem Zeitpunkt noch gläubigen Christen die mit dem naturwissenschaftlichen Materialismus (siehe Erläuterung) verbundene Weltanschauung zu schaffen. Anders als Johannes Müller lässt Virchow keine anderen als die bekannten mechanischen Kräfte zur Erklärung der organischen Körper zu. Das hat Konsequenzen, die Haeckel zunächst abstoßen: Die zweckmäßige und schöne Harmonie der Natur rührt nicht von Gott her, sondern wird herabgesetzt zu einem blinden Spiel mechanischer Kräfte. Wie konnte das sein? Haeckel wollte und konnte sich dies nicht erklären. Noch hielt er an seiner dualistischen Weltanschauung fest, nach der sich Wissen (über die Natur beziehungsweise das Sinnliche) und Glauben (an Gott beziehungsweise das Übersinnliche) oder Entwicklung und Schöpfung nicht gegenseitig ausschließen.

Als Naturforscher interessieren Haeckel besonders die Probleme, welche die Philosophie der Wissenschaft hinterlassen hat: Solange Kants erkenntniskritische Grenzziehung Bestand hat und es nur von dem Teil der Natur eine Wissenschaft gibt, der sich mechanisch erklären lässt, kann es keine einheitliche Natur und keine einheitliche Naturerklärung geben. Die hierzu erforderliche Ausdehnung der mechanischen Erklärungsart auf die gesamte Natur scheitert aber bislang daran, dass die Entwicklung organischer Körper beziehungsweise die erste Entstehung des Lebens nicht mechanisch erklärbar ist.

Haeckel sucht für genau dieses Problem nach einer philosophisch und wissenschaftlich befriedigenden Antwort. Das Ziel, das er anstrebt, steht dabei schon fest: Einheit. Die Natur soll als einheitliche verstanden werden und auch die Erklärung dieser Natur soll einheitlich ausfallen. Das Wort Monismus ist noch nicht gefallen. Und es fehlt Haeckel auch noch ein letzter Puzzlestein. Diesen liefert Darwin. Bei der Ausarbeitung seiner Studie über die Radiolarien, deren mikroskopisch kleine, aber formschöne Wunderwelt ihn immer wieder in Erstaunen versetzt, kommt Haeckel die erste deutsche Übersetzung von Darwins Buch *Über die Entstehung der Arten* (1860) unter die Finger. Er sieht sofort, dass die Theorie Darwins nicht nur Konsequenzen für die Aufstellung seines natürlichen Systems der Radiolarien hat, sondern darüber hinaus Lösungen für jenes Problem bereithält, das ihn seit Langem bewegt. Darwins Theorie von der Entstehung der Arten ist deshalb für ihn eine „epochemachende Arbeit". Er hält sie für den ersten ernsthaften wissenschaftlichen Versuch, „alle Erscheinungen der organischen Natur aus einem grossartigen, einheitlichen Gesichtspunkte zu erklären und an die Stelle des unbegreiflichen Wunders das begreifliche Naturgesetz zu bringen"[6]. Das ist mehr als nur ein Bekenntnis zu Darwin, das ist Haeckels eigenes Forschungsprogramm! Und weil Haeckel Darwin von Anfang an vor dem Hintergrund seiner eigenen Überlegungen wahrnimmt, fällt ihm sogleich ein Mangel in dessen Theorie auf. Da dieser nichts über die erste Entstehung des Lebens sagt und einen besonderen übernatürlichen Schöpfungsakt für die erste Spezies annimmt, sieht Haeckel die Einheitlichkeit von Darwins Naturerklärung gefährdet.

Darwin wird für Haeckel fortan zur wichtigsten Bezugsperson, und umgekehrt findet Darwin in Haeckel einen eifrigen Fürsprecher. Zunächst im Kreise seiner Zuhörer, denn gleich im Wintersemester 1862/63 hält Haeckel eine Vorlesung über Darwins Theorie. Als zwingende Folgerungen aus dieser Theorie hebt Haeckel folgende Punkte hervor: Die Abstammung aller Wesen von einer einzigen Urform oder von einigen wenigen Urformen; die Abstammung des Menschen vom Affen, die Tatsache, dass ein einziges, einheitliches Entwicklungsgesetz die ganze organisierte Natur beherrscht und alle Naturerscheinungen sich aus diesem Gesetz ebenso erklären lassen, wie die der anorganischen Natur aus dem Gesetz der Gravitation. Haeckels Manuskript schließt mit dem Satz: „Kein Wunder, keine Schöpfung, kein Schöpfer.“[7] Das heißt: An die Stelle des Wunders tritt die Naturerklärung, an die Stelle der Schöpfung die Naturentwicklung und an die Stelle des Schöpfers der mechanisch determinierte (hier: bestimmte) Naturzusammenhang. In diesem Schlussakkord bringt Haeckel diejenige naturwissenschaftliche Weltanschauung zum Klingen, die er wenig später Monismus nennen wird.

Der Monismus ist dabei nur die allgemein praktizierte Denkweise der Naturwissenschaften, die selbstverständlich auch weltanschaulich ausgedeutet werden kann. Der Monismus selbst ist nicht neu, Haeckel hat ihn bei Virchow und anderen Naturwissenschaftlern während seines Studiums kennengelernt. Als naturwissenschaftliche Methode verstanden, besteht er vor allem in der Forderung, alle Dinge nach denselben mechanischen Prinzipien zu beurteilen und alle teleologischen (auf ein Ziel hin ausgerichteten) Naturerklärungen zurückzuweisen. Mit seiner *Generellen Morphologie* will er deshalb diese Morphologie auch nur „auf dieselbe feste Höhe des Monismus“[3] erheben, auf der alle anderen Naturwissenschaften bereits sind. Dies gelingt ihm aber nur mit der Hilfe von Darwin.

Durch seine reformierte Abstammungslehre hat sich Darwin das Verdienst erworben, die hier von Haeckel weiter ausgeführte Morphologie „mechanisch begründet“ zu haben. Er hat also nicht nur die Abstammungslehre besser als seine Vorgänger ausgeführt, sondern dieser mit der Selektionstheorie „einen causalen Beweisgrund geliefert, gegen welchen alle vorher noch möglichen Zweifel verstummen müssen“[3]. Haeckel unterscheidet streng zwischen der Abstammungslehre (Deszendenztheorie) und der Selektionstheorie. Die Abstammungslehre zeigt uns, wie sich alle Erscheinungen der Natur aus dem einen physiologischen Naturprozess der Veränderung der Arten erklären lassen. Sie liefert uns damit ein „harmonisches Bild“ der Natur. Dies ist durchaus wörtlich zu verstehen: Für Haeckel geht es hier in der Tat um eine als wohltuend empfundene Übereinstimmung, einen Einklang oder, wissenschaftlicher gesprochen, ein ausgeglichenes und gesetzmäßiges Verhältnis der Teile zueinander. Aber erst die Selektionstheorie kann mechanisch erklären, wie es zu der Abstammung und dem Artwandel kommt. Natürliche Selektion meint dabei die im „Kampf ums Dasein“ erfolgende natürliche, durch bessere Anpassung an äußere Umweltfaktoren erfolgende „Auslese“ innerhalb einer Gruppe von Individuen. Im Laufe der Zeit entstehen durch diese „Auslese“ neue Arten, ganz ohne die Annahme besonderer bildender Lebenskräfte. Und eigentlich geht es bei dieser „Auslese“ nur um die Überlebenstüchtigkeit. Aber Haeckel koppelt an diesen Mechanismus

Materialismus
von lateinisch *materia* für Stoff. Theorie, derzufolge alle Erscheinungen der Natur auf die Materie und deren Gesetzmäßigkeiten rückführbar sind. Auch die Gedanken werden als materielle Vorgänge aufgefasst. Sie stehen „in demselben Verhältnis etwa zu dem Gehirn, wie die Galle zu der Leber oder der Urin zu den Nieren“ (Carl Vogt).

auch gleich die Idee der Vervollkommnung und des Fortschritts: „Die natürliche Selection wählt also im Kampfe um das Dasein diejenigen Individuen zur Fortpflanzung aus, welche sich am besten den Existenz-Bedingungen anpassen können, und da in den meisten Fällen diese Individuen die besseren, die vollkommneren sind, so ist im Allgemeinen (einzelne besondere Fälle ausgenommen!) damit zugleich eine zwar langsame, aber beständig wirkende Vervollkommnung, ein Fortschritt in der Organisation nothwendig verbunden.“[3]

Obwohl die eigentlichen Mechanismen der Vererbung damals Darwin und Haeckel ebenso wenig bekannt sind wie die von Mendel entdeckten Gesetze der Vererbung, sind beide davon überzeugt, dass mit der natürlichen Selektion im Kampf um das Dasein das Rätsel der Entstehung der Arten gelöst ist. Auch wenn dabei noch die eine oder andere Detailfrage offen ist, diese Theorie erklärt in ihren Augen das mechanisch, was Kant nur teleologisch beurteilen konnte: die Zweckmäßigkeit im Bereich des Organischen. Diese Theorie stiftet damit die lange von Haeckel gesuchte Verbindung zwischen dem Anorganischen und dem Organischen; durch sie werden alle Naturerscheinungen, und nicht nur die der unbelebten Natur, einem einzigen Kausalgesetz unterworfen, und die Natur ist als einheitliche einheitlich, das heißt durch ein einziges Erklärungsprinzip, das Wirken mechanischer Kräfte, erkannt. Dieser monistische Einklang bildet das Fundament von Haeckels Weltanschauung und den harmonischen Bezugspunkt, mit dem alle weiteren Teile übereinstimmen müssen.

Was nun die Möglichkeit einer Entstehung des Lebens betrifft, thematisiert Haeckel diese in seiner *Generellen Morphologie* gleich im Anschluss an den Vergleich zwischen unbelebter und belebter Natur. Für ihn sind die Unterschiede in Stoff, Form und Kraft gar nicht so gravierend. Die belebten und leblosen Naturkörper, so Haeckel, stimmen in den wesentlichen Grundeigenschaften der Materie überein, und ihre Formen sind nur die notwendigen Wirkungen dieser Materie. Der Schritt zur Autogenese, das heißt zur Selbstentstehung respektive Selbstzeugung des Lebens, ist nicht groß. Diese Hypothese ist für ihn unverzichtbar, sie folgt unmittelbar aus der Erdbildungstheorie von Kant und Pierre-Simon Laplace: Denn wenn die Erde einst als Feuerball unbelebt war und erst nach ihrer Abkühlung zu dem belebten Planet wurde, den wir kennen, dann muss das Leben auf der Erde irgendwann im Laufe der Zeit durch eine solche Selbstzeugung entstanden sein. Aus diesen ersten, sehr einfachen und strukturlosen Organismen haben sich dann alle Organismen durch Abstammung entwickelt. Die Abstammungslehre benötigt also keinen besonderen Schöpfungsakt. Darwins Lehre ist damit wissenschaftlich nach unten hin abgerundet. An ihrem anderen, oberen Ende bezieht Haeckel dann ganz selbstverständlich den Menschen in seine Überlegungen mit ein. Auch die Antwort auf die Frage aller Fragen, also die nach der Stellung des Menschen in der Natur, beantwortet Haeckel wissenschaftlich unter Verweis auf die Abstammungslehre.[3] Diese ist für Haeckel im Sinne von Schleiden ein Induktionsgesetz, zu dem die vergleichende Betrachtung organischer Naturerscheinungen hinführt.[3] Nach dieser Lehre sind alle bis heute auf der Erde lebenden Organismen „im Laufe sehr langer Zeiträume durch allmähliche Umgestaltung und langsame Vervollkommnung aus einer geringen Anzahl von gemeinsamen Stammformen (vielleicht selbst aus einer einzigen) hervorgegangen, welche ... durch Autogonie aus unbelebter Materie entstanden sind“[3]. Dass sich der Mensch aus niederen Wirbeltieren und hier zunächst „aus echten Affen entwickelt hat“, ist für Haeckel dagegen ein besonderer Schluss, der sich notwendig aus dem allgemeinen Induktionsgesetz der Abstammungslehre ergibt.[3]

Die Philosophie ist bezogen auf die Natur.

Diese Abstammung des Menschen hat freilich Auswirkungen auf die Lehre vom Menschen: Die Anthropologie als Lehre vom Menschen wird zu einem Teil der Zoologie. Das hat auch Konsequenzen für die Beurteilung der menschlichen Erkenntnis und damit für die Philosophie. Haeckel leugnet nämlich die Möglich-

Wer sich gegen Hegel empört, empört sich gegen das Erwachsenwerden, wer sich gegen Aristoteles empört, empört sich gegen das Erwachsensein.

In seiner Langeweile beim Lesen des wissenschaftlichen Kommentars büßt der Student seine Angst vorm Lesen des philosophischen Originals.

Kompliziert denken darf nur, wer einfach zu sprechen weiß.

Das Individuum ist jenes einzigartige Wesen, das nur in der Mehrzahl existieren kann.

In einem Gemüt nutzt sich eine Idee nicht so schnell ab wie in einem Gehirn.

Nichts lässt sich schwerer wiederholen als ein Staunen.

Jürgen Große lebt als freier Autor in Berlin. Seine aphoristischen Arbeiten wurden mehrfach ausgezeichnet, zuletzt mit dem Günter-Bruno-Fuchs-Preis.
Im Verlag der blaue reiter veröffentlichte er die Essaybände *Die Philosophen* (2007), *Durch Tag und Nacht. Lehrstunden der Schlaflosigkeit* (2008) und *Die Arbeit des Geistes* (2013). Kürzlich erschien von ihm *Der gekränkte Mensch. Metaphysische Miniaturen* (Leipziger Literaturverlag, 2013).

keit einer Erkenntnis, die von der Erfahrung unabhängig ist oder der Erfahrung vorausgeht. Apriorische Erkenntnis, das heißt mit Kant gesprochen eine Erkenntnis, die ohne Ansehung der Welt, ohne Erfahrung zustande kommt, gibt es für Haeckel nicht. Diese Vorstellung sei nur aufgekommen, weil die Philosophie bislang von einer falschen Anthropologie ausgegangen sei. Auch wenn er es hier nicht ausdrücklich sagt, ist doch klar, was Haeckel denkt: Der Mensch ist nicht das von Gott geschaffene Wesen mit eingeborenen Ideen, hat er sich doch aus niederen Wirbeltieren entwickelt. Für die menschliche Erkenntnis heißt dies: „Alle Erkenntnisse ohne Ausnahme sind a posteriori, durch die sinnliche Erfahrung, erworben. Sie scheinen aber häufig a priori zu sein, weil sie schon durch viele Generationen vererbt sind."[3] Diese und andere Aussagen rücken Haeckels Philosophie in die Nähe der evolutionären Erkenntnistheorie. Konrad Lorenz argumentiert später ganz ähnlich gegen Kant.

Aufschlussreich für die Frage, was Haeckel unter Philosophie versteht, ist der durch Fettdruck hervorgehobene Schlussabsatz des vorletzten Kapitels der *Generellen Morphologie*: „Alle wahre Naturwissenschaft ist Philosophie und alle wahre Philosophie ist Naturwissenschaft. Alle wahre Wissenschaft aber ist Naturphilosophie."[3] Diese Aussage bestätigt, was oben bereits ausgeführt wurde: Haeckel findet über die Naturwissenschaften zur Philosophie. Ist die Naturwissenschaft erst „wahr", dann ist sie auch Philosophie und umgekehrt. Aber was heißt das? Und was heißt hier „wahr"? Unter einer „wahren" Naturwissenschaft versteht man wohl eine, deren Aussagen über die Natur wahr sind. Aber das allein kann es nicht sein, was sie zur Philosophie macht. Das Adjektiv „wahr" meint auch die besondere Art und Weise, die Dinge zu erkennen: und erkennen heißt hier erklären. Auf der anderen Seite wird durch das Adjektiv „wahr" die Philosophie inhaltlich näher bestimmt. Die Philosophie steht nicht im luftleeren Raum, sondern ist bezogen auf die Natur. Das Adjektiv „wahr" verbindet Naturwissenschaft und Philosophie miteinander und zeigt, was Haeckel anstrebt: „denkende Erfahrung" oder „erfahrungsmäßiges Denken". Konkret geht es dabei, wie Haeckel schon in der Einleitung ausgeführt hat, um die „gegenseitige Ergänzung von Beobachtung und Gedanken", um den innigen „Zusammenhang von Naturbeschreibung und Naturphilosophie", um die notwendige „Wechselwirkung zwischen Empirie und Theorie"[3]. Da es für Haeckel aber immer nur die Natur ist, die da erfahren werden kann, könnte man auch sagen, es geht ihm um „naturgemäßes Denken" und Philosophie wäre demnach genau das: naturgemäßes Denken!

Haeckels Philosophie gibt sich damit als eine weitere Spielart des Naturalismus zu erkennen: Alles Seiende, Stein, Pflanze, Tier und Mensch, Gott, Welt und Seele, aber auch Erfahren, Empfinden und Denken sowie die vermeintliche Freiheit des Willens sollen der Natur gemäß verstanden werden. Haeckel erklärt all diese Dinge einheitlich, indem er sie auf physikalische, chemische und insbesondere biologisch begründete Erklärungszusammenhänge zurückführt.

Haeckels Philosophie hat damit nur wenig mit dem zu tun, was zu seiner Zeit an den Universitäten gelehrt wird, sondern mit dem, was die Naturwissenschaftler erforschen und was sie dabei tun. Insofern sollte ihn die eingangs benannte Kritik von Adickes eigentlich nicht so sehr getroffen haben. Hat sie aber doch. Und so ergänzt Haeckel in einer späteren Auflage seiner *Welträthsel* deren Schlussbetrachtung um einen Abschnitt. Dort führt er aus, dass seinem Monismus oder der monistischen Naturwissenschaft immer die kantische Erkenntnistheorie oder Kant selbst als dualistische Autorität entgegengehalten werde.[8] Gegen den ersten Vorwurf wehrt er sich durch den Hinweis darauf, dass er wie Francis Bacon und Isaac Newton nur die Methode der Naturwissenschaft befolge. Beim zweiten Punkt dreht er dann den Spieß um, indem er fordert, dass die Philosophen in ihren Kantstudien doch erst einmal den Widerspruch zwischen den dualistischen und monistischen Stellen bei Kant auflösen sollten.

Das ändert freilich nichts daran, dass Haeckels Monismus Schwächen hat: inhaltliche und erkenntniskritische und überhaupt solche, die mit seinem Naturalismus selbst zu tun haben. Denn auch Haeckel schließt oft von einem Sein auf ein Sollen, und die Natur ist dabei nicht immer eine gute Ratgeberin. Der Anspruch des Monismus, alles erklären zu können, bringt ihn dabei oft zu Fall: denn der Weg von der einheitlichen Naturanschauung zur einseitigen Weltanschauung ist mitunter sehr kurz. Aber selbst da, wo er irrte, hat Haeckel als Zoologe, Darwinist, Wissenschaftspopularisator, Religions- und Kirchenkritiker, Monist und Philosoph mit seinen Ideen die zeitgenössischen Diskussionen bereichert und durch seine Kritik vorangebracht. Und das gerade auch deshalb, weil er so umstritten war.

Dr. Thomas Bach ist Kustos am Ernst-Haeckel-Haus der Friedrich-Schiller-Universität Jena.

Anmerkungen:

1. Adickes, Erich: Kant contra Haeckel. Erkenntnistheorie gegen naturwissenschaftlichen Dogmatismus. In: Kantstudien 5, 1901, Seite 341
2. Schleiden, Matthias Jacob: Grundzüge der wissenschaftlichen Botanik. Erster Theil. Leipzig 1849, Seite 142
3. Haeckel, Ernst: Generelle Morphologie der Organismen. Berlin 1866, Band I und II, Seite (I) 23, (I) XIV f., (II) 165, (II) 169, (II) 425, (II) 427, (II) 148, (II) 427, (II) 446, (II) 447, (I) 64
4. Müller, Johannes: Handbuch der Physiologie des Menschen für Vorlesungen. Ersten Bandes zweite Abtheilung. Coblenz 1834, Seite VI
5. Virchow, Rudolf: Über das Bedürfnis und die Richtigkeit einer Medizin vom mechanischen Standpunkt. In: Virchow, Rudolf: Archiv für pathologische Anatomie und Physiologie. Band 1, 1845, Seite 8
6. Haeckel, Ernst: Die Radiolarien. Berlin 1862, Seite 231 f.
7. Haeckel, Ernst: Darwins Theorie. Manuskript. Ernst-Haeckel-Archiv, Bestand B 101, Seite D24a
8. Haeckel, Ernst: Die Welträtsel. Berlin 1960 (Reprint der 11. Auflage, Leipzig 1919), Seite 481 f.

Der Wert des Lebendigen

Theaterstück in einem Akt

Personen:

Alter Mann: in antike Tücher gehüllt, barfuß, weißhaarig
Junger Mann: modern, aufmerksam und interessiert
Hund: Mischling, herrenlos und hungrig
Kaktus: klein, grün, in einem Kübel am Straßenrand stehend
Stein: klein, grau, bröckelnder Pflasterstein

Ort des Geschehens:

Ein Marktplatz in einer der großen Weltmetropolen der heutigen Zeit.

Alter Mann (*kopfschüttelnd auf und ab gehend*): Na sowas. Sehr verwunderlich. Überaus seltsam. Erstaunlich. Wer hätte das vor 2000 Jahren geahnt? (*Bleibt aufblickend stehen und macht eine ausholende Geste mit dem rechten Arm in Richtung Publikum*) Das soll nun also die Wahrheit sein. Die Wahrheit über den Menschen? Was ist denn noch das Gute, das Schöne? Was ist denn noch Moral?

Junger Mann (*im Vorbeigehen auf den alten Mann aufmerksam geworden, bleibt stehen, fast belustigt*): Alter Mann, worüber denkst du nach?

Alter Mann (*leicht verwirrt, zögerlich*): Was glaubst du, Junge, was glaubst du, hat moralischen Wert?

Junger Mann: Hm, darüber habe ich eigentlich noch nie ernsthaft nachgedacht. (*Pause*) Der Mensch, der Mensch hat moralischen Wert.

Alter Mann: Ja, da wirst du Recht haben, junger Mann. Und die anderen Geschöpfe dieser Erde? Haben diese denn keinen moralischen Wert?

Junger Mann: Nein, eigentlich nicht. Irgendwie ist ja auch alles nur für uns Menschen da. Schon in der Bibel steht doch, dass wir Menschen uns die Erde Untertan machen sollen, mit allem, was auf ihr kreucht und fleucht. Das ist doch ein Beweis!

Alter Mann (*nachdenklich*): Euer christlicher Gott ist nach meiner Zeit. (*Nach einer kurzen Pause*) Wie dem auch sei, ich sah grausame Zerstörungen an den Wesen, denen du soeben keinen moralischen Wert zusprechen wolltest.

Junger Mann: Ich weiß, vieles ist sehr schrecklich, aber das machen wir ja nur für unser Überleben und unser Wohlbefinden. Wahrscheinlich geht es gar nicht anders.

Alter Mann: Du bist also der Ansicht, du könntest deine Umwelt so behandeln, wie nur nötig, also ganz beliebig, nach menschlichem Ermessen, nur um dir dein eigenes Wohlbefinden zu sichern?

Junger Mann: So nun auch wieder nicht. Man muss die Tiere ja nicht unbedingt quälen, wenn man sie schlachtet, das geht auch schmerzlos. Aber ohne zu verletzen und zu töten geht es nicht. Wir müssen die Natur nutzen, um zu überleben. Wir brauchen die Pflanzen zum Essen, den Boden, um Häuser darauf zu bauen und so weiter. Das kann man ja auch alles in Maßen machen. (*Abgehackt gesprochen, man merkt ihm den Denkprozess an*) Ich meine, (*Pause*) man kann, (*Pause*) man kann auch (*Pause*), nein! Man muss Rücksicht nehmen! Es bringt uns ja nichts, wenn wir alles sinnlos zerstören.

Alter Mann: Also ist deiner Meinung nach letztendlich nur der Mensch moralisch wertvoll. Er darf seine Umgebung zu seinem Wohlbefinden nutzen, muss aber respektvoll und nachhaltig darauf achtgeben.

Junger Mann: Ja genau, das meine ich! Das ist aber auch nichts Neues, so wie ich das denke, das hat schon Immanuel Kant gesagt. Wir müssen jegliche Art von Grausamkeit gegenüber anderen Lebewesen vermeiden, denn damit schaden wir uns im Endeffekt nämlich selbst. Sag mal, kennst du Kant überhaupt? Wird wohl auch nach deiner Zeit gewesen sein, oder?

Alter Mann: Ich befürchte, er ist mir leider nicht bekannt, sein Gedanke scheint mir dennoch höchst interessant! Lass ihn uns weiterverfolgen: Wenn wir grausam gegen andere Wesen sind, schaden wir uns selbst, aber warum? Meint er eventuell, weil wir als grausame Menschen gar kein Glück finden können?

Junger Mann: Naja, so ähnlich. Er begründet es mit der Pflicht gegen sich selbst, gut zu sein. Das Gutsein ist wichtig im Umgang mit anderen Menschen und wenn wir andere Wesen grausam behandeln, verlernen wir das Gutsein, dann stumpfen wir sozusagen ab. Allerdings – ich persönlich konnte mit Tieren nie sehr viel anfangen, abgesehen von denen auf dem Grill oder in der Pfanne. (*Lacht*) Wo wir gerade davon sprechen: Ich bekomme großen Hunger, ich hole mir etwas zu essen! (*Geht ab*)

Alter Mann (*nachdenklich auf- und abschreitend*): Ja, das sagtest du bereits. Tiere sind eben nur für das Überleben des Menschen auf der Welt.

Hund (*den mit einem Hot Dog zurückgekehrten Jungen hungrig anbettelnd*): Wuff!

Junger Mann (*wütend*): Aus! Lass das, sonst landest du in meinem nächsten Hot Dog!!

Alter Mann: Oh Junge, ich bitte dich, schimpfe nicht so böse mit dem unschuldigen Hund, er hat doch auch nur Hunger!

Junger Mann: Sicher, aber ich will beim Essen meine Ruhe haben. Das war auch schon Herrn Kant ein großes Anliegen! In diesem Sinne: Ich bin weg. (*Lacht*) Ich wünsche dir noch viel Spaß beim Nachdenken!

Alter Mann: Spaß – das steht heute anscheinend über allem. (*Wendet sich dem Hund zu, der schwanzwedelnd zu ihm aufblickt*) Aber nun zu dir, kleiner Hund, sei gegrüßt! Sei nicht traurig. Mir scheint, dass das so gar nicht im Sinne Kants war. (*Den Hund streichelnd*) Mir brennt eine Frage im Herzen, vielleicht kannst du mir ja helfen? Was hältst denn du für moralisch wertvoll?

Hund: Aus meiner Sicht habe hauptsächlich ich einen moralischen Wert! Aber aus der Sicht der Menschen wahrscheinlich nur ihr Menschen, oder?

Alter Mann: Naja, ich kann nicht abstreiten, dass ich auch der Meinung bin, dass der Mensch moralischen Wert besitzt. Aber wieso sollte ein Tier wie du moralischen Wert haben?

Hund: Wir Tiere haben Bewusstsein und können fühlen, wir sind zum Beispiel sehr traurig, wenn unser Herrchen uns einfach in einer Großstadt aussetzt. Dadurch, dass wir Tiere Schmerz und Leid empfinden können, müssen auch wir moralisch wertvoll sein!

Alter Mann: Wie kommst du denn darauf, dass derjenige, der leiden kann, auch gleich einen moralischen Wert besitzen muss?

Hund: Sieh mal, ein Stein kann kein Interesse daran haben, nicht gequält zu werden, eine Maus hingegen schon, sie kann nämlich leiden! Und wer sagt denn, dass das Leid einer Maus anders oder weniger schlimm ist als das eines Menschen? Darüber hat übrigens auch der Philosoph Peter Singer ausführlich geschrieben!

Alter Mann: Der Gedanke ist interessant! Tiere sind es also wert, mit dem Menschen gleichgestellt zu werden, obwohl wir Menschen doch eigentlich mächtiger sind. (*Pause, nachdenklich weitersprechend*) Er begründet es damit, dass auch die Tiere Leid empfinden können?

Hund: Ja, genau! Und meiner Meinung nach haben wir Tiere auch deshalb moralischen Wert, weil ohne uns die Menschen selbst keinen besitzen würden, schließlich sind wir ein wichtiger Teil ihrer Existenz und ihrer Entwicklung. Und im Grunde ist der Mensch ja auch „nur" ein Tier.

Alter Mann (*ironisch*): Ja, der Gedanke kam mir in den letzten Tagen auch schon einmal.

Hund (*sich an einem Kaktus stechend*): Aua! Mensch, dir werd ich's zeigen! (*Pinkelt an den Kaktus*)

Kaktus (*wütend*): Nicht schon wieder! Ich wurde gerade erst vom Regen sauber gespült!

Hund (*genervt*): Mir doch egal, ich hab die Schnauze voll von dieser engen Stadt, ich bin weg! Mach's gut, alter Mann!

Alter Mann (*sich dem Kaktus zuwendend*): Sei gegrüßt lieber Kaktus. Ich bin auf der Suche nach einer Antwort: Bist du der Meinung, dass Pflanzen wie du moralischen Wert haben?

Kaktus: Dieser Hund würde deine Frage wohl verneinen, so rücksichtslos, wie der sich gerade verhalten hat! Aber genauso wie Tiere und Menschen haben Pflanzen das Bestreben, zu leben. Deshalb würde ich deine Frage unbedingt bejahen!

Alter Mann: Wie kommst du denn auf diesen ungewöhnlichen Gedanken? Warum haben Pflanzen ein Bestreben?

Kaktus: Alles was wächst, hat den Willen zum Leben! Pflanzen, die sich der Sonne entgegenstrecken, zeigen doch eindeutig ihren Willen zu leben. Findest du nicht? Dem Hund habe ich doch gerade eindringlich beweisen können, dass ich leben will!

Alter Mann (*stirnrunzelnd*): Aber wieso meinst du, hat dasjenige moralischen Wert, was wächst? Menschen und Tiere können freundschaftliche Verbindungen eingehen. Könnt ihr Pflanzen das auch? Kann eine Pflanze mit einem Menschen befreundet sein?

Kaktus: Nein. Aber darum geht es ja gar nicht. Warum sollten nur diejenigen, die Freundschaften eingehen können, von moralischem Wert sein? Ein schlauer Philosoph hat einmal gesagt: „Ich bin Leben, das leben will, inmitten von Leben, das leben will." Demnach muss jedes Leben, egal, wie es aussieht, von Bedeutung sein!

Alter Mann: Aha, ja, das klingt sehr schön! Aber wenn ich mich hier auf der Erde umsehe, scheint es mir so, als wenn der Gedanke – von welchem Philosophen er auch immer gedacht worden sein soll – umgesetzt werden konnte. Oder liege ich falsch?

Kaktus: Das war Albert Schweitzer; und es ist ihm anscheinend nicht gelungen. Das kann man schon alleine an dem rücksichtslosen Verhalten des Hundes erkennen! Aber auch die Menschen leben nicht voller Ehrfurcht vor dem Leben, für die Herr Schweitzer plädierte. Ihr Menschen solltet so leben, dass euch jedes Leben heilig ist und ihr solltet es auch zeigen, indem ihr nicht ständig nur so zum Spaß im Vorbeigehen Blätter von den Bäumen herunterreißt oder Insekten zertretet.

Alter Mann: Das wäre eine schöne Welt! Wie glaubst du, könnte man die Menschen dazu bringen, achtsamer zu sein? Was könnten wir tun, um diesen Zustand der Unachtsamkeit und Ignoranz zu beheben?

Kaktus: Naja, so wie ich es eben beschrieben habe. Indem der Mensch es sein lässt, alles um ihn herum zu vernichten!

Alter Mann: Lieber Kaktus, sag mir, wie kann der Mensch dann überleben?

Kaktus: Die Existenz des Menschen steht natürlich in Konflikt mit der Existenz aller anderen Lebewesen. Das hat auch Herr Schweitzer so gesehen. Die Natur können wir nicht verändern. Aber es geht vielmehr darum, dass der Mensch ein Bewusstsein entwickelt, dass er diesem Konflikt ausgesetzt ist. Dann kann er daran arbeiten, so oft wie nur möglich allem Lebendigen mit Ehrfurcht zu begegnen.

Alter Mann (*in Gedanken versunken über einen Stein stolpernd*): Autsch! (*Leicht gepresst*) Sei gegrüßt, Stein!

Stein: Nenn mich bitte beim Namen! Ich nenne dich ja auch nicht einfach nur „Mensch“. Ich heiße Bilbo.

Alter Mann: Nun gut, so sei es denn: Bilbo! Nachdem ich heute bereits allerlei Seltsames auf der Welt beobachten durfte, wundert es mich auch nicht mehr, dass ein Stein einen Namen hat. Aber wieso soll ich dich beim Namen nennen? Du bist nur ein Stein!

Stein (*ehrlich empört, mit Nachdruck sprechend*): Nur ein Stein? Auf welchen Boden würdest du denn ohne meinesgleichen treten? Und woraus würdest du dein Haus bauen?

Alter Mann: Ich muss zugeben, du hast nicht ganz Unrecht. Glaubst du, du könntest mir bei einer Frage helfen, die mich schon seit Tagen nicht in Ruhe lässt? Was hat auf dieser Welt moralischen Wert?

Stein: Wir Steine und überhaupt die gesamte unbelebte Materie sind der eigentliche Bestandteil der Welt. Ohne uns gäbe es nichts, aber auch gar nichts anderes hier. Deshalb würde ich behaupten, dass wir viel mehr als alles andere moralischen Wert haben!

Alter Mann: Die Erde ohne ihre Oberfläche wäre wahrlich nicht denkbar! Aber sage mir doch, wenn du, wie du sagtest, zur unbelebten Materie gehörst, wieso möchtest du dann einen Anspruch auf Moral erheben?

Stein: Weil ich existiere, ganz einfach! Leben als Kriterium für moralischen Wert halte ich für ziemlich fragwürdig! Nur weil Biologen meinen, zwischen lebendig und nicht-lebendig unterscheiden zu müssen, soll das Lebendige einen moralischen Wert und das Nicht-Lebendige keinen haben? Der Mensch glaubt, nur das, was ihm zum Überleben nützt, sei es wert, moralisch behandelt zu werden. Dabei weiß er noch nicht einmal, was ihm nützen kann.

Allem was ist, kommt ein moralischer Wert zu! Es gibt keine Privatmoral! (*Verächtlich*) Weder für Menschen noch für Tiere noch für Pflanzen! Auch nicht für uns Steine! (*Deklamierend, quasi mit erhobenem Haupt gesprochen*) Moral ist etwas Allumfassendes, etwas Universelles, etwas Heiliges!

Alter Mann: Aber was ist der Inhalt dieser Moral? Welche Gebote gelten immer, überall und für alle?

Stein: Das herauszufinden ist deine Aufgabe! Auch du kannst dich nicht davor drücken. Sich immer nur hinter Fragen zu verstecken, statt zu handeln, ist keine Kunst. Das machen die Philosophen schon viel zu lange. Dasein heißt endlich sein, im Bewusstsein seiner Vergänglichkeit zu leben. So ähnlich hat das mal einer gesagt, der immer über die Seinsvergessenheit seiner Zeitgenossen geklagt hat. Heidegger hieß der glaube ich. Auch wir Steine sind vergänglich! Nur was ewig ist, hat keinen moralischen Wert, weil es sich der Bewertung in der Zeit entzieht.

Alter Mann (*beglückt erkennend*): Bisher wusste ich nur, dass ich nichts weiß. Jetzt weiß ich, dass ich das ändern muss!

Ethikkurs der 10. Klasse des Wilhelms-Gymnasiums Stuttgart-Degerloch: Georg Ginsheimer, Eileen Haingartner, Patrick Haingartner, Marla Jellinghaus, Karl Källenius, Ioanna Kalantidou, Tamara Kaleta, Carl Kühnemann, Albert Midzio, Mai Nguyen, Andrija Pavkovic, Seher Tasim und Karen Wolf unter Anleitung der Referendarin Anna Pegam.

Abbildung: **Ohne Titel.** Abi Shek, 2001; Holzschnitt auf Leinwand, 105x81 cm. www.abishek.de

Presseschau · Presseschau
Leserbriefe · Leserbriefe

Presseschau

Eine abenteuerliche Mixtur. Fast schon postmodern, um im Jargon zu bleiben. Wobei es Reusch selbst mit Lyotard oder Derrida gar nicht hat, sondern eher mit Fichte und dem deutschen Idealismus. Wenn er dann zu schwärmen beginnt von dessen Theorie der Subjektivität, dann klingen dem aus der Übung gekommenen Zuhörer die Ohren und er erkennt, was Philosophie ist: Konzentration im und aufs Denken. Gut, dass es den „Blauen Reiter“ gibt.

Aachener Zeitung, 18. Juni 2010

Zu *Die Arbeit des Geistes* von Jürgen Große

Geist, wie Große ihn versteht, wird erfahrbar nicht in seinen Siegen, sondern seinen Niederlagen. Diese Pointe ist nicht ganz neu. Dennoch resultiert ein Buch, das zu lesen sich lohnt ... Das Beste, was sich von diesem Buch sagen lässt: Indem es in einer Art Metaphysik der Unterlassung sich hochfahrend und zart der fixen Gestalt verweigert, sucht es Ähnlichkeit mit seinem Gegenstand zu gewinnen. Mehr ist in unserer dezidiert unpfingstlichen Zeit für den Geist nicht drin.

Süddeutsche Zeitung, 4. März 2013

Zu *Freitod. Frauen, die Hand an sich legten. Von Eleanor Marx bis Hannelore Kohl* von Angela Staberoh, mit einer Einführung von Eugen Drewermann (der blaue reiter Verlag für Philosophie, Aachen 2010)

Suizid, Freitod, das ist immer noch ein Tabu in unserer Gesellschaft ... Die Autorin nimmt sich diesem Thema aus Frauensicht an und stellt 16 Frauen vor, die ihr Leben selbst beendet haben, vier davon entschieden sich, gemeinsam mit ihrem Partner zu sterben ... Besonders berührend und spannend ist das Kapitel über Jo Roman, einer Visionärin, die bereits in den 70er Jahren sehr kontrovers diskutierte Konzepte für sogenannte „Exit-Häuser“ zum selbstbestimmten Sterben in den USA entwickelte. Sie hatte für sich selbst entschieden, mit 75 Jahren zu sterben und hat sich schließlich mit Anfang 60, schwer erkrankt, das Leben genommen ...

Den kurzen Biographien vorangestellt ist eine umfangreiche Einführung des Psychoanalytikers und suspendierten Priesters Eugen Drewermann zum Thema Selbsttötung. Neben theologischen Aspekten – er sieht die Standpunkte der katholischen Kirche sehr kritisch – beleuchtet er philosophische, geschichtliche, literarische und tiefenpsychologische Gesichtspunkte ...

Die im Buch genannte Zahl, dass etwa 90 Prozent aller Freitodversuche vor dem Hintergrund unbehandelter Depressionen und Psychosen, also schweren psychischen Erkrankungen, geschehen, führt zu der Frage, ob alle diese Frauen wirklich frei in ihrer Entscheidung waren. Da mag sich jede Leserin ein eigenes Urteil bilden. Das Buch bietet viel Stoff zum Nachdenken, zum Weiterdenken.

Frauenzeitung Mathilde, Januar/Februar 2012

Zu *der blaue reiter* Nr. 33 *Denken Frauen anders?*

Butler – ein Missverständnis?
„Denken Frauen anders?“ Diese heikle Frage stellte *der blaue reiter*, eine Zeitschrift für lebenszugewandte Philosophie, denkenden Frauen: Philosophinnen von Judith Butler über Petra Gehring bis Annemarie Pieper, der Neurowissenschaftlerin Bettina Pfleiderer, der Filmemacherin Margarethe von Trotta und auch Alice Schwarzer. Fast alle sind der Auffassung: Im Prinzip nein, qua unterschiedlicher Prägungen und Lebensrealitäten konkret dann doch. Die vor allem in Deutschland breit rezipierte Butler nutzt die Gelegenheit zu einer Distanzierung von sich selber: Eigentlich schreibe sie überhaupt nicht über „Geschlechterrollen“. Dieses Problem sei „teilweise erst durch die Übersetzung meiner Texte ins Deutsche erzeugt“ worden. Die hiesige Butler also ein Übersetzungsfehler? Und ganze Gender-Seminare Opfer eines Missverständnisses?

EMMA, Juli/August 2013

„Man kann sich nicht einfach hinsetzen und sagen: ‚Ich denke jetzt weiblich‘“, so die Darmstädter Philosophieprofessorin Petra Gehring. Damit ist die Schwierigkeit bei der Frage „Denken Frauen anders?“, welche das Philosophiemagazin **der blaue reiter** in seiner aktuellen Ausgabe einigen Philosophinnen stellt, formuliert. Gehrings Antwort im Interview klingt plausibel: „Frauen denken unter anderen Bedingungen.“ Und zwar nicht nur im akademischen Bereich, in dem die Philosophie eine „phallizistische Disziplin“ ist ... sondern immer auch noch in der Gesellschaft.

Die Presse (Wien), 8. Juni 2013

Leserbriefe

Zu *der blaue reiter* Nr. 30
Philosophie & Wirtschaft

Vielen Dank für das Interview mit Hans-Olaf Henkel *Nur der faire Wettbewerb schafft Wohlstand*. Es wurde wieder einmal deutlich dargelegt, wie primitiv und unreflektiert es in den Spitzen der Wirtschaft zugeht ... Dass „nur der Wettbewerb Wohlstand schafft" wird sehr schnell durch oberflächliche Redewendungen weißgemacht. Was „fair" in diesem Zusammenhang bedeutet, wird nur angedeutet. Es müsse Kontrolleinrichtungen geben – nach welchen Prinzipien diese arbeiten, wird nicht dargelegt ... Die sozialdarwinistische Auffassung des Interviewten ist skandalös. „Ein System, das jedem entsprechend seiner Möglichkeiten die Gelegenheit gibt, sich zu motivieren", kann der Wettbewerb nicht sein, denn so viele Wettbewerbe wie Möglichkeiten des Individuums gibt es gar nicht. Nicht jeder ist zum Beispiel ein Ellenbogen schwingender Karrierist, der durch Wettbewerb gefördert wird ...

Dass „Wirtschaft nicht alles ist – aber ohne Wirtschaft alles nichts" sei, entlarvt, dass auch der Wettbewerb nur der Fundierung der Wirtschaft im Sinne des Interviewten dient. Bedenklich wird es dann aber, wenn „Ohne Arbeit bist Du tot" behauptet wird. Was ist das für ein nulldimensionales Denken über den Menschen? Auch der implizite Wunsch immer besser als der Andere zu sein, sprengt auf Dauer eine Gesellschaft.

Der Interviewte meint, es soll „in der Schule nicht so sein, wie in der Wirtschaft". Sind Schulnoten kein Wettbewerb? Er ist dagegen, dass „Wirtschaft" Schulfach wird. Dabei wäre es wichtig, die primitiven Wirtschaftszusammenhänge darzustellen, damit der Mythos Wirtschaft bloßgelegt wird ...

Dr. R. Seidel

Zu *der blaue reiter* Nr. 33
Denken Frauen anders?

Zu der Seite mit den Zitaten „Denken Frauen anders als Männer?" kann ich nur sagen: Sie denken nicht nur anders, sie tun auch noch, was sie denken.

S. Fissenewert

Bei dieser Gelegenheit darf ich Ihnen nochmals mitteilen, dass ich eine FRAU Pommerenke bin.

Darüberhinaus finde ich dieses Thema leider langweilig, Frauendenken, Männerdenken, ob es besser, anders, weiterführender, phantasievoller ist, liegt doch immer am Menschendenken, Menschlichdenken, darin sind Frauen nicht besser. Ich würde mich über ein Heft über Menschenwürde sehr freuen.

C. Pommerenke

Ihre Interviews sind spannend – allerdings würde ich auch sagen, dass es nicht darum gehen kann, Frauen in einem Heft zu Wort kommen zu lassen, sondern dass auch Frauen als Philosophinnen – wie Männer – zu Wort kommen über das Thema, über das sie gearbeitet haben.

G. Paehlke

Frauen denken nicht anders, sie denken überhaupt!!!

Bei unseren Versuchen kommt doch dauernd etwas dazwischen. Vor allem die Frauen.

Richtig, die kommen eigentlich i m m e r dazwischen ...

G. Stolte

Abbildung
Jan Tomaschoff

Bücher · Bücher
Bücher · Bücher

Norbert Herold

Einführung in die Wirtschaftsethik

Wissenschaftliche Buchgesellschaft, Darmstadt 2012.
160 Seiten, € 14,90

Seit der weltweiten Finanzkrise als Folge der Lehman-Pleite 2008 wird in der Öffentlichkeit verstärkt über moralische Rahmenbedingungen wirtschaftlichen Handelns diskutiert. Das Buch von Norbert Herold leistet einen wertvollen Beitrag zu dieser Debatte.

Obwohl es in erster Linie als Lehrbuch konzipiert ist, steht der belehrende Charakter nicht im Vordergrund. Die Lektüre regt vielmehr auf angenehme Weise zum Nachdenken an und zeigt Wege auf, wie Markt und Moral in Einklang gebracht werden können.

Zunächst werden die wichtigsten ethischen Theorien erläutert, die für die Wirtschaftsethik von Bedeutung sind, nämlich Tugendethik, Pflichtenethik, Konsequentialismus, Vertragstheorie und Diskursethik. Das Buch erschöpft sich allerdings nicht in einem Überblick über theoretische Positionen, sondern setzt behutsam eigene Akzente, indem es individual- und ordnungsethische Ansätze zu versöhnen sucht.

In der Öffentlichkeit ist die Meinung weit verbreitet, dass die immer wiederkehrenden Korruptionsaffären und Finanzkrisen der skrupellosen Geldgier von Bankern und Managern geschuldet sind. Doch bereits Adam Smith sah im Gewinnstreben des Menschen den treibenden Motor der Wirtschaft. Soll man den Markt also sich selbst überlassen oder bedarf es doch ordnungspolitischer Maßnahmen und moralischer Regelwerke, um den Markt zu zähmen? Kann ein „hippokratischer" Eid für Manager ähnlich dem für Ärzte eine Lösung bieten wie ihn die Absolventen der Harvard Business School als Reaktion auf die Finanzkrise einführten? Reichen Selbstverpflichtungen von Unternehmen aus, um Korruption und Fehlverhalten zu verhindern oder müssen Staat und Gesetzgeber die Marktakteure stärker in die Pflicht nehmen? Eine der Hauptthesen des Buchs lautet, „dass der Markt feste Vorgaben braucht, damit er in der wünschenswerten Weise funktionieren kann". Dabei werden alte und neue Fallbeispiele aufgegriffen, wie zum Beispiel die Karstadt-Pleite oder die Korruptionsaffäre bei Siemens, und kritisch diskutiert. Am Beispiel von „Greenfreeze", der Entwicklung eines umweltfreundlichen Kühlschranks, wird gezeigt, wie Bürger, Unternehmen, Markt, Staat und Öffentlichkeit zusammenarbeiten müssen, um ethische Anliegen durchzusetzen. Ohne institutionelle Unterstützung bleibt die Wirtschaftsethik jedoch ohnmächtig und wirkungslos.

Im letzten Teil des Buchs werden drei wirtschaftsethische Theorien vorgestellt sowie deren Stärken und Schwächen diskutiert: der tugendethische Ansatz von Peter Koslowski, die Ordnungsethik Karl Hohmanns und Peter Ulrichs integrative Wirtschaftsethik. Die didaktische Konzeption folgt dem Gestaltungsmuster anderer Bände dieser Lehrbuchreihe, die speziell für Vorlesungen und Seminare an Hochschulen konzipiert wurde: Am Ende jedes Kapitels wird eine kurze rekapitulierende Zusammenfassung gegeben, weiterführende Literaturhinweise sowie Fragen und Übungen laden zur aktiven Auseinandersetzung mit dem Stoff ein.

Herold warnt seine Leser vor überzogenen Ansprüchen an die Wirtschaftsethik: Der Ethiker kann moralisches Handeln nicht erzwingen. Aber er kann, so schreibt Herold, „Menschen, die ihre Vorstellung von Moral und von einem guten Leben realisieren wollen, argumentative Hilfestellung leisten und sie bei der Klärung und Bewältigung der auftauchenden Probleme und Konflikte unterstützen". Für diesen Zweck ist das Buch sehr hilfreich und kann daher jedem empfohlen werden, der sich für Wirtschaftsethik interessiert und sich zu diesem aktuellen Thema eine eigene Meinung bilden will.

Thomas Zoglauer

Johann Gottlieb Fichte

Die späten wissenschaftlichen Vorlesungen III

Neu herausgegeben von Hans Georg von Manz, Ives Radrizzani und Martin Siegel unter Mitarbeit von Erich Fuchs.

Frommann-Holzboog, Stuttgart 2012.
461 Seiten, € 39,80

Die in der Reihe der Studientexte erscheinende und auf insgesamt sechs Bände angelegte Ausgabe von Johann Gottlieb Fichtes späten wissenschaftlichen Vorlesungen bietet zu einem attraktiven Preis einen zuverlässigen Text der zwischen 1809 und 1814 in Berlin gehaltenen Vorlesungen, die hier zum „ersten Mal vollständig und im Gesamtzusammenhang herausgegeben" werden.

Abbildung: **Ohne Titel** Hans Beck; Tuschezeichnung

Der in Stuttgart-Bad Cannstatt ansässige Frommann-Holzboog Verlag ist Philosophen vor allem durch seine historisch-kritischen Editionen bekannt. Ein Flaggschiff ist sicherlich die Fichte-Gesamtausgabe der Bayerischen Akademie der Wissenschaften, in deren von 1962 bis 2012 erschienenen vier Reihen (I. *Werke*; II. *Nachgelassene Schriften*; III. *Briefe*; IV. *Kollegnachschriften*) das Gesamtwerk von Fichte mustergültig aufgearbeitet wurde. Diese Edition wurde für die Texterstellung der Studienausgabe herangezogen. Der vorliegende dritte Band enthält die Vorlesungen über *Die Bestimmung des Gelehrten 1811*, die *Rechtslehre 1812* und die *Sittenlehre 1812*. Eine Einleitung von Ives Radrizzani führt sorgfältig in diese drei Vorlesungen ein, die dann in den Fußnoten mit den notwendigen Sachanmerkungen versehen werden. Ein Personen- und ein Sachregister runden das Buch ab.

Der Band ist im besten Sinne das, was er durch seine Reihenzugehörigkeit bereits verspricht: Er ist ein Studientext. Und als solcher richtet sich der Band vor allem an all diejenigen, die Fichte bereits kennen und gründlicher studieren wollen. Denn über die Bestimmung des Gelehrten etwa las Fichte ja schon 1794 bei Antritt seiner Professur in Jena und 1805 als Professor in Erlangen. Mit der Berliner Vorlesung liegt also eine dritte Variation desselben Themas vor, die zwar auch an sich als eine kurze Einführung in Fichtes Spätphilosophie gelesen werden kann, wirklich interessant wird diese Vorlesung aber wohl erst durch den und im Vergleich mit den früheren Fassungen. Denn erst eine solche vergleichende Perspektive ermöglicht eine angemessene Beurteilung von Fichtes Spätphilosophie. In diesem Sinne bildet die vorliegende Studienausgabe auch, ganz wie es die Herausgeber betonen, „die Voraussetzung für eine adäquate Neubewertung der Leistung Fichtes. Allen, die Fichtes Spätphilosophie kennenlernen oder sich mit ihr wissenschaftlich auseinandersetzen wollen, ist hier eine solide Arbeitsgrundlage an die Hand gegeben." Dem ist nichts hinzuzufügen. Zu wünschen wäre allenfalls, dass der Verlag auch Texte anderer Philosophen aus seinem Programm in diese Reihe von Studientexten aufnehmen möge.

Thomas Bach

Winfried Schröder

Athen und Jerusalem. Die philosophische Kritik am Christentum in Antike und Neuzeit

Frommann-Holzboog, Stuttgart 2011.
291 Seiten, € 68,00

Die oft herbe Kritik des philosophischen Atheismus bedient sich einer Reihe von Argumenten, welche bereits in den Anfängen des Christentums als Vorbehalte erhoben wurden. In großer Kontinuität griffen auch Philosophen der Renaissance und der Aufklärung darauf zurück. Sollte das Christentum seinen Glaubensanspruch aufgeben?

Es ist eine alte Debatte, welche der Marburger Philosophiehistoriker Winfried Schröder wieder aufleben lässt und minutiös mit einem umfangreichen Quellenmaterial belegt. Die Religionskritiker der Aufklärung waren nicht die ersten in ihrer argumentativen Opposition gegen das Christentum – bereits in der Spätantike, schon vor der Zeit Konstantins des Großen und damit der Etablierung der neuen Religion im Reich, war vehement gegen den Absolutheitsanspruch von Christen und die damit verbundenen Konsequenzen angegangen worden. Schröder möchte damit gegen eine zu glatte Theorie der Einheitsfigur eines „christlichen Abendlandes" angehen.

Die Synthese von Philosophie, Kultur und Christentum hatte bereits von Anfang an ihre Spannungen, die sich festmachen lassen an Namen wie Celsus (spätes 2. Jahrhundert, bekannt durch die Gegenschrift des Origines), Porphyrius (3. Jahrhundert, Neuplatoniker) und dem nach-konstantinischen Kaiser Julian, der in der christlichen Tradition als „Apostata" (vom Glauben Abgefallener) bezeichnet wurde.

Die von ihnen geäußerte Kritik entzündete sich an dem, was in der christlichen Lehre rein argumentativ nur schwer nachzuvollziehen ist und was dem antiken religiösen Toleranzgedanken und Polytheismus widersprach: Dazu gehört in erster Linie ein nach außen blind erscheinender Glaube sowie eine moralische Begründungsgestalt, die sich nicht mehr nur auf das eigene Denken und Tun verlassen, sondern Wahrheit und persönliche Gerechtigkeit als zu empfangende Gaben ansehen. Die radikalisierte Ethik der christlichen Gemeinschaft weckte bei manchen Bewunderung, bei vielen anderen jedoch auch aggressive Ablehnung und Unverständnis. Anstoß erregte weiterhin die Ableitung der Göttlichkeit Jesu aus seinen Wundern, die als menschliche Denkmöglichkeit der antiken Götterwelt ja nicht fremd waren, sowie aus einer bestimmten Interpretation von Schriften der jüdischen Tradition, was einem historisch-kritischen Bewusstsein nur schwer einleuchten mochte. Bereits damals wurde angemerkt, was sich bis heute als geschichtliche Hypothek des Monotheismus erwiesen hat: Der Exklusivitätsanspruch (ein „wahrer" Gott) würde zu Intoleranz und Gewalt führen und damit den eigenen Anspruch einer „radikalen Moral der Liebe" ad absurdum führen.

Winfried Schröders Zusammenstellung passt in die heutige Debatte um die kulturellen Wurzeln des Abendlandes sowie um Segen oder Fluch einer (oft für eigene Zwecke missverstandenen) monotheistischen Lebenshaltung. Dass Christentum und Kultur nie verschmelzen werden, das hatte Anfang des dritten Jahrhunderts bereits ein wortgewaltiger Christ in Nordafrika mit markanten Worten ausgeführt, in denen auch der Titel des hier zu besprechenden Buchs vorkommt: „Was also hat Athen mit Jerusalem zu schaffen, was die Akademie mit der Kirche, was die Häretiker mit den Christen? ... Wenn wir glauben, so wünschen wir über den Glauben hinaus weiter nichts mehr. Denn das ist das erste, was wir glauben: es gebe nichts mehr, was wir über den Glauben hinaus noch zu glauben haben." (Tertullian, *De praescriptione haereticorum* VII, 9–13)

Würde Religion diese hier wohl extrem ausgedrückte Spannung aufgeben, sich also ganz in rational nachzuvollziehende Bahnen eingrenzen, dann bliebe sie wohl sich selbst das Wesen der „religio-Bindung" an den je größeren Gott schuldig, der sich übrigens auch menschlichen Versuchen exklusivistischer Vereinnahmung widersetzt.

Damit stimmen auch die Worte des Autors und Atheismusforschers überein, der am Schluss mit Blick auf die sich wandelnde christliche Theologie und die am Christentum geübte Kritik fast versöhnlich feststellt: „Sollten die bislang stets anerkannten Kernelemente des christlichen Glaubens jedoch aufgegeben werden, ... würden die genannten Einwände tatsächlich ins Leere laufen. Dann wäre allerdings auch nicht mehr zu verstehen, worin das christliche Profil einer derart transformierten Theologie bestehen könnte."

Der Band richtet sich vor allem an Leser, die sich in Philosophiegeschichte sowie Religionskritik auskennen; darüber hinaus gibt er einen guten Einblick in die Konfliktfelder von Christentum und spätantiker Kultur.

Paul Rheinbay

Franz M. Wuketits

Die Boten der Nemesis. Katastrophen und die Lust auf Weltuntergänge

Gütersloher Verlagshaus,
Gütersloh 2012.
253 Seiten, € 19,99

Der Weltuntergang hat schon wieder nicht stattgefunden! Die gute – oder schlechte – Nachricht: Es werden noch viele Weltuntergänge vorübergehen, bis es in 7,6 Milliarden Jahren wirklich so weit sein wird. Dann bläht sich nämlich aller Voraussicht nach die Sonne zu einem sogenannten Roten Riesen auf und verschlingt die schon Milliarden Jahre zuvor im Hitzetod sterilisierte Erde.

„Um Katastrophen braucht man sich eigentlich nicht zu sorgen, die kommen schon. Aber vielleicht muss man sie heraufbeschwören, zeitweise, weil von selbst dauert's zu lang." Dieses gallige Zitat des Schriftstellers Thomas Bernhard hat Franz Wuketits, Philosoph und Zoologe an der Universität Wien, seinem stellenweise nicht minder gallig geschriebenen Potpourri der Katastrophen und Weltvernichtungen vorangestellt. Denn es geht ihm nicht nur um Märchenerzählungen und Geschäftsmodelle (!) von Untergangsaposteln, nicht nur um mehr oder weniger reale Risiken und Gefahren, sondern auch um die – psychologisch durchaus erklärungsbedürftige – Lust an den Apokalypsen.

„Allein in den letzten zwei Jahrzehnten hätte die Welt mehrmals untergehen sollen", rechnet Wuketits seinen Lesern vor: 1993, 1994, 1997, 1999, 2000, 2004 und 2012. Verkünder der Endzeit haben also Konjunktur, so abstrus ihre oft im religiösen Wahn vernebelten Begründungen auch sind – „einer mitunter ins Morbide gesteigerten Sehnsucht danach ist offenbar schwer auszuweichen".

Außer psychologischen und soziologischen Betrachtungen widmet sich Wuketits vor allem den kulturgeschichtlichen und naturwissenschaftlichen Aspekten der Apokalypsen sowie diversen philosophischen Zwischentönen. Nicht nur abstruse Astrologen werden vorgeführt, sondern auch Behauptungen von Futurologen im wissenschaftlichen Deckmantel, die zeigen, wie unwissenschaftlich solche Einschätzungen doch sein können. So wurde Ende des 19. Jahrhunderts hochgerechnet, dass um 1910 New Yorks Straßen unpassierbar würden, da sie dann meterhoch von Pferdemist bedeckt wären. Dem bereits erfundenen Automobil wurde dagegen keine Zukunft vorausgesagt, weil es dafür zu wenig geschulte Fahrer gäbe.

Gefahrenwarnungen sind allerdings nicht bloße Hysterie. Tatsächlich fielen mehrfach in kurzen Zeiträumen über die Hälfte aller Arten gewaltigen Umbrüchen infolge von Erdbeben, Vulkanismus, Meteoriteneinschlägen und Klimakatastrophen zum Opfer. Auch menschengemachte Desaster werden thematisiert, besonders Kriege und ökologischer Raubbau. Die Bevölkerungsexplosion ist dabei der Hauptfaktor. Allerdings äußert sich Wuketits wiederholt skeptisch über Naturschutz und Klimawandel, weil diese auch instrumentalisiert würden – bis hin zu einer befürchteten „Ökodiktatur" –, und weil Veränderungen eben zur Naturgeschichte zählten. Schließlich geht es um die Psychologie der Apokalypse sowie die Instrumentalisierungen von mehr oder weniger (sur)realen Gefahren durch Wirtschaft und Politik. Denn: „Weltuntergangsdrohungen sind Mittel zur Macht".

„Unser Verhältnis zu Katastrophen sagt viel über unsere eigene Natur aus", so der Schluss von Wuketits, der sich seinem ja keineswegs amüsanten Thema ernsthaft, doch auch mit einer angenehmen, teils ironischen Distanz widmet, die er mit Wiener Schmäh sowie ab- und aufgeklärtem Charme würzt. Er lässt Skurrilitäten nicht aus, mischt immer wieder persönliche Anekdoten und Meinungen in den apokalyptischen Apfelsaft (selbst das berühmte lutherische Apfelbäumchen empfiehlt er zu pflanzen) und spart nicht mit Kritik an Irrationalismen, Gesellschaft, Wirtschaft und Politik. Ein unterhaltsam geschriebenes Buch über die Lust am Untergang, dessen Lektüre sich immer dann empfiehlt, wenn einem die überfällige Steuererklärung, der Strafzettel wegen Geschwindigkeitsübertretung oder die Sorgen um die schlechten Schulleistungen der Kinder den Schlaf rauben – angesichts eines drohenden Weltuntergangs lassen sich solche Alltagsnöte doch gelassen ertragen!

Rüdiger Vaas

Robert Zimmer, Martin Morgenstern

Die großen Fragen. Eine Geschichte der philosophischen Probleme im Überblick

Reclam, Stuttgart 2011.
326 Seiten, € 14,95

Die Konjunktur der Überblicksdarstellungen, Einführungen und Handbücher zu verdammen, hat mittlerweile selbst Hochkonjunktur. Aber in dieser Klage artikuliert sich nur das schlechte Gewissen einer akademischen Zunft über die eigenen Begehrlichkeiten.

Mit der Neuordnung der Studiengänge kam der Bachelor-Abschluss. Im damit einhergehenden Geschäft der Bachelorisierung des eigenen Wissens, dem doch letztlich alle zugestimmt haben, sehen zwar viele den Niedergang ihrer Fachkultur als Infantilisierung des Forschens, so mancher betrauert lautstark den Ausverkauf der Humboldtschen Bildungs- und Wissensidee, natürlich mit sich selbst als letztem Nachlassverwalter redlichen Denkens ... Im richtigen Moment aber will dann doch jeder gern beteiligt sein und kurbelt mit der hundertsten Einführung in Friedrich Nietzsches Denken oder die Analytische Philosophie den Markt noch weiter an. Diese Lage macht es umso schwieriger, Einführungen zu kritisieren, das heißt gerecht zu beurteilen und ihre Möglichkeiten wie Grenzen abzustecken. Denn die angesprochene Fundamentalklage nun in jeder Besprechung am konkreten Gegenstand erneut zu führen, ist wenig sinnvoll, da die Ansprechpartner für die bildungspolitische Großwetterlage an anderer Stelle sitzen. Auch die Gattung der Einführung generell am besonderen Gegenstand zu verdammen, hilft wenig: Natürlich vereinfacht jede Einführung mit Blick auf den Leser und steht so immer in der Gefahr, Wissen zu verfälschen; natürlich wählt sie aus und ist in der Auswahl kritisierbar, natürlich streifen die meisten grafischen Aufbereitungen des Wissens eine gewisse Peinlichkeitsgrenze ... Die einzig sinnvolle Frage kann deshalb nur lauten: Ist, unter einmal nicht weiter hinterfragter Voraussetzung der Berechtigung der Gattung „Einführung", die vorliegende gut gemacht? Die Antwort lautet: Ja!

Sowohl die typografische als auch die grafische Aufbereitung und Gliederung des Bands ist angenehm zurückhaltend und doch funktional. Man findet die entsprechenden Abschnitte und

Unterabschnitte zu den entsprechenden Denkern schnell auf; die Zeittafel am Ende, welche „Geschichte", „Philosophie" und „Personen" zusammenführt, ist nützlich, wobei die schmalen Erläuterungen zu bestimmten „Personen" (für die Antike zum Beispiel: Heraklit, Parmenides, Demokrit, Epikur) die biografischen Skizzen, die über den ganzen Band hin vom Text abgehoben die zentralen Gestalten der Philosophiegeschichte porträtieren (für die Antike: Sokrates, Platon, Aristoteles, Plotin) sinnvoll ergänzen. Der Stil ist durchgehend von großer Klarheit, ohne Schnörkel oder unnötige Fachbegriffe und stets bemüht, so etwas wie den jeweiligen Grundgedanken in den Blick zu bekommen. Die Ordnung der Philosophiegeschichte als „Problemgeschichte", also zentriert um den historischen Ort wesentlicher Fragen des philosophischen Denkens (der beste Staat, das gute Leben, Gott, Quellen des Wissens, Vernunft und Glaube, Kunst und Wahrheit ...), ist in Bezug auf den begrenzten Umfang auch im Bewusstsein ihrer prinzipiellen Kritisierbarkeit und Veränderlichkeit einleuchtend.

Natürlich kann man auch hier bei manchen Einzelheiten fragen: Zum Beispiel führt die Zusammendrängung der Philosophie Georg Wilhelm Friedrich Hegels auf zwei Seiten dazu, dass die sachlich unrichtige, aber in Einführungen hartnäckig tradierte Terminologie der dialektischen Aufhebung als Verbindung von „These" und „Antithese" wieder auftaucht. Ebenso problematisch erscheint die zu wenig erläuterte wertsetzende Struktur und Reichweite des Fortschrittsgedankens der Philosophie, der in der Einleitung zugrunde gelegt und verteidigt wird. Aber abseits dieser und auch weiterer möglicher Detailfragen gilt klar festzuhalten: Dem Bachelor-Studenten oder dem interessierten Laien wird mit diesem Band ein im Ganzen sachlich kompetenter, fundierter und auch wirklich hilfreicher Überblick geliefert, von dem aus man sehr gut weiter nachfragen und tiefer in die Materie eindringen kann.

Jan Urbich

Wolfgang Welsch

Homo mundanus. Jenseits der anthropischen Denkform der Moderne

Velbrück Verlag, Weilerswist 2012.
1004 Seiten, € 78,00

Wolfgang Welsch denkt den Menschen neu: indem er ihn aus dem Zentrum des Universums verbannt.

Nach Jahren der Ausarbeitung seines Projekts einer philosophischen Neubestimmung des Menschen, deren Ende zuletzt durch zwei vorab veröffentlichte „Kurzfassungen" bereits angedeutet worden war, ist nun Wolfgang Welschs *opus magnum* – mit stattlichen tausend Seiten Umfang – erschienen. Welsch geht es darum, die „anthropische Denkform" (von altgriechisch *anthropos* für Mensch) der modernen Philosophie aufzuarbeiten und zu kritisieren: die Idee also, dass wir nur zu einer „Welt nach Menschenmaß" gelangen können, weil alle unsere Zugänge zur Welt durch den Menschen bestimmt und damit immer schon zugestellt sind.

Welschs These ist es, dass beinahe die gesamte moderne Philosophie – selbst dort, wo man es gerade andersherum vermutet – durch die Mensch-Welt-Opposition, also eine Entgegensetzung von Mensch und Welt bestimmt ist, die den Menschen als Weltfremdling und die Welt als etwas an sich für den Menschen Unerreichbares qualifiziert. Subjekt-Objekt-Spaltung und Weltfremdheit sind demnach der Preis, den der moderne Mensch dafür bezahlen muss, sich zum Herrscher, Ausgangspunkt und Konstrukteur seiner Lebenswirklichkeit aufgeschwungen zu haben. Welsch zufolge ist dieses Dilemma nur dadurch zu lösen, dass man sich der vorgängigen, nicht auflösbaren und das Dasein fundierenden Weltverbundenheit beziehungsweise Welteingebundenheit des Menschen zuwendet: Man müsse die Welt nicht vom Menschen her, sondern den Menschen von der Welt her denken.

Vor allem die zweite Hälfte des Buchs widmet sich deshalb ausführlich dem Nachweis, wie der Mensch aus dem „Stoff" der Welt gemacht ist, dieser also nicht als eigene, andere Substanz eines äußeren Betrachters gegenübersteht. Dabei ist es vor allem die durch Charles Darwin begründete Evolutionstheorie, wesentlich erweitert im Hinblick auf eine „kosmische Evolution", welche für Welsch als Rahmentheorie seines Entwurfs fungiert. Denn eben weil der Mensch kosmisch, biologisch und auch kulturell von der Welt selbst herkommt, weil er in vielfältiger Weise durch sie und in ihr entstanden und deshalb immer schon in sie eingepasst worden ist, ist ihm die Fremdheit zur Welt nur ein kulturelles Dekadenzphänomen, das durch Korrektur der Perspektive überwunden werden kann. Die damit verbundene Dezentrierung des Menschen ist für Welsch keine Unterwerfung, sondern eine Befreiung. Sie lässt ihn seiner Teilhabe an der Welt wieder gewahr werden und versöhnt ihn damit mit sich selbst. Welche konkreten Erfahrungen für Welsch hinter dieser Philosophie stehen – ohne dass sich ihr Anspruch darauf verkürzen ließe – wird in der Widmung deutlich: „Meinem Lehrmeister von Point Año Nuevo bis Kamakura." Im Buch wird dieser als der Pazifische Ozean offenbar: „Er hat mir die Augen für eine andere Stellung des Menschen in der Welt geöffnet."

Wie schon für Welschs Werk *Vernunft* gilt auch hier, dass der Leser durch eine bestechend klare, hochinformierte und deshalb äußerst lehrreiche Argumentation geführt wird. Der erste Teil liefert, analog zum Vernunft-Buch, einen Abriss der gesamten modernen Philosophie unter dem Gesichtspunkt ihrer fast vollständigen vom Menschen her denkenden Ausrichtung – was man hinsichtlich mancher abgehandelter Denker im Einzelnen sicher stets kritisieren kann und vielleicht sogar muss. Die Frage ist, ob man einem derartigen Großentwurf damit gerecht wird; gibt er sich doch klar zu erkennen als Versuch, das auf den Menschen als Mittelpunkt der Welt ausgerichtete Denken der modernen Philosophie überscharf in den Blick zu nehmen, damit die Alternative umso deutlicher hervortreten kann. Auch der mitterweile gegen das Buch zu findende Vorwurf, hier werde alter Wein in neuen Schläuchen präsentiert, greift nicht wirklich, denn schließlich gibt Welsch seine Gewährsmänner (Hegel, Darwin, Haeckel ...) deutlich an und denkt offensiv in deren Schatten weiter. Und nicht zuletzt macht es die Klarheit seiner Gedankenführung dem Leser leicht, kritisch anzusetzen und weiterzudenken. All das macht diesen Großentwurf des Menschen unbedingt lesenswert.

Jan Urbich

Hans-Martin Schönherr-Mann

Vom Nutzen der Philosophie. Pragmatismus als Lebenskunst

S. Hirzel Verlag, Stuttgart 2012.
208 Seiten, € 19,80

Seit etwa 1½ Jahrzehnten ist das Interesse an Fragen der philosophischen Lebenskunst neu erwacht. Häufig wird in entsprechenden Büchern auf Aristoteles, Seneca und Montaigne Bezug genommen. Der Pragmatismus, eine Ende des 19. Jahrhunderts entstandene Denkrichtung, welche die praktischen Konsequenzen von Ideen und Handlungen ins Zentrum der Betrachtung stellt, wird zumeist nicht berücksichtigt. In Hans-Martin Schönherr-Manns anregendem Buch avanciert nun gerade der vor allem in Europa vernachlässigte Pragmatismus zur Lebenskunst.

Der von Schönherr-Mann akzentuierte Typus des Pragmatikers ist ein Pragmatist im Sinne von Charles Sanders Peirce, der in seinem Aufsatz *Was heißt Pragmatismus?* betont, dass Philosophie sich im praktischen Leben bewähren muss. Für Schönherr-Mann ist folglich eine Grundsatzdebatte über gegensätzliche Weltanschauungen, die gleiche Handlungsweisen hervorrufen, praktisch irrelevant. Das sei etwa dann der Fall, wenn religiös und säkular Denkende aus unterschiedlichen Gründen die Grundrechte anerkennen. Der eine betrachte sie als von Gott gegeben, der andere als Ausdruck von Vernunft; die Konsequenz ihrer Herleitungen sei jedoch identisch. In Anknüpfung an Richard Rorty plädiert Schönherr-Mann deshalb für eine Trennung des Handelns von Fragen der Weltbilder und der Religionen und stellt demgemäß Toleranz, Neugier auf andere Menschen und neue Erfahrungen sowie eine den *clash of civilizations* abfedernde Höflichkeit als unabdingbare pragmatische Kardinaltugenden heraus.

Schönherr-Mann beschreibt detailliert den Nutzen einer dermaßen pragmatisch ausgerichteten Philosophie in den unterschiedlichen philosophischen Bereichen. Mittels der Ethik etwa gestalte der Pragmatiker sein Leben selbstverantwortlich und solidarisch, jedoch ohne sich dabei blind einem Normenkorsett zu unterwerfen. So dürfe man im Rahmen einer pragmatischen Ausrichtung des Handelns im Kontrast zur Philosophie Immanuel Kants dann lügen, wenn im gegenteiligen Fall eine andere Norm verletzt würde, zum Beispiel das Tötungsverbot. Der Pragmatiker hat folglich kein Problem damit, dass er nicht die Wahrheit sagt, wenn die Gestapo kommt und nach dem versteckten Juden fragt. In der Politik wiederum habe man umgekehrt zu unterstellen, dass die Akteure, mit denen wir konfrontiert sind, häufig lügen: „Man bedenke bei Äußerungen von Politikern immer auch das Gegenteil des Gesagten als das möglicherweise Gemeinte, bzw. als das, was mit der Äußerung verborgen werden soll!“

Im Bereich der Anthropologie (Lehre vom Menschen) motiviert der Pragmatismus ebenfalls zu einer differenzierteren Betrachtung: Im Sinne seiner These, dass es bei Wahrheit nicht um Absolutheit geht, fordert er, sich mit einem relativen, hypothetischen, sich historisch wandelnden Verständnis vom Menschen zu begnügen, um nicht Opfer des eigenen Selbstverständnisses zu werden. Man kann den Menschen eben als *homo sapiens* (mit Verstand begabter Mensch), als *homo oeconomicus* (wirtschaftender Mensch), wie Aristoteles als *animal sociale* (soziales Lebewesen), wie Hobbes als *homo homini lupus* (wörtlich: der Mensch ist dem Menschen ein Wolf) verstehen oder auch wie Blumenberg als ein durch seine Visibilität geprägtes Wesen.

Angesichts dieser verschiedenen Facetten des Menschseins sollte Bildung nach Schönherr-Mann jenseits starrer Weltbilder ein Denken befördern, das vielfältige Sprachspiele unternimmt, um immer wieder neue Verstehensmöglichkeiten zu entdecken. Der Pragmatiker stellt sich somit gegen jede Ideologisierung und Dogmatisierung von Erkenntnissen, aber auch gegen jede Theorielastigkeit. Er weiß um die Vielfalt sich widersprechender Prinzipien, ist deshalb aber nicht prinzipienlos und folglich auch kein Verfechter der Beliebigkeit von Werten. Aufgrund der wahrgenommenen Vielfalt ist gerade der Pragmatiker zu permanentem kritischen Denken angehalten, um den Alltag bewältigen zu können. Hierin zeigt sich, dass vornehmlich pragmatische Einstellungen eine kluge, verantwortungsvolle Lebensführung initiieren können.

Mit seinem in verständlicher Sprache verfassten Buch hat Schönherr-Mann den Diskurs um die philosophische Lebenskunst um eine pragmatische Note bereichert, die der Vielfalt und Komplexität unserer Gegenwart gerecht wird.

Martin Krieger

Christoph Ammann, Barbara Bleisch, Anna Goppel (Hrsg.)

Müssen Ethiker moralisch sein? Essays über Philosophie und Lebensführung

Campus Verlag, Frankfurt 2011. 327 Seiten, € 34,90

Wir besuchen eine philosophische Konferenz. Mit besonderem Interesse folgen wir dem Vortrag einer Tierethikerin, die gewichtige Argumente gegen den Fleischkonsum vorbringt. Wir halten diesen Vortrag für so überzeugend, dass wir selbst mit dem Gedanken spielen, von nun an auf fleischlose Kost umzusteigen. In der Mittagspause beobachten wir, wie eben diese Wissenschaftlerin genussvoll ein Steak verspeist: „Wie kann sie nur!“

Mit diesem Beispiel sind wir mitten im Thema des Essaybands. Warum sind wir besonders empört, wenn gerade die Tierethikerin Fleisch konsumiert? Geht es uns überhaupt etwas an, welche Speisen sie präferiert? Sollte uns ihr Verhalten an der Glaubwürdigkeit ihrer Thesen zweifeln lassen? Welche Rolle spielen persönliche moralische Überzeugungen für die Ethik als akademische Disziplin? Gelten für professionelle Ethiker und Ethikerinnen strengere moralische Maßstäbe?

Im Gegensatz zu anderen Aufsatzsammlungen im Bereich der Ethik geht es in diesem Buch nicht um die wissenschaftliche Erörterung moralphilosophischer Fragen, die Zerlegung von Argumenten oder um Begriffsanalyse, sondern um die Person des Ethikers selbst. Im Zentrum steht das Verhältnis von wissenschaftlicher Auseinandersetzung und eigener Lebensführung.

Thematisch ist der Sammelband in zwei Blöcke gegliedert. Im ersten Block „Ethik und Lebensführung“ liegt der Fokus auf dem lebensweltlichen Selbstverständnis des Ethikers. Denken Ethiker und Ethikerinnen, dass mit ihrer Rolle besondere Verpflichtungen verbunden sind, sei dies, ihre Thesen auch in ihr Leben zu integrieren, sei dies eine Vorbildrolle zu übernehmen oder sich gesellschaftlich zu engagieren? Im zweiten Block „Ethik und Wissenschaft“ steht die Auseinandersetzung mit dem wissenschaftlichen Selbstverständnis von Ethikern und Ethikerinnen im Zentrum. Im Zwischenteil „Stimmen“ finden sich Interviews mit Philosophen und Philosophinnen, die sich auch außerhalb der wissenschaftlichen Welt, durch politisches Engagement oder durch ihre pointierte Meinung, einen Namen gemacht haben.

Der Fokus auf die Person des Ethikers ist für die zeitgenössische Philosophie ungewöhnlich und macht den Essayband besonders lesenswert. Entstanden ist ein bunter Strauß an Aufsätzen, der den Ethiker als Person greifbar macht und Aufschluss über das zeitgenössische Selbstverständnis von Ethik und Philosophie im Allgemeinen gibt. Im Stil unterscheidet es sich von anderen philosophischen Büchern. Es ist locker und an manchen Stellen polemisch geschrieben. Beim Leser entsteht der Eindruck, dass es den Schreibenden Freude bereitet hat, ihre eigene Rolle zu reflektieren und einmal etwas freier schreiben zu dürfen. Trotz der unterschiedlichen Sichtweisen zeichnet sich eine generelle Skepsis gegenüber der These ab, dass sich Ethiker in besonderer Weise moralisch verhalten müssten oder dass die Wahrheit ihrer Thesen gar von ihrem eigenen Verhalten abhängig wäre.

Diese Haltung unterstreicht das neuzeitliche Selbstverständnis von Philosophie und Ethik als Wissenschaft, setzt dieses doch eine Trennung von Person und Forschungsgegenstand voraus. Die antike Vorstellung der Verbindung von Philosophie und Lebensführung flackert nur an wenigen Stellen auf. Betreibt man analytische Philosophie, beschäftigt man sich ohnehin nur mit argumentativen Strukturen und Begriffsanalysen. Man ist daran interessiert, was aus der einen oder anderen Position folgt, und vertritt das dann nicht ernsthaft, sondern nur nach den Regeln der Folgerichtigkeit. *L'art pour l'art* eben. Außerdem gibt es ja noch die Willenssschwäche, die Unterscheidung zwischen Gründen und Motivation und neben moralischen auch noch andere Handlungsgründe. Kurzum: Lebens- und Denkwelt sind auch bei Philosophen verschieden. Wir dürfen mit der fleischessenden Tierethikerin also nicht allzu streng ins Gericht gehen.

Claudia Reitinger

Philipp Hübl

Folge dem weißen Kaninchen ... in die Welt der Philosophie

Rowohlt Verlag, Reinbek 2012.
346 Seiten, € 11,99

Ansatzpunkte für Hübls systematisch-argumentativ orientierte Einführung in die Philosophie sind grundlegende philosophische Fragen, wie etwa, ob wir in unseren Entscheidungen frei sind, wie Worte zu ihrer Bedeutung kommen oder auch, ob es (einen) Gott gibt.

In der Einleitung setzt sich der Professor für theoretische Philosophie an der Universität Stuttgart mit der Frage auseinander, was Philosophie eigentlich sei. So weist er beispielsweise zurück, dass Philosophen besonders qualifiziert seien, zu politisch-gesellschaftlichen Themen Stellung zu beziehen und zeichnet andererseits ein Idealbild der (wissenschaftlichen) Philosophie, welches vor allem in der Befolgung bestimmter methodischer Standards bestehe: „Gute Philosophen streben in ihren Texten nach einem Ideal von Klarheit und Verständlichkeit."

Anhand von grundlegenden Fähigkeiten, Vollzügen und Erlebnissen des Menschen wie Fühlen, Denken, Träumen und so weiter, will Hübl an philosophisches Denken und die großen philosophischen Fragen heranführen. Bei seinen Ausführungen beginnt er häufig mit Erfahrungen des Alltags, die sehr viele (wenn nicht alle) von uns irgendwann so oder ähnlich machen. Dabei erzählt er immer wieder von sich selbst, zum Beispiel wenn er von der Trennung von seiner Freundin berichtet, und ihm dies als Ausgangspunkt dient, über Phasen des Verlusts und Gefühle nachzudenken.

Immer wieder weist Hübl auf philosophische Motive oder mögliche Anknüpfungspunkte für Philosophie hin, die in Film und Literatur vorkommen. Dabei reicht die Spanne von Klassikern der Literatur wie Thomas Manns *Der Zauberberg* bis zur US-amerikanischen Trickfilmserie *Futurama*. Schon mit dem Titelmotiv, dem weißen Kaninchen, nimmt Hübl Kontakt mit Literatur und Film auf: Lewis Carrolls *Alice im Wunderland* und die Science-Fiction-Trilogie *Matrix* sind die Anknüpfungspunkte.

Neben den Hinweisen auf unseren Alltag und die (Pop-)Kultur enthält das Buch viele Blicke auf Wissenschaften, die für die Philosophie wichtig sind. Hübl nimmt sich Zeit, Fachbegriffe konkret und klar zu erklären. Insbesondere versteht er es, dem Leser den falschen Respekt vor Fremdwörtern zu nehmen. So führt ihn beispielsweise ein Spaziergang über kühles Moos zum Begriff „Qualia", dem Begriff, der in der Philosophie die innere Qualität von Erlebtem bezeichnet.

Auch wenn die Einführung systematisch angelegt ist, erfährt der Leser dabei sehr wohl historische Details – so berichtet der Autor beispielsweise von den Ansichten im Bereich der philosophischen Ästhetik, die Platon Sokrates in den Mund legt. Bei all dem hilft Hübls augenzwinkernder Humor, die Philosophie aus dem Elfenbeinturm heraus und den Menschen nahezubringen. So kommt etwa auch Augustinus mit dem Zitat vor, Gott habe vor der Erschaffung der Welt die Hölle für allzu Neugierige geschaffen, etwa für solche, die wissen wollten, was Gott vor Erschaffung der Welt getan habe.

Eine thematische Auswahl ist für eine Einführung in die Philosophie, wie Hübl sie vorlegt, naheliegend und notwendig. Die Auswahl wird jedoch nicht ausdrücklich thematisiert und auch nicht begründet. Die Komplexität von Argumenten für die Existenz Gottes etwa, die vor allem in jüngerer Vergangenheit von Vertretern der Analytischen Philosophie vorgebracht wurden, kommt nicht zur Sprache.

Hübls Buch ist keine Einführung für Kinder, wie schon am allgemeinen Sprachstil zu ersehen ist. Durch die Verweise auf und die Verknüpfungen mit Alltag und Kultur gelingt es ihm, ein Bild der Philosophie zu vermitteln, das sie als relevant und in ihren Grundzügen für jeden zugänglich und deshalb verständlich darstellt. Das Versprechen der Einleitung, in zehn Kapiteln „klare Antworten auf große philosophische Fragen" zu geben, kann freilich vom Wesen der Philosophie und der behandelten Fragen her letztlich nicht eingelöst werden. Hübl gibt mit seinem Buch eine Orientierung im Irrgarten der Philosophie – dabei hat der Leser einen kompetenten Führer, der jedoch abschnittsweise seine Lieblingsstrecke durch den Garten nimmt.

Martin Klinkosch

Stefan Diebitz

Leonardos Entdeckung. Eine Philosophie des Ausdrucks

Die Graue Edition, Zug/Schweiz 2012.
265 Seiten, € 26,00

„Philosophie ist nicht Wissenschaft, und schon gar nicht ist sie eine positive Wissenschaft." In seinem neuen Buch unternimmt es Stefan Diebitz, vehement gegen die logikzentrierte Philosophie anzuschreiben. Gegen diese zergliedernde, von „atomistischen Sinneseindrücken" ausgehende Haltung setzt der Autor seine Philosophie des Ausdrucks, bei der es um das recht verstandene „Sehen" des Ganzen geht, des Ausdrucks belebter wie unbelebter Natur.

Wie schon in seinem 2007 erschienenen Buch *Glanz und Elend der Philosophie* ist es Stefan Diebitz' Ziel, die Philosophie, besser: das Philosophieren aus den engen Bahnen akademischer Gedankengänge herauszuführen, um dabei neue und menschengemäßere Sichtweisen zu entdecken. Dabei befragt er nicht nur den üblichen Kanon angesehener Philosophen, sondern lässt auch Dichter und andere Künstler zu Wort kommen.

Der Titel des Buchs bezieht sich dabei auf ein Zitat Leonardo da Vincis, in dem er Hinweise zur Anfertigung eines Porträts gibt. Da Vinci gibt darin Porträtmalern den Rat, Arme im Verhältnis zu Beinen und den Kopf im Verhältnis zur Brust in gegensätzliche Richtungen zu wenden – für Diebitz ein Hinweis auf die Vieldeutigkeit des menschlichen Ausdrucks, in dem in charakteristischer Weise gegensätzliche Regungen auftreten können.

Den Ursprung dieser Vieldeutigkeit verortet der Autor in Anlehnung (aber nicht blinder Gefolgschaft) an die Lebensphilosophie der Wende vom 19. zum 20. Jahrhundert in der Negativität des Willens – Hauptreferenzen sind hier Eduard von Hartmann und Ludwig Klages. Denn während „der animalische Trieb wie der pflanzliche Drang etwas Positives“ sind, ist der Wille etwas Negatives und mit Bewusstsein ausgezeichnet. Nur der Wille kann sich gegen das blinde Vorwärtsstreben des Triebs richten und sich auf sich selbst zurückwenden beziehungsweise die Distanz des Menschen zu seiner Lebenswelt ermöglichen. Diebitz vergleicht hierbei den Menschen mit einem Granitblock in einem Bildhaueratelier, der erst durch die Negativität des Willens, das Weg-Nehmen von Stein, seine Form und seinen Ausdruck gewinnt.

Der Ausdruck, speziell im Gesicht eines Menschen, ist deshalb etwas Uneindeutiges mit in sich zuwiderlaufenden Tendenzen, das nicht analytisch zergliedernd, sondern nur als Ganzes erlebt werden kann. Diebitz setzt diese unterschiedlichen Verfahren in Analogie zu Detektiven der Weltliteratur, die sich in aus kleinteiligen Detailhinsichten schließende Analytiker scheiden lassen und solche, die die Lösung eines Falls im Ganzen „sehen“.

Deshalb, so Diebitz' These, muss auch Moral vom Eindruck des Ganzen ausgehen. Monistische Theorien, das heißt Weltsichten, mit deren Hilfe alle (bisweilen gegenläufigen) Phänomene der Welt auf ein einziges Grundprinzip zurückführbar sind, lehnt der Autor strikt ab, besonders im Bereich der Moral.

Stefan Diebitz' Buch liest sich flüssig und engagiert – es wird deutlich, dass es dem Autor darum geht, seine Leser von der eigenen philosophischen Position mit Verve zu überzeugen und nicht ein weiteres akademisches Nachschlagewerk zu produzieren. Der Band wird abgerundet von zahlreichen erläuternden Anmerkungen.

Das Buch ist für all jene ein Gewinn, denen das mathematisch zergliedernde Denken, das die Naturwissenschaften zur Methode erhoben haben und das auch in weiten Kreisen der durch die naturwissenschaftlichen Erklärungsmuster verunsicherten universitären Philosophie um sich gegriffen hat, suspekt ist. Diebitz liefert keine Darstellung esoterischer Ganzheitlichkeit im modischen Sinne des Wortes, sondern vielmehr gut geschriebene und fundierte Denkanregungen zum Verständnis einer Wahrnehmung, die nicht kleinteilige Einzelheiten und Spezialaspekte analysiert. Ausgehend von einer Ganzheit der Erscheinungen versucht er, Zusammenhänge als Ganzes, sprich den Ausdruck in den Blick zu bekommen.

Stefan Gammel

Hans Werner Ingensiep

Der kultivierte Affe. Philosophie, Geschichte und Gegenwart

Hirzel, Stuttgart 2012.
317 Seiten, € 24,90

„Was ist der Mensch?“, lautet Immanuel Kant zufolge die Grundfrage der Philosophie. Diese lässt sich gleichermaßen zuspitzen und erweitern, wenn die stammesgeschichtlich nächsten Verwandten mit in den Blick genommen werden. Ähnlichkeiten und Unterschiede treten deutlicher hervor – und beide fallen nicht immer schmeichelhaft aus für den selbsternannten *homo sapiens* (lateinisch für: der weise Mensch).

„Karikatur – Wilde – Monster – Bruder – Person: Diese Stichworte skizzieren die wechselvolle Karriere einer Reihe unfreiwilliger Immigranten aus Asien und Afrika. Sie bezeichnen einen steinigen Weg der Integration fremdartiger Wesen in die europäische Geistesgeschichte und Gesellschaft. Zugleich beschreiben sie aber auch alteuropäische Abgrenzungs-, Aneignungs- und Begegnungsmuster gegenüber den fremden Erscheinungen.“ So beginnt Hans Werner Ingensiep seine breit angelegte und äußerst lesenswerte Darstellung des Verhältnisses von Menschen zu Menschenaffen. Der Biologe und Philosoph – er lehrt Wissenschaftsgeschichte und Philosophie an der Universität Duisburg-Essen – hat viele, teils kaum bekannte Fakten zusammengetragen, ordnet sie unaufgeregt in einen größeren Kontext ein und macht dabei nicht den Versuch, seine Leser zu bevormunden.

Zunächst wird die Geschichte der Begegnung von Affen und Menschen von der Antike bis zur Renaissance skizziert, immer aus eurozentristischer Perspektive (in Afrika kennt, jagt und verzehrt man Schimpansen und Gorillas schon viel länger). Heraklit und Aristoteles versuchten sich mit philosophischen Interpretationen, dann der Humanismus. 1625 gelangte ein lebender Menschenaffe nach Europa, vielleicht ein Schimpanse (die Artbeschreibung erfolgte erst 1699). Es folgen Reiseberichte über „Satyrn und Ungeheuer“ – und in Europa philosophische Diskurse über Tiere als Automaten (René Descartes) und die Frage nach dem Status einer Person (John Locke, Gottfried W. Leibniz), die bis heute eine Rolle spielen. Vernunft und Sprache werden zu einem entscheidenden menschlichen Merkmal. Carl von Linnés Taxonomie entsteht, Louis L. Buffon spricht den Affen eine Seele ab, Christian Wolff die Vernunft und Unsterblichkeit, Julien Offray de La Mettrie dagegen sieht keinen wesentlichen Unterschied, während Jean-Jacques Rousseau mit der Verklärung des Naturzustands beginnt und später die Affen auch zum Gegenstand von Karikaturen werden. Georg Forster und Arnout Vosmaer treffen Orang-Utans, letzterer beschreibt sogar schon deren Werkzeuggebrauch (1776), aber Kant gesteht ihnen weiterhin keine Vernunft zu und für Georg Wilhelm Friedrich Hegel ist der Affe „eine Satire auf den Menschen“, für Friedrich Schlegel sogar ein Geschöpf des Satans, um den Menschen als Geschöpf Gottes zu parodieren. Erst mit der Evolutionstheorie von Charles Darwin und den Funden von „Urmenschen“ lichtet sich die „idealistische“ Nebelfuchtelei; Ludwig Büchner konstatiert schließlich den „geocentrischen und anthropocentrischen Irrtum“ der Sonderstellungsideologien. Erst ab 1847 werden auch die Gorillas beschrieben – und geraten ebenfalls in ein Wechselspiel von Bestialisierung (etwa in den „King Kong“-Filmen ab 1933) und Humanisierung.

Ein Drittel des Buchs widmet sich der Verhaltensforschung (Intelligenz, Kommunikationsvermögen, Werkzeuggebrauch, „Kunst", soziale Komplexität von Menschenaffen) und der philosophischen Anthropologie (Scheler, Plessner, Gehlen, Klages) bis hin zu den jüngsten Versuchen der partiellen Zuschreibung von „Menschenrechten" an die Menschenaffen im Rahmen des „Great Ape Projects": Es soll den Menschenaffen nach und nach der (wenigstens eingeschränkte) Personen-Status zugesprochen werden (was aber am Widerstand religiöser Dogmatiker scheitern wird).

Das schön gestaltete Buch enthält 17 Schwarzweiß-Abbildungen, 14 Farbtafeln und ein ausführliches Literatur-, Namen- und Sachverzeichnis. Es ist sehr übersichtlich in zehn Kapitel und zahlreiche Unterkapitel gegliedert und exzellent geschrieben, oft geradezu unterhaltend und spannend, inhaltlich gleichwohl auf hohem Reflexionsniveau und geprägt von großer Sachkenntnis. Wer sich für Anthropologie und Kulturgeschichte interessiert, sollte dieses Buch nicht auslassen. Chapeau!

Rüdiger Vaas

Philipp Lersch

Erlebnishorizonte. Schriften zur Lebensphilosophie

Herausgegeben von Thomas Rolf, Albunea Verlag, München 2011. 200 Seiten, € 22,00

Für Georg Simmel und andere große Denker in den ersten Jahrzehnten des 20. Jahrhunderts ist der Begriff des Lebens zentral. Aber seitdem haben sich die Umstände verändert, und die Lebensphilosophie ist heute ähnlich gründlich vergessen wie der auf sie folgende Existenzialismus. Die Tendenzen der aktuellen Philosophie, die sich nur zu gerne von den Naturwissenschaften dominieren lässt, stehen sowohl ihren Themen als auch ihren Methoden strikt entgegen.

Niemand würde heute wie Georg Simmel einen Essay unter dem Titel *Das individuelle Gesetz* schreiben, und niemand stellt die „allereigenste, einmalige, allein lebendige Seele" in den Mittelpunkt der Philosophie, wie es etwa Theodor Lessing tat. Und wer heute von Ganzheiten spricht oder sich gegen eine starre Rationalität wendet, wird sofort unter tödlichen Esoterik-Verdacht gestellt. Eine Neuedition der Arbeiten des Psychologen Philipp Lersch, in denen dieser ebenso kritisch wie sachverständig als ihr Zeitgenosse und Sympathisant die Lebensphilosophie vorstellt, kommt also wohl zur rechten Zeit – sie weist uns auf Schriften hin, die wir unbedingt wiederlesen sollten.

Der von Thomas Rolf zusammengestellte und kenntnisreich eingeleitete Band fasst vier Schriften zusammen. Die umfangreichste erschien bereits 1932, der letzte Text ist Lerschs Leipziger Antrittsvorlesung aus dem Jahr 1941. In dem umfangreichsten Text der Sammlung stellt Lersch mit Henri Bergson, Georg Simmel, Wilhelm Dilthey, Oswald Spengler und Ludwig Klages lediglich fünf Denker vor – mehr Platz hatte man ihm nicht zugebilligt.

Lersch war ein Bewunderer wie Kritiker von Klages, dessen *Geist als Widersacher der Seele* ihn bereits 1931, also noch vor Abschluss des Werks, zu einer umfangreichen und sorgfältigen Rezension veranlasste. Es ist bewundernswert, dass Lersch das fünfbändige, in Kreisen der Universitätsphilosophie häufig unbeachtete und auch ungerecht behandelte Werk so nah an dem Erscheinen der ersten Bände überhaupt in seinen Grundlinien nachzuzeichnen vermochte.

Als entschiedener Gegner des Sensualismus (alle Erkenntnis ist rückführbar auf Sinneswahrnehmung) betont Lersch als den zentralen Gedanken der Lebensphilosophie das Ineinander von Seele und Welt, sieht das Ich also nicht in einem „Ego-Tunnel" gefangen, sondern setzt ganz im Gegenteil eine fundamentale Transzendenz der Seele voraus: sie ist immer schon bei der Welt. Bewusstseinstheorien, die ihre Inspiration von der Hirnforschung erfahren, stehen dem Erleben als dem zentralen Begriff des Klages'schen Werkes und überhaupt der Lebensphilosophie vollkommen verständnislos gegenüber.

Lersch begnügt sich nirgendwo mit einem bloßen Referat der philosophischen Positionen, sondern nimmt entschieden Partei und kritisiert etwa Oswald Spengler scharf. Auch Klages kommt beileibe nicht ungeschoren davon, doch ist die Stellungsnahme von Lersch hier sehr differenziert. Er arbeitet die Nähe der Klages'schen Philosophie zur Mystik heraus, betont den erstaunlichen Gedankenreichtum des Werks und macht auf einen Widerspruch an entscheidender Stelle aufmerksam. Klages nämlich, so Lersch, wende auf die Ausdeutung des Lebens Kategorien und Begriffe an, die eigentlich Kategorien des Geistes sind, nicht solche des Lebens. So bietet bei Klages zuweilen der Intellekt „das Schauspiel dessen, der über seinen eigenen Schatten zu springen versucht."

Zeigt sich Lersch in den ersten der hier versammelten Schriften noch ganz unter dem Eindruck Nicolai Hartmanns und Max Schelers, so steht seine Argumentation in der letzten Arbeit mehr im Zeichen von Karl Jaspers und Martin Heidegger. Scheler und Hartmann hält er jetzt vor, Seele und Geist zu schroff voneinander zu trennen und damit die „Ganzheit des menschlichen Seins wieder (zu) zerschlagen". Diese Akzentverschiebung wirft ein Schlaglicht auf den Wandel, den die deutsche Philosophie in jenen Jahren nahm.

Der sehr sorgfältig edierte Band enthält nicht allein Referate fremder Werke und deren Kritik, sondern auch eigene Gedanken von Lersch, der ein eigenständiger Kopf und damit mehr als bloß ein Philosophiehistoriker gewesen ist. Eine schöne, anregende und empfehlenswerte Lektüre, die deutlich macht, wie viel der heutigen Philosophie fehlt.

Stefan Diebitz

Konrad Paul Liessmann

Lob der Grenze. Kritik der politischen Unterscheidungskraft

Paul Zsolnay Verlag, Wien 2012. 208 Seiten, € 19,80

Grenzen regeln das gemeinschaftliche Leben, geben Orientierungen, bieten Sicherheit und sind in Kunst und Politik unentbehrlich – nur um stets überschritten zu werden. Wann, wo und warum Grenzen gezogen werden müssen, unter welchen Bedingungen Grenzen überschritten werden können, wo in Europa Grenzen virulent sind und wann wir an äußerste Grenzen stoßen – diesen Fragen widmet sich der Philosoph, Essayist und Kulturpublizist Konrad Paul Liessmann.

Liessmann untersucht Grenzphänomene und formuliert ein Plädoyer für die „politische Unterscheidungskraft". Die Sammlung von zwölf Essays beinhaltet Reflexionen über das Phänomen der Krise, die Funktion des Staats, den gegenwärtigen Umgang mit Risiken, das Phänomen des Alterns sowie Grenzphänomene im Allgemeinen.

Ausgangspunkt ist das heutige Verständnis der Krise. Insbesondere in der aktuellen Finanz- und Wirtschaftskrise sei ein „Bewusstsein von Grenzen und von Differenzen“ dringend notwendig, um das Gleichgewicht zwischen „privaten Interessen und öffentlichem Wohl, zwischen Markt und Staat, zwischen individueller Freiheit und sozialer Sicherheit“ wieder herzustellen. Indes stellt Liessmann die Gegenwart als eine Zeit dar, die sich prinzipiell davor scheue, Grenzen anzuerkennen. Der Zeitgeist wolle Grenzen überschreiten, aufheben, zum Verschwinden bringen.

Im Rahmen seiner Überlegungen zur Erkenntnistheorie erörtert Liessmann in Anlehnung an Kants *Kritik der reinen Vernunft* die Bedeutung der Grenzen für die menschliche Erkenntnis und Selbsterkenntnis. Hierbei gewinnt die Grenze – verstanden als eine wirkliche oder gedachte Linie, durch die sich zwei Dinge voneinander unterscheiden – insofern an Bedeutung, als „die Grenze überhaupt die Voraussetzung ist, etwas wahrzunehmen und zu erkennen“. Grenzziehungen bilden die Bedingung der Möglichkeit kognitiver Orientierung, zugleich konfrontieren sie den Menschen mit der moralischen Frage, „ob es nicht besser wäre, ... eine Grenze zu respektieren“.

Von besonderer Aktualität ist Liessmanns Auseinandersetzung mit den Grenzen staatlicher Machtausübung. Den Staat sieht Liessmann derzeit an einer Grenze zwischen Macht und Ohnmacht. Zwar habe der Staat immer auch die Funktion des Schutzes gehabt, allerdings seien „Urheberrechtsprobleme im Internet, Steuerrechtsprobleme bei internationalen Produktionsprozessen, der nahezu staatenlose Charakter des mobilen Finanzkapitals und ein zunehmender Migrationsdruck ... die ersten Anzeichen eines allmählichen Verschwindens des Staates“.

Das Verschwinden von Grenzen werde gegenwärtig in besonderer Weise erfahrbar am Projekt der EU, das „in hohem Maße vom Pathos der fallenden Grenzen“ lebe. Dabei versteht Liessmann die Grenze nicht nur als territorialstaatliche Ordnung, sondern auch als geistige Umgrenzung im Sinne des Selbstverständnisses einer europäischen Identität. Dies erscheine insbesondere deshalb problematisch, weil es keine geografischen, kulturellen oder ethnischen Grenzen Europas gebe. Die europäischen Wurzeln – die griechisch-römische Antike, das Christentum und die Aufklärung – erscheinen heutzutage entweder obsolet oder würden universalisiert. Daher sei die Frage nach der europäischen Identität selbst nur über eine politische Willensbildung zu erreichen.

Weitere Essays widmet Liessmann der „Grenze der Stadt“, der „Grenze des Erträglichen“ in einer Welt zunehmender Lautstärke, der „Grenze zwischen Leben und Tod“ sowie der Grenze zwischen „Jugend und Alter“.

Konrad Paul Liessmanns metaphernreicher und multidimensionaler Zugang zu Grenzphänomenen zeichnet sich nicht nur durch die pointierte Darstellung philosophie- und kulturgeschichtlicher Zusammenhänge aus, vielmehr überprüft er kritisch scheinbar anerkannte Überzeugungen des intellektuellen politischen Diskurses und wagt eine Reihe bemerkenswerter Zeitdiagnosen, die den Nutzen philosophischen Denkens in Bezug auf aktuelle politische und gesellschaftliche Diskurse hervorheben.

Michael Haas

Andreas Mücklich

Das verständliche Universum. Wie unsere Wirklichkeit entsteht

Books on demand, Norderstedt 2011.
372 Seiten, € 24,90

Lange Zeit glaubten Physiker und Astronomen, dass die Welt einfach da ist. Man müsse nur hingehen, sie beobachten und erforschen. Daran hat auch die Entdeckung ihres Anfangs nichts geändert. Zwar sei mit dem Urknall die Materie zusammen mit Zeit und Raum erst entstanden, doch seitdem existiere das Universum einfach so vor sich hin. Nach neueren Forschungen im Bereich der Teilchenphysik ist dieses Bild allerdings nicht mehr zu halten. Das Universum ist längst nicht so fest gefügt, wie uns unsere Alltagswelt glauben macht.

Die Fragen, die am einfachsten aussehen, sind oft die schwierigsten, nicht nur für Philosophen, sondern auch für Naturwissenschaftler: Wie funktioniert die Welt? Aus was besteht sie? Wie ist sie entstanden?

Im ersten Teil seines Buches geht der Elementarteilchenphysiker Andreas Mücklich, der die Teilchenbeschleuniger des CERN bei Genf und das DESY in Hamburg von Forschungsaufenthalten her kennt, diesen Fragen nach, beschreibt extrem anschaulich und unterstützt von vielen gut gestalteten Grafiken den aktuellen Forschungsstand in der Physik. Manches ist aus Gründen der besseren Erklärbarkeit vereinfacht, fachlich jedoch immer korrekt dargestellt. Der Leser braucht keine besonderen Vorkenntnisse, er kann dem hochinteressanten Streifzug, der ihn von den kleinsten Teilchen bis an die Grenzen des Universums führt, problemlos folgen. Ein Anhang mit Literaturliste und sonstigen Verweisen bietet dem Interessierten Hilfestellung für einen tieferen Einstieg in die Welt der Naturwissenschaften.

Noch spannender wird es im zweiten Teil, denn hier macht sich Mücklich daran, die im ersten Teil dargestellten Forschungsergebnisse zu interpretieren, in einen Zusammenhang zu stellen, und plötzlich findet sich der Leser mit philosophischen Fragen um den Ursprung der Realität, das Wesen der Zeit, die Art unserer Wahrnehmung und die Bedeutung von Leben im Universum konfrontiert. Die gängigen, teilweise spekulativen Weltmodelle der Physik werden einander gegenübergestellt und diskutiert, ungelöste Probleme wie die Vereinheitlichung von Relativitäts- und Quantentheorie, Dunkle Materie und Dunkle Energie thematisiert.

Im Kapitel *Information: Existenz und Wissen* präsentiert Mücklich immer in Übereinstimmung mit den physikalischen Forschungsergebnissen sein eigenes Weltmodell und versucht dabei, mehrere Fragen gleichzeitig zu beantworten: Was ist die Ursache für die Existenz des Universums? Warum ist unser Universum für Leben geeignet? Was ist das Besondere am Leben und welche Rolle spielt es im Universum? Wie kommt Wirklichkeit zustande? Warum besaß das Universum einen überaus gleichmäßigen Anfangszustand?

Dabei kommt der Autor zu dem Schluss, dass die moderne Physik für eine Trennung von Geist und Materie keinerlei Begründung mehr bietet. Materie ist nichts „Materielles“, sie ist weder anschaulich noch greifbar, noch existiert sie aus sich selbst heraus. Der Leitgedanke des vorgestellten Modells ist *Information.* Schon im atomaren Bereich löst sich die konkrete Welt auf, übrig bleiben nur Informationsbruchstücke, je nachdem, welche Eigenschaften eines Objekts beobachtet werden. Diese Interpretation ist faszinierend und führt die Physik unversehens in den Bereich der von ihr lange verschmähten Metaphysik zurück.

Was dieses Buch vor allem auszeichnet, ist seine Lesbarkeit. *Das verständliche Universum* ist daher als Titel durchaus gerechtfertigt. Der Autor will den Leser an seinem Wissen und seinen Gedanken teilhaben lassen, und das ist Mücklich trotz des komplexen und schwierigen Stoffs außerordentlich gut gelungen. Das Buch hat neben der Vermittlung von Wissen auch Unterhaltungswert, es ist auf keiner Seite langweilig oder zäh. Es macht Freude, sich auf diesem Weg in die Welt der Physik mit ihren überraschend philosophischen Fragestellungen entführen zu lassen.

Marian E. Finger

ABO · FÖRDER-ABO · ABO · FÖRDER-ABO · ABO

Das Jahresabonnement des *blauen reiters* (zwei Ausgaben) kostet € 26,90. Sie sparen € 4,90 gegenüber der Einzelbestellung.

Dank vieler Freunde des Denkens ist das vorliegende Journal für Philosophie *der blaue reiter* eine der meistverkauften Philosophiezeitschriften deutscher Sprache. Gleichwohl ist der *blaue reiter* nach wie vor auf die ehrenamtliche Arbeit vieler philosophiebegeisterter Mitarbeiter angewiesen (alle Autoren, Künstler, Redakteure und Herausgeber arbeiten ohne Honorar).

Darüber hinaus erhält *der blaue reiter* Unterstützung durch Förderabonnenten, die einen erhöhten Abonnementspreis bezahlen. Mit einem Förderabonnement können Sie dazu beitragen, dass *der blaue reiter* weiterhin erscheinen kann. Ein Förderabonnement kostet € 47,50 pro Jahr (alle angegebenen Preise verstehen sich zuzüglich Versandkostenpauschale).

Und so bekommen Sie Ihren *blauen reiter* direkt zu Ihnen nach Hause geschickt: Einfach den Bestellschein kopieren oder ausschneiden, ausfüllen und per Post oder Fax senden an:

der blaue reiter

der blaue reiter
Verlag für Philosophie
Siegfried Reusch e. K.
(vormals: omega verlag, Stuttgart)
Göttinger Chaussee 115
D-30459 Hannover
Tel.: 05 11 / 98 59 32 93 • Fax: 05 11 / 98 59 32 99

Bestellen können Sie alle lieferbaren Ausgaben des *blauen reiters* sowie die Bücher des Verlags auch über unsere Homepages:

http://www.derblauereiter.de
http://www.verlag-derblauereiter.de

Bis 31. Dezember 2013 erfolgt die Auslieferung in der Schweiz und Liechtenstein über:

B+M Buch- und Medienvertriebs AG
Hochstraße 357 • CH-8200 Schaffhausen
Tel.: 052 / 64 354 30 • Fax: 052 / 64 354 35

der blaue reiter Patenschaften

Unterstützen können Sie unsere Zeitschrift *der blaue reiter – Journal für Philosophie* durch eine Patenschaft. Ab einem Druckkostenzuschuss von € 500,– wird Ihr Name (respektive der Name Ihrer Firma) als „Förderer dieser Ausgabe“ in der entsprechenden Nummer des *blauen reiters* aufgeführt. Nähere Auskünfte erhalten Sie beim Verlag.

Förderer dieser Ausgabe: Claudia Regensberger, Erwin Metzger

Bibliografische Information der Deutschen Nationalbibliothek

Die Deutsche Nationalbibliothek verzeichnet diese Publikation in der Deutschen Nationalbibliografie; detaillierte bibliografische Daten sind im Internet über http://dnb.d-nb.de abrufbar.

Impressum

der blaue reiter – Journal für Philosophie
Ausgabe 34 (2/2013)

der blaue reiter Verlag für Philosophie
Siegfried Reusch e. K.
Göttinger Chaussee 115
30459 Hannover
Tel.: 05 11 / 98 59 32 93
Fax: 05 11 / 98 59 32 99
E-Mail: info@verlag-derblauereiter.de
Homepages: www.derblauereiter.de, www.verlag-derblauereiter.de
Facebook: www.facebook.com/derblauereiter.VerlagfuerPhilosophie

Bankverbindung:
Baden-Württembergische Bank
BLZ 600 501 01 · Kto.-Nr.: 1 268 944

Herausgeber
Dr. phil. Dipl.-Chem. Siegfried Reusch, Prof. Dr. Dr. Otto-Peter Obermeier, Prof. Dr. Dr. h. c. Klaus Giel

Chefredakteur
Siegfried Reusch

Redaktion
Klaus Erlach, Manfred Matheis, Stefan Gammel, Karl-Heinz Mamber, Rüdiger Vaas, Elke Uhl, Anna Pegam, Udo Grün, Thomas Bach, Jan Urbich, Jutta Heinz

Freie Mitarbeiter
Sabine Toussaint, Thomas Gutknecht, Richard Seidel, Per Guth, Markus Rapp, Wolfgang Foldenauer, Anne Guth, Otto Pannewitz, Luzia Schuhmacher, Doris Engels-Schröter, Uta Kaune, Jan Guth

Korrektorat
Marianne Kreuels

Künstler dieser Ausgabe
Abi Shek (www.abishek.de) und Josef Lang (www.joseflang-bildhauer.de)

Gestaltung
s+p mediendesign GmbH, Stuttgart
www.schenkundpartner.de

Anzeigenleitung
Hartmut Olpp

Druck
Offizin Chr. Scheufele, Stuttgart

V. i. S. d. P.
Siegfried Reusch

ISSN: 0947-6563
ISBN: 978-3-933722-38-6

Bestellschein

der blaue reiter – Journal für Philosophie

der blaue reiter

der blaue reiter • Verlag für Philosophie
Siegfried Reusch e. K.
Göttinger Chaussee 115, D-30459 Hannover
Tel.: 05 11 / 98 59 32 93 • Fax: 05 11 / 98 59 32 99
info@verlag-derblauereiter.de • www.derblauereiter.de

	Nr.	Titel
❑	4	Grenzpunkt Mensch
❑	6	Eros des Denkens
❑	7	Mythos Staat
❑	8	Sinn – Unsinn
❑	9	Naturlos
❑	10	Götter
❑	11	Geld
❑	12	Schön sein
❑	13	Welt-Bilder
❑	14	Glück
❑	15	„Ich"
❑	16	Sex
❑	17	Das Böse
❑	18	Erinnern
❑	19	Was ist gerecht?
❑	20	Gefühle
❑	21	Wissen
❑	22	Freiheit
❑	23	Heimat
❑	24	Echt sein
❑	25	Wozu Philosophie?
❑	26	Unser Körper
❑	27	Metaphysik
❑	28	Das gute Leben. Philosophie der Lebenskunst
❑	29	In Bewegung. Philosophie der Veränderung
❑	30	Philosophie & Wirtschaft
❑	31	No Future! Philosophie des Augenblicks
❑	32	Freundschaft
❑	33	Denken Frauen anders?
❑		Sonderausgabe – Philosophie im Gespräch
❑		Sonderausgabe – Philosophie im Gespräch II

Einzelpreis bis Ausgabe 23: € 15,10; sFr. 24,50 / ab Ausgabe 24: € 15,90; sFr. 24,50

❑ Abonnement ab Ausgabe Nr. ________ zum Preis von € 26,90/Jahr
❑ Förderabonnement ab Ausgabe Nr. ________ zum Preis von € 47,50/Jahr
❑ Geschenkabonnement ab Ausgabe Nr. ________ zum Preis von € 26,90/Jahr

Buchprogramm (alle Bücher sind gebunden)

❑ Reschika, Richard: Nietzsches Bestiarium € 42,50
❑ Hörisch, Jochen: Vorletzte Fragen € 39,90
❑ Hörisch, Jochen: Der Takt der Neuzeit € 14,95
❑ Große, Jürgen: Die Philosophen € 22,90
❑ Große, Jürgen: Durch Tag und Nacht € 23,90
❑ Große, Jürgen: Die Arbeit des Geistes € 39,90
❑ Diebitz, Stefan: Glanz und Elend der Philosophie € 27,90
❑ Diebitz, Stefan: Spiel und Widerspiel € 28,90
❑ Schneider, Peter: Theorie an der Bar € 14,90
❑ Staberoh, Angela; Drewermann, Eugen: Freitod. Frauen, die Hand an sich legten € 19,95

Hörbuchprogramm

❑ Steinmann, Michael: „Sie hätte singen sollen, diese Seele…" Mit Aufnahmen von Nietzsches Kompositionen (2 CDs) € 24,90

Sekt für Freunde des Geistes

❑ Geschenkkarton mit 1 Flasche Sekt „Symposion" € 15,90
❑ Geschenkkarton mit 3 Flaschen Sekt „Symposion" € 43,90

Alle Preise zuzüglich Versandkostenpauschale. Diese Bestellung kann innerhalb von 14 Tagen schriftlich widerrufen werden bei: der blaue reiter Verlag für Philosophie Siegfried Reusch e. K., Göttinger Chaussee 115, 30459 Hannover. Gerichtsstand und Erfüllungsort ist der Sitz des Verlags. Stand: 12/2013. Die Auslieferung für die Schweiz und Liechtenstein erfolgt bis 31.12.2013 durch: Buch- und Medienvertriebs AG, Hochstr. 357, 8200 Schaffhausen/Schweiz. Der verbilligte Abonnementspreis (jeweils für zwei Ausgaben) gilt nur für den aktuellen Jahrgang bis zum Erscheinen der zweiten Ausgabe des Jahrgangs. Das Abonnement beginnt immer mit der ersten Ausgabe eines Jahrgangs (ungerade Nummer der fortlaufenden Zählung) und verlängert sich automatisch. Es ist kündbar bis sechs Wochen vor Jahresende für den folgenden Abonnementszeitraum.

Rechnungsadresse

Name, Vorname ______________________
Straße, Hausnr. ______________________
PLZ, Ort, Land ______________________
Telefon ______________________
E-Mail ______________________

Lieferadresse (bei Geschenkabonnement und Geschenkkarton)

Name, Vorname ______________________
Straße, Hausnr. ______________________
PLZ, Ort, Land ______________________
Telefon ______________________
E-Mail ______________________

Ich bitte um folgende Zahlungsweise ❑ gegen Rechnung ❑ per Lastschrift

Bank ______________________ IBAN (oder Kontonr./BLZ) ______________________

Unterschrift ______________________ Datum ______________________